21 世纪高职高专建筑设计专业技能型规划教材

园林工程施工组织管理

主 编 潘 利 范菊雨

副主编 何向玲 杨 敏 姚 军

参 编 唐艳平 周忠诚 邓新义

U0201384

北京大学出版社

PEKING UNIVERSITY PRESS

内 容 简 介

本书反映国内外园林工程施工组织管理的最新动态，结合大量工程实例，并参阅最新园林工程相关知识，系统地阐述园林工程施工组织管理主要内容，包括园林施工组织概论、流水施工、网络计划技术基本知识、园林施工组织与设计、园林工程单位工程施工组织设计、园林施工企业管理、园林工程施工项目管理、园林工程施工验收与后期养护管理。

本书采用全新体例编写。除附有大量工程案例外，还增加了知识链接、特别提示等模块。此外，每章还附有单选题、多选题、案例分析及综合实训等多种题型供读者练习。通过对本书的学习，读者可以掌握园林工程施工组织管理基本理论和操作技能，具备自行编制园林单位工程组织设计的能力和园林施工项目管理的能力。

本书既可作为高职高专院校园林工程类相关专业的教材和指导书，也可作为园林施工类及工程管理类各专业职业资格考试的培训教材。

图书在版编目(CIP)数据

园林工程施工组织管理/潘利，范菊雨主编. —北京：北京大学出版社，2013.4
(21世纪高职高专建筑设计专业技能型规划教材)
ISBN 978 - 7 - 301 - 22364 - 2

Ⅰ. ①园…　Ⅱ. ①潘…②范…　Ⅲ. ①园林—工程施工—施工组织—高等职业教育—教材②园林—工程施工—施工管理—高等职业教育—教材　Ⅳ. ①TU986.3

中国版本图书馆 CIP 数据核字(2013)第 070719 号

书　　　　名：	园林工程施工组织管理
著作责任者：	潘　利　范菊雨　主编
策 划 编 辑：	赖　青　王红樱
责 任 编 辑：	王红樱
标 准 书 号：	ISBN 978 - 7 - 301 - 22364 - 2/TU · 0319
出 版 发 行：	北京大学出版社
地　　　　址：	北京市海淀区成府路 205 号　100871
网　　　　址：	http：//www. pup. cn　新浪官方微博：@北京大学出版社
电 子 信 箱：	pup_6@163. com
电　　　　话：	邮购部 010 - 62752015　发行部 010 - 62750672　编辑部 010 - 62750667
印 　刷 　者：	北京虎彩文化传播有限公司
经 　销 　者：	新华书店
	787 毫米×1092 毫米　16 开本　17 印张　390 千字
	2013 年 4 月第 1 版　2023 年 1 月修订　2023 年 1 月第 4 次印刷
定　　　　价：	35.00 元

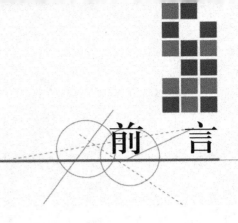

前　言

　　本书为北京大学出版社"21世纪全国高职高专土建立体化系列规划教材"之一，是为适应21世纪职业技术教育发展需要，培养园林行业具备园林工程施工组织设计知识的专业技术管理应用型人才而编写的。

　　本书内容共分8章，主要包括园林施工组织概述、流水施工、网络计划技术基本知识、园林施工组织总设计、园林工程单位工程施工组织设计、园林施工企业管理、园林工程施工项目管理和园林工程施工验收与后期养护管理。

　　本书内容可按照64～128学时安排，推荐学时分配：第1章2～6学时，第2章12～18学时，第3章22～32学时，第4章4～12学时，第5章10～16学时，第6章2～8学时，第7章8～24学时，第8章4～12学时。教师可根据不同的使用专业灵活安排学时，课堂重点讲解每章主要知识模块，章节中的知识链接、应用案例和习题等可安排学生课后阅读和练习。如专业已经设置了园林管理类课程，可以重点学习本书第1章～第5章，选学其他内容。

　　本书突破了已有相关教材的知识框架，注重理论与实践相结合，采用全新体例编写。内容丰富，案例翔实，并附有多种类型的习题供读者选用。

　　本书既可作为高职高专院校园林工程类相关专业的教材和指导书，也可以作为园林施工类及工程管理类等专业执业资格考试的培训教材。

　　本书由湖北城市建设职业技术学院潘利、范菊雨担任主编，上海职业技术学院何向玲、湖北城市建设职业技术学院杨敏、武汉园林科学研究所姚军任副主编，全书由湖北城市建设职业技术学院潘利负责统稿。本书具体章节编写分工为：湖北城市建设职业技术学院潘利编写第1章和第5章；湖北城市建设职业技术学院范菊雨编写第2章和第3章；上海职业技术学院何向玲编写第4章；武汉园林科学研究所姚军编写第6章和第8章；湖北城市建设职业技术学院杨敏编写第7章。武汉生物工程学院唐艳平、湖北生态职业技术学院周忠诚、安徽农业大学邓新义也参与了本书的编写工作。武汉中景园林环境艺术有限责任公司的王晓冬为本书的编写提供了大量的工程实例，在此一并表示感谢！

　　本书在编写过程中，参考和引用了国内外大量文献资料，在此谨向原书作者表示衷心感谢。由于编者水平有限，本书难免存在不足和疏漏之处，敬请各位读者批评指正。

编　者

2012年8月

目 录

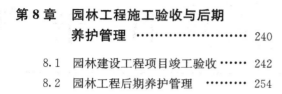

第1章

园林施工组织概论

教学目标

通过对园林施工组织基础知识、建设项目基本知识、施工准备的学习，掌握园林施工组织的定义和分类，了解园林工程建设项目组成、园林工程施工特点；掌握园工程施工的各项准备工作。

教学要求

能力目标	知识要点	权重
了解园林工程建设项目	建设项目的定义、组成；园林工程项目及施工项目定义	15%
掌握园林施工组织的基础知识	园林施工组织的概念、分类	25%
了解园林工程施工特点	园林工程项目特点、施工特点	15%
掌握园林工程施工准备工作	技术资料准备、现场准备、资源准备、季节性施工准备	45%

章节导读

随着园林施工技术的现代化发展和进步，园林工程施工已成为一项综合而复杂的系统工程。有简单的草坪工程，也有大型的生态公园的建设，这就给施工带来许多复杂和困难的问题。施工人员在开始施工之前必须了解园林工程项目的基础知识和建设程序，必须做好施工准备工作，应该进行拟建工程的实地勘测和调查，获得有关第一手资料，这对于拟定一个先进合理、切合实际的施工组织设计是非常必要的。

知识点滴

工程项目建设程序

工程项目建设程序是指工程项目从策划、评估、决策、设计、施工到竣工验收、投入生产或交付使用的整个建设过程中，各项工作必须遵循的先后工作次序。工程项目建设程序是工程建设过程客观规律的反映，是建设工程项目科学决策和顺利进行的重要保证。工程项目建设程序是人们长期在工程项目建设实践中得出来的经验总结，不能任意颠倒，但可以合理交叉。

一、策划决策阶段

决策阶段，又称为建设前期工作阶段，主要包括编报项目建议书和可行性研究报告两项工作内容。

1. 项目建议书

对于政府投资工程项目，编报项目建议书是项目建设最初阶段的工作。其主要作用是为了推荐建设项目，以便在一个确定的地区或部门内，以自然资源和市场预测为基础，选择建设项目。项目建议书经批准后，可进行可行性研究工作，但并不表明项目非上不可，项目建议书不是项目的最终决策。

2. 可行性研究

可行性研究是在项目建议书被批准后，对项目在技术上和经济上是否可行所进行的科学分析和论证。根据《国务院关于投资体制改革的决定》（国发〔2004〕20 号），对于政府投资项目须审批项目建议书和可行性研究报告。《国务院关于投资体制改革的决定》指出，对于企业不使用政府资金投资建设的项目，一律不再实行审批制，区别不同情况实行核准制和登记备案制。对于《政府核准的投资项目目录》以外的企业投资项目，实行备案制。

3. 可行性研究报告

二、勘察设计阶段

1. 勘察过程

复杂工程分为初勘和详勘两个阶段。为设计提供实际依据。

2. 设计过程

一般划分为两个阶段，即初步设计阶段和施工图设计阶段，对于大型复杂项目，可根据不同行业的特点和需要，在初步设计之后增加技术设计阶段。

初步设计是设计的第一步，如果初步设计提出的总概算超过可行性研究报告投资估算的 10% 以上或其他主要指标需要变动时，要重新报批可行性研究报告。初步设计经主管部门审批后，建设项目被列入国家固定资产投资计划，方可进行下一步的施工图设计。施工图一经审查批准，不得擅自进行修改，必须重新报请原审批部门，由原审批部门委托审查机构审查后再批准实施。

三、建设准备阶段

建设准备阶段主要内容包括：组建项目法人、征地、拆迁、"三通一平"乃至"七通一平"；组织材料、设备订货；办理建设工程质量监督手续；委托工程监理；准备必要的施工图纸；组织施工招投标，择优选定施工单位；办理施工许可证等。按规定作好施工准备，具备开工条件后，建设单位申请开工，进入施工安装阶段。

四、施工阶段

建设工程具备了开工条件并取得施工许可证后方可开工。项目新开工时间，按设计文件中规定的任何一项永久性工程第一次正式破土开槽时间而定。不需开槽的以正式打桩作为开工时间。铁路、公路、水库等以开始进行土石方工程作为正式开工时间。

五、生产准备阶段

对于生产性建设项目，在其竣工投产前，建设单位应适时地组织专门班子或机构，有计划地做好生产准备工作，包括招收、培训生产人员；组织有关人员参加设备安装、调试、工程验收；落实原材料供应；组建生产管理机构，健全生产规章制度等。生产准备是由建设阶段转入经营的一项重要工作。

六、竣工验收阶段

工程竣工验收是全面考核建设成果、检验设计和施工质量的重要步骤，也是建设项目转入生产和使用的标志。验收合格后，建设单位编制竣工决算，项目正式投入使用。

七、考核评价阶段

建设项目后评价是工程项目竣工投产、生产运营一段时间后，在对项目的立项决策、设计施工、竣工投产、生产运营等全过程进行系统评价的一种技术活动，是固定资产管理的一项重要内容，也是固定资产投资管理的最后一个环节。

1.1　园林工程建设项目

 引言

在上述的知识点滴中，我们了解了建设项目的程序，那么什么是建设项目，在建设项目中，园林工程建设项目又涵盖哪些内容？例如，有人认为种植 10 棵桂花是园林施工项目，这种说法对吗？应该如何分析？

1.1.1　基本建设项目

基本建设项目，简称建设项目，一般指在一个总体设计或初步设计范围内组织施工，建成后具有完整的系统，可以独立地形成生产能力或使用价值的建设工程，称为一个建设项目。例如，在工业建设中，一座电站、一个棉纺厂等；在民用建设中，一所学校、一所医院等。进行基本建设的企业或事业单位称为建设单位。建设单位在行政上独立组织、统一管理，在经济上进行统一的经济核算，可以直接与其他单位建立经济往来关系。

1. 建设项目分类

建设项目可以从不同的角度进行划分。

（1）按建设项目的规模大小分类，可分为大型、中型、小型建设项目。

（2）按建设项目的性质分类，可分为新建、扩建、改建等扩大生产能力的项目。

（3）按建设项目的不同专业可分类，可分为工业与民用建筑工程项目、交通工程建设项目、水利工程建设项目等。

（4）按建设项目的用途分类，可分为生产性建设项目（包括工业、农田水利、交通运输及邮电、商业和物资供应、地质资源勘探等建设项目）和非生产性建设项目（包括住宅、文教、卫生、公用生活服务事业等建设项目）。

2. 建设项目组成

为满足建设项目管理需求，可以将建设项目分解为单项工程、单位工程、分部工程、

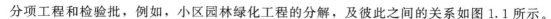

分项工程和检验批，例如，小区园林绿化工程的分解，及彼此之间的关系如图 1.1 所示。

1）单项工程（也称工程项目）

单项工程是具有独立的设计文件，可以独立施工，竣工后可以独立发挥生产能力或效益的工程。一个建设项目，可由一个单项工程组成，也可由若干个单项工程组成。

2）单位工程

单位工程是具有单独设计，可以独立施工，但完工后不能独立发挥生产能力或效益的工程。一个单项工程可以由若干个单位工程所组成。例如，园林工程中的花架、景亭、卫生间。

3）分部工程

分部工程是单位工程的组成部分，一般是按工程部位、结构形式、专业性质、使用材料的不同而划分的分部工程。例如，仿古景亭中按其结构或工程部位，可以划分为基础、主体、屋面、装修等分部工程。

4）分项工程（也称施工过程）

分项工程是分部工程的组成部分，指通过较为简单的施工过程就能完成，以适量的计量单位就可以计算工程量及其单价，一般按照施工方法、主要工种、材料、结构构件的规格不同等因素划分。例如，道路铺装的基础，可以分为挖土、混凝土垫层、砌砖基础、回填土等分项工程。

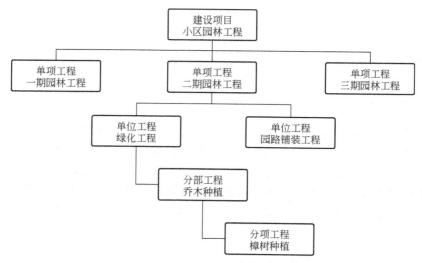

图 1.1　小区园林绿化工程的分解

特别提示

若干个分项工程组成一个分部工程，若干个分部工程组成一个单位工程，若干个单位工程构成一个单项工程，若干个单项工程构成一个建设项目。

一个简单的建设工程项目也可能只由一个单项工程组成。

5）检验批

工程质量验收时，可将分项工程近一步划分为检验批。检验批是指按同一的生产条件

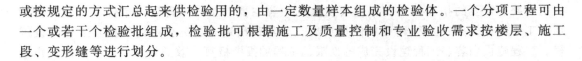

或按规定的方式汇总起来供检验用的，由一定数量样本组成的检验体。一个分项工程可由一个或若干个检验批组成，检验批可根据施工及质量控制和专业验收需求按楼层、施工段、变形缝等进行划分。

1.1.2 园林工程项目

园林工程项目是指园林建设领域中的项目。一般园林工程项目是指为某种特定的目的而进行投资建设，并含有一定建筑或建筑安装工程的园林建设项目。

1. 园林工程项目的特点

1）唯一性

园林工程项目具有明确的目标——提供特定的产品或服务。其产品或服务在某些特定的方面有别于其他类似的产品或服务。尽管从事一种产品或服务的单位很多，但由于园林工程项目建设的时间、地点、条件等都会有若干差别，都涉及某些以前没有做过的事情，所以它总是唯一的。

2）一次性

每个园林工程项目都有其确定的终点，所有园林工程项目的实施都将达到其终点。从这个意义来讲，它们都是一次性的。当一个园林工程项目的目标已经实现，或者已经明确知道该工程项目的目标不再需要或不可能实现时，该工程项目即达到了它的终点。一次性并不意味着时间短，实际上许多园林工程项目要经历若干年。然而，在任何情况下园林工程项目的期限都是有限的，它不是一种持续不断的工作。

3）整体性

一个园林工程项目往往由多个单项工程和多个单位工程组成，彼此之间紧密相关，必须结合到一起才能发挥工程项目的整体功能。

4）固定性

园林工程项目都含有一定的建筑或建筑安装工程，都必须固定在一定的地点，都必须受项目所在地的资源、气候、地质等条件制约，受到当地政府以及社会文化的影响。

5）确定性

一个园林工程项目要建成往往需要几年，有的甚至更长，而且建设过程中涉及面广，因此各种情况的变化带来的不确定因素较多。

6）不可逆转性

园林工程项目实施完成后，很难推倒重来，否则将会造成较大的经济损失，因此园林工程建设具有不可逆转性。

2. 园林工程项目的建设程序

园林工程建设的生产过程大致可以划分为四个阶段，即：工程项目计划立项报批阶段，组织计划设计阶段，工程建设实施阶段和工程竣工验收阶段。

1）工程项目计划立项报批阶段

这个阶段又叫园林工程建设前的准备阶段，也称为立项计划阶段。它是指对拟建园林工程建设项目通过勘察、调查、论证、决策后初步确定建设地点和规模，通过论证、研究、咨询等工作写出项目可行性报告，编制出项目建设计划任务书。然后报主管部门论证审核，建设部门批准并纳入正式的年度建设计划。园林工程建设计划任务书是工程项目建设的前提和重要的指导性文件。它要明确的内容主要包括：工程建设单位、工程建设性质、工程建设类别、工程建设单位负责人、工程建设地点、工程建设依据、工程建设规模、工程建设内容、工程建设完成的期限、工程的投资概算、效益评估、与各方的协作关系以及文物保护、环境保护、生态建设、道路交通等方面问题的解决计划等。

2）组织计划设计阶段

园林工程建设设计文件是组织工程建设施工的基础，也是具体工作的指导性文件。具体讲，就是根据已经批准纳入计划的计划任务书内容，由园林工程建设管理、设计部门进行必要的组织设计工作。园林工程建设的组织设计主要包括两部分：一是进行园林工程建设项目的具体勘察，进行初步设计并据此编制设计概算；二是在此基础上进行施工图设计。

3）工程建设实施阶段

在完成设计并确定了施工企业后，施工单位应根据建设单位提供的相关资料和图纸，以及调查掌握的施工现场条件，各种施工资源（人工、物资、材料、交通等）状况，做好施工图预算和施工组织设计的编制等工作。并认真做好各项施工前的准备工作，严格按照施工图、工程合同以及工程质量、进度、安全等要求做好施工生产的安排，科学组织施工，搞好施工现场的管理，确保工程质量、进度、安全，提高工程建设的综合效益。

4）工程竣工验收阶段

根据国家规定，所有园林工程建设完成后，都要按照施工技术质量要求，进行工程竣工验收。在现场实施阶段的后期就要进行竣工验收的准备工作，并对完工的工程项目，组织有关人员进行内部自检，发现问题及时纠正补充，力求达到设计、合同要求。工程竣工后，应尽快召集有关单位和计划、城建、园林、质检等部门，根据设计要求和工程施工技术验收规范，进行正式的竣工验收。对竣工验收中发现的一些问题及时纠正、补救后即可办理竣工手续交付使用。

1.1.3 园林施工项目

园林施工项目是园林施工企业对一个园林建设产品的施工过程及最终成果，也就是园林施工企业的生产对象。它可能是一个园林项目的施工及成果，也可能是其中的一个单项工程或单位工程的施工及成果。这个过程的起点是投标，终点是保修期满。

特别提示

引言分析：从园林项目的特征来看，只有单位园林工程、单项园林工程和园林建设项目的施工任务才称得上园林施工项目，因为单位园林工程才是园林施工企业的最终产品。分部、分项园林工程不是园林施工企业完整的最终产品，因此不能称作园林施工项目。种植10棵桂花是分项工程，不能称为园林施工项目。

知识链接

项目是作为管理对象，在一定约束条件下（时间、资源、质量标准）完成的，明确目标的一次性任务。项目具有一次性、明确的目标（成果性目标和约束性目标）、特定的生命期、整体性、成果的不可挽回性（不可逆转性）等特点。

1.2 园林施工组织的作用与分类

引言

科学有序的组织园林施工，不仅可以避免资源上浪费，还可以有效地缩短工期，提高劳动生产率。反之，则会造成成本的扩大和工期的拖延。

在某园林施工现场进行到绿化工程，项目经理没有修改原来施工组织设计的平面图设计，结果导致大量苗木直接放置在刚铺设好的整体路面上。请问项目经理的做法对吗？分析原因。

1.2.1 施工组织的概念

园林工程施工组织设计是以园林工程为对象编写的用来指导工程施工全过程中各项活动的技术、经济和组织的综合性文件。其核心内容是如何根据园林工程的特点和要求，科学合理地安排好劳动力、材料、机械设备、资金和施工方法这五个主要的施工因素，从而保证施工任务按质量要求按时完成。

1.2.2 施工组织设计的作用

（1）可以指导工程投标与签订工程承包合同，并作为投标书的内容和合同文件的一部分。

（2）是施工准备工作的重要组成部分，是做好施工准备重要依据和重要保证，同时能指导科学管理施工过程，能保证正常的施工秩序。

（3）是对拟建工程施工的全过程实行科学管理的重要手段，是检查工程施工进度、质量和成本3大目标的依据。

（4）能很好协调建设单位、施工单位等各方面的关系，解决施工过程中出现的各种情况，使现场施工保持协调、均衡、文明。

（5）使施工管理人员明确工作职责，充分发挥主观能动性，提高综合效益。

特别提示

引言分析：该项目经理做法不对，项目经理没有意识到施工组织的重要性，并且施工设计的部分内容应该随着施工进度的改变而发生改变，专项工程可以重新进行施工组织的编制。

1.2.3 施工组织设计的分类

施工组织设计按编制阶段、编制对象范围、编制内容等，可以进行不同的分类。

1. 按编制阶段分类

1）标前设计

标前设计是投标前编制，以投标与签订工程承包合同为服务范围，在投标前由经营管理层编制，标前设计的水平是能否中标的关键因素。

2）标后设计

标后设计是在签订工程承包合同后编制的，是以施工准备至施工验收阶段为服务范围，在签约后、开工前，由项目管理层编制，用以指导无规划部署整个项目的施工。

2. 按编制对象范围分类

1）施工组织总设计

施工组织总设计是以一个建设项目为编制对象，规划施工全过程中各项活动的技术、经济的全局性、控制性文件。它是整个建设项目施工的战略部署，涉及范围较广，内容比较概括。它一般是在初步设计或扩大初步设计批准后，由总承包单位的总工程师负责，会同建设、设计和分包单位的工程师共同编制的。它也是施工单位编制年度施工计划和单位工程施工组织设计的依据。

2）单位工程施工组织设计

单位工程施工组织设计是以单位工程为编制对象，用来指导施工全过程中各项活动的技术、经济的局部性、指导性文件。它是拟建工程施工的战术安排，是施工单位年度施工计划和施工组织总设计的具体化，内容应详细。它是在施工图设计完成后，由工程项目主管工程师负责编制的，可作为编制季度、月度计划和分部分项工程施工组织设计的依据。

3）分部分项工程施工组织设计

分部分项工程施工组织设计是以分部分项工程为编制对象，用来指导施工活动的技术、经济文件。它结合施工单位的月、旬作业计划，把单位工程施工组织设计进一步具体化，是专业工程的具体施工设计。一般在单位工程施工组织设计确定了施工方案后，由施工队技术队长负责编制。

4）专项工程施工组织设计

专项工程施工组织设计是以某一专项技术（如重要的安全技术、质量技术和高新技术）为编制对象，用以指导施工的综合性文件。

特别提示

单位工程施工组织设计是施工组织总设计的继续和深化，同时也是单独的一个单位工程在施工图阶段的文件。分部分项工程施工组织设计，既是单位施工组织设计中某个分部分项工程更深、更细的施工设计，又是单独一个分部分项工程的施工设计。

1.3 园林工程产品及施工特点

引言

很多人一提起园林工程，都认为园林施工门槛低，只要像种菜、种花一样进行植物的种植就可以了，请问这种观点对吗？如果不对，到底园林工程有哪些特点呢？

园林工程是一种独具特点的工程建设，它不仅要满足一般工程建设的使用功能要求，同时还要满足园林造景的要求，并与园林环境密切结合，是一种将自然和各类景观融为一体的工程建设。园林工程建设这些特殊的要求决定了园林工程施工的特点。

1.3.1 园林工程特点

1. 综合性强

复杂的综合性园林工程项目往往涉及地貌的融合、地形的处理以及建筑、水景、给水、排水、供电、园路、假山、园林植物栽种、环境保护等诸多方面的内容。在园林工程建设中，协同作业、多方配合已成为当今园林工程建设的总要求。

2. 艺术性特征

园林工程不单是一种工程，更是一种艺术。它是一门艺术工程，具有明显的艺术性特征。园林艺术涉及造型艺术、建筑艺术和绘画艺术、雕刻艺术、文学艺术等诸多艺术领域。园林工程产品不仅要按设计搞好工程设施和构筑物的建设，还要讲究园林植物配置手法、园林设施和构筑物的美观舒适以及整体空间的协调。这些都要求采用特殊的艺术处理才能实现，而这些要求得以实现都体现在园林工程的艺术性之中。

3. 时代性特征

园林工程是随着社会生产力的发展而发展的，在不同的社会时代条件下，总会形成与其时代相适应的园林工程产品。因而园林工程产品必然带有时代性特征。当今时代，随着人民生活水平的提高和人们对环境质量要求的不断提高，对城市的园林建设要求也多样化，工程的规模和内容，也越来越大，新技术、新材料、新科技、新时尚已深入到园林工程的各个领域，如以光、电、机、声为一体的大型音乐喷泉、新型的铺装材料、无土栽培、立体绿化、喷播技术等新型施工方法的应用，形成了现代园林工程的又一显著特征。

4. 生物、工程、艺术的高度统一性特征

园林工程要求将园林生物、园林艺术与市政工程融为一体，以植物为主线，以艺驭术，以工程为陪衬，一举三得。并要求工程结构的功能和园林环境相协调，在艺术性的要求下实现三者的高度统一。同时园林工程建设的过程又具有实践性强的特点，想将理想变为现实、化平面为立体，建设者就既要掌握工程的基本原理和技能，又要使工程园林化、艺术化。

1.3.2 园林工程施工特点

1）施工场地的复杂性

（1）地形复杂性。园林工程大多建设在城镇，或者在自然景色较好的山水之中，地形起伏，富于变化，因城镇地理位置的特殊性和大多山水地形的复杂多变性，园林工程施工场地多处于特殊复杂的场地条件之上，这给园林工程施工提出了更高的要求。

（2）气候的复杂性。园林工程施工基本为露天作业，并且工期较长，气候变化复杂，因此在施工中经常会受到雨雪天气。进而在是施工组织设计和施工中必须考虑雨期、冬季施工的特殊性。

2）园林施工过程的艺术性

园林工程除满足一般使用功能外，更主要的是要满足造景的需要，是集植物造景、建设造景艺术于一体的施工过程，这就决定了园林施工人员和管理人员工程具有较高的艺术修养，能够充分理解设计者的意图并使之落实到具体的施工过程中。

3）园林绿化工程的特殊性

（1）园林绿化材料是具有生命特征。园林绿化工程是园林工程中的重要工程项目。园林植物材料受周围的土壤、气候等外界环境因素的影响比较大。这意味着园林绿化工程具有种植时间选择性、养护管理长期性等特殊性。

（2）园林施工与养护之间不能脱节。种是短暂的，管是长期的。只有进行不间断的精心养护管理，才能确保各种苗木的成活率和良好长势，否则，就难以达到生态环境景观的特殊要求和效果。这就决定了园林绿化工程建成后必须提供养护计划和相关的资金投入。

（3）不同园林植物材料的施工要求不同。植物种植的成活率受树龄、种植季节、植物材料的影响，其中不同的植物材料其施工工艺存在一定的差别，如草坪施工工艺和大树种植存在极大差别。

4）园林工程施工的专业性

园林工程的内容繁多，但是各种工程的专业性极强，不仅园林工程建筑设施和构件中亭、榭、廊等建筑的内容复杂各异，专业性要求极强，现代园林工程中的各类点缀小品的建筑施工也具有各自不同的专业要求，就是常见的假山、叠石、水景、园路、栽植等园林工程施工的专业性，也是很强的。因而要求施工管理和技术人员必须具备一定的专业知识和独特的施工技艺。

5）园林工程施工的协作性

现代园林工程大规模化的发展趋势和集园林绿化、社会、生态、环境、休闲、娱乐、游览于一体的综合性建设目标的要求，使得园林工程的大规模化和综合性特点更加突出。因而在其建设施工中涉及众多的工程类别和工种技术。同一工程项目施工生产过程中，往往要由不同的施工单位和不同工种的技术人员相互配合、协作施工才能完成，而各施工单位和各工种的技术差异一般又较大，相互配合协作有一定的难度。这就要求园林工程的施工人员不仅需要掌握自己专门的施工技术，同时还必须有相当高的配合协作精神和方法，才能真正搞好施工工作。复杂的园林工程中，各工种在施工中对各工序的要求相当严格，这又要求同一工种内各工序施工人员的统一协调，相互监督制约，才能保证施工正常进行。

 特别提示

引言分析：该观点不对，这些人只看到植物进行种植工程的一方面，而忽视了种植施工的艺术性和高技术含量。

1.4 施工准备

引言

工程开工前，进行全面的施工准备，可以让我们在施工过程中避免不必要的工程损失，如在某园林工程在4月份，土壤是粘性土，由于赶工期，进行简单的施工现场勘查就进行施工。但是不久就因为园林施工场地排水不畅，并且导致道路铺装无法进行，苗木出现死亡。

1.4.1 施工准备工作的分类

1. 按范围及规模不同进行分类

（1）施工总准备，也称全场性施工准备。它是以一个建设项目为对象而进行的各项施

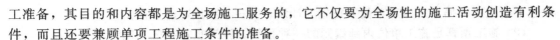

工准备，其目的和内容都是为全场施工服务的，它不仅要为全场性的施工活动创造有利条件，而且还要兼顾单项工程施工条件的准备。

（2）单项（单位）工程施工条件准备。它是以一个单项（单位）工程为对象而进行的施工准备，其目的和内容都是为该单项（单位）工程服务的，它既要为单项（单位）工程做好开工前的一切准备，又要为其分部（分项）工程施工进行作业条件的准备。

（3）分部（分项）工程作业条件准备。它是以一个分部（分项）工程或冬、雨季施工工程为对象而进行的作业条件准备。

2. 按工程所处的施工阶段不同进行分类

（1）开工前的施工准备工作。它是在拟建工程正式开工之前所进行的一切施工准备工作，其目的是为工程正式开工创造必要的施工条件。

（2）开工后的施工准备工作，也称为各施工阶段前的施工准备。它是在拟建工程开工之后，每个施工阶段正式开始之前所进行的施工准备工作，为每个施工阶段创造必要的施工条件。

综上所述，施工准备工作既要有连贯性，必须有计划、有步骤、分期分阶段地进行。

1.4.2 施工准备工作的内容

1. 技术准备

1）认真做好扩大初步设计方案的审查工作

园林工程施工任务确定以后，应提前与设计单位结合，掌握扩大初步设计方案的编制情况，使方案的设计在质量、功能、艺术性等方面均能适应当前园林建设发展水平，为其工程施工扫除障碍。

2）熟悉和审查施工工程图纸

园林建设工程在施工前应组织有关人员研究熟悉设计图纸的详细内容，以便掌握设计意图，确认现场状况以便编制施工组织设计，提供各项依据。

审查工程施工图纸通常按图纸自审、会审和现场签证3个阶段进行。

（1）图纸自审。由施工单位主持，并要求写出图纸自审记录。

（2）图纸会审由建设单位主持，设计和施工单位共同参加，并应形成"图纸会审纪要"，由建设单位正式行文、三方面共同会签并盖公章，作为指导施工和工程结算的依据。

（3）图纸现场签证是在工程施工中，依据技术核定和设计变更签证制度的原则，对所发现的问题进行现场签证，作为指导施工、竣工验收和结算的依据。在研究图纸时，特别需要注意的是特殊施工说明书的内容、施工方法、工期以及所确认的施工界线等。

3）原始资料调查分析

原始资料调查分析，不仅要对工程施工现场所在地区的自然条件、社会条件进行收集、整理分析和对不足部分进行补充调查外，还包括工程技术条件的调查分析。调查分析的内容和详尽程度，以满足工程施工要求为准。

4）编制施工图预算和施工预算

（1）施工图预算应按照施工图纸确定的工程量、施工组织设计拟定的施工方法、建设工程预算定额和有关费用定额，由施工单位编制。施工图预算是建设单位和施工单位签订工程合同的主要依据，是拨付工程价款和竣工决算的主要依据，也是实行招投标和工程建设包干的主要依据，是施工单位安排施工计划、考核工程成本的依据。

（2）施工预算是施工单位内部编制的一种预算。施工预算在施工图预算的控制下，结合施工组织设计的平面布置、施工方法、技术组织措施以及现场施工条件等因素编制而成的。

5）编制施工组织设计

拟建的园林建设工程应根据其规模、特点和建设单位要求，编制指导该工程施工全过程的施工组织设计。

2．资源准备

施工资源准备是指在施工中必须的劳动力组织和物质资源的准备。它是一项较为复杂而又细致的工作，一般应考虑以下两方面的内容。

1）劳动组织准备

（1）确定的施工项目管理人员应是有实际工作经验和相应资质证书的专业人员。

（2）有能进行指导现场施工的专业技术人员。

（3）各工种应有熟练的技术工人，并应在进场前进行有关的技术培训和入场教育。

2）物质资源准备

园林建设工程物资准备工作内容包括土建材料准备、绿化材料准备、构（配）件和制品加工准备、园林施工机具准备4部分。

施工中需要的各项材料按照计划组织其有序进场，按规定地点和存货堆放；植物材料一般应随到随栽，不需提前进场，如果进场后不能立即栽植的，要选择好假植地点，严格按假植技术要求认真假植并做好养护工作。

按施工平面图要求，将施工中需要的各种构件、机械、设备和工具组织到位，按照规定地点和方式存放，并进行相应的保养和试运转等准备工作。

3．施工现场准备

大中型的综合园林工程建设项目应做好完善的施工现场准备工作。

1）现场勘查

施工前，根据施工要求对施工场地进行全面细致的勘查，了解施工现场条件，分析现状，特别是现场水电及交通条件。同时了解现场的构建物、管线、现存植物等。

2）场地准备

施工现场必须达到"四通一平"，认真设置消火栓。确保施工现场水通、电通、道路、通信畅通和场地平整；应按消防要求，设置足够数量的消火栓。园林工程场地平整中要因地制宜，合理利用竖向条件，既要便于施工，减少土方搬运量，又要保留良好的地形景观。

3）测量放线

按照总平面图要求，进行施工场地控制网测量，设置场区永久性控制测量标桩。

4）临时设施准备

临时设施是指企业为保证施工和管理的进行而建造的各种简易设施，包括现场临时作业棚、机具棚、材料库、办公室、休息室、厕所、储水池等设施；临时道路、围墙；临时给排水、供电、供热等设施；临时简易周转房，以及现场临时搭建的职工宿舍、食堂、浴室、医务室、理发室、托儿所等临时性福利设施。

所有生产及生活用临时设施的搭设，必须合理选址、正确用材，确保满足使用功能和安全、卫生、环保、消防要求；并尽量利用施工现场或附近原有设施（包括要拆迁但可暂时利用的建筑物）和在建工程本身供施工使用的部分用房，尽可能减少临时设施的数量，以便节约用地、节省投资。

4. 季节性施工准备

做好季节性施工准备按照施工组织设计要求，认真落实雨季施工和高温季节施工项目的施工设施和技术组织措施。

 特别提示

引言中出现该排水不畅的情况，是施工准备中现场勘查不够仔细；临时排水设置不够；另外对季节性施工考虑不周，4月份是梅雨季节，雨水比较多。

本 章 小 结

本章对园林施工组织基础知识、建设项目基本知识、施工准备作了较详细的阐述。

具体内容包括：园林工程建设项目组成；施工组织的定义和分类；园林工程施工特点；园工程施工的各项准备工作。

本章的教学目标是使学生掌握园林施工组织的定义，能进行园林工程施工前的准备工作。

习　　题

一、单选题

1. (　　)是以园林工程为对象编写的用来指导工程施工的技术性文件。

A. 施工图纸　　　　　　　　　　　　　　B. 施工方案

C. 园林工程施工组织设计　　　　　　　　D. 技术规范

2. 具有单独设计，可以独立施工，但完工后不能独立发挥生产能力或效益的工程是(　　)。

A. 建设项目　　　　B. 单位工程　　　　C. 单项工程　　　　D. 分部工程

3. 分部分项工程施工组织设计是以(　　)为编制对象。

A. 建设项目　　　　B. 单位工程　　　　C. 单项工程　　　　D. 分部工程

二、多选题

1. 施工组织设计根据编制对象范围不同，可分为(　　)。

A. 标后设计　　　　　　　　　　　　　　B. 单位工程施工组织设计

C. 分部分项工程施工组织设计　　　　　　D. 标前设计

2. 审查工程施工图纸通常按(　　)三个阶段进行施工准备工作。

A. 图纸审查　　　　B. 图纸自审　　　　C. 会审　　　　D. 现场签证

3. 施工准备工作的内容一般可归为(　　)。

A. 技术准备　　　　　B. 资源准备　　　　　C. 施工现场准备　　　　　D. 季节施工准备

4. 施工现场必须达到"四通一平","四通"指的是（　　）。

A. 水通　　　　　B. 电通　　　　　C. 道路　　　　　D. 通信畅通

三、简答题

1. 简述园林工程施工特点。

2. 施工准备工作有哪些内容？

四、案例分析

某园林公司进行高速公路草坪护坡工程，工期是11～12月，该施工地点坡度大，土壤板结。请问该公司进行施工现场准备时应该考虑哪些因素？

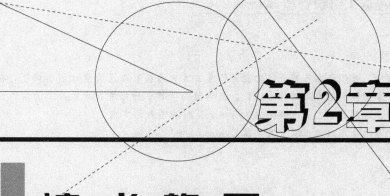

第2章

流水施工

教学目标

　　本章通过对流水施工的组织方式和组织方式的选取等知识点的讲解，具体要求学生掌握流水施工的基本概念，原理，掌握流水参数的计算。熟悉不同流水组织方式的特点，了解在哪些具体的园林施工项目中进行不同流水方式的选取。

教学要求

能力目标	知识要点	权重
掌握流水的基本概念	流水施工的图表形式等	10%
掌握流水的参数	流水的工艺、时间、空间参数等	25%
掌握流水施工的不同形式	有节奏、无节奏流水的特点	25%
掌握流水施工的工期和参数的计算	计算工期、节拍、步距等	15%
熟悉成倍节拍流水施工	能够计算其工期和绘制横道图等	10%
熟悉无节奏流水施工	能够计算其工期和绘制横道图等	10%
了解施工的三种不同方式	依此、平行、流水施工的特点	5%

章节导读

在园林工程的实施中，我们会在工程开工之前进行施工方式的选取以及进度计划的编制，在掌握这些技能前，我们首先要掌握项目的施工组织方式，以及现行的项目中如何进行流水施工的实施。流水施工又有哪些具体的特点。进度计划在流水施工的执行中又以何种图表形式进行？

因此，本章需要学习的是流水施工以及其具体应用。

知识点滴

流水作业的起源

20世纪初，美国人亨利·福特首先采用了流水线生产方法，在他的工厂内，专业化分工非常细，仅一个生产单元的工序竟然多达7882种，为了提高工人的劳工效率，福特反复试验，确定了一条装配线上所需要的工人，以及每道工序之间的距离。这样一来，每个汽车底盘的装配时间从12h 28min缩短到1h 33min。

大量生产的主要生产组织方式为流水生产，其基础是由设备、工作地和传送装置构成的设施系统，即流水生产线。最典型的流水生产线是汽车转配生产线。流水生产线是为特定的产品和预定的生产大纲所设计的；生产作业计划的主要决策问题在流水生产线的设计阶段中就已经做出规定。

流水作业是一种先进的生产组织方式，它在轻工、重工及纺织等多种行业都得到广泛应用，它是在劳动分工、合作和劳动工具专业化的基础上产生出来的一种科学的组织生产的形式。工业生产的经验证明，流水作业法是组织生产的有效方法，而且已收到良好的经济效益，其基本特点在于生产过程具有连续性、均衡性和节奏性。

2.1　流水施工的基本概念

引言

流水施工是一种科学、有效的工程项目施工组织方法之一，它来源于"流水作业"，是流水作业原理在工程组织中的具体应用。它可以充分地利用工作时间和操作空间，减少非生产性劳动消耗，提高劳动生产率，保证工程施工连续、均衡、有节奏地进行，从而对提高工程质量、降低工程造价、缩短工期有着显著的作用。

2.1.1　组织施工的三种方式

对于一项园林工程而言，一般都可以分解为许多施工过程，每一个施工过程又可以由一个或多个专业和混合的施工班组负责进行施工。在每个施工过程的活动中，都包括各项资源的调配问题，其中，最基本的是劳动力的组织安排问题，劳动力的组织安排不同，施工方法也会不同，因此考虑工程项目的施工特点、工艺流程、资源利用、平面或空间布置等要求，其施工可以采用依次、平行、流水等组织方式。

为说明三种施工方式及其特点，我们以具体的实例来说明。

【例2.1】　某小区现有一期、二期、三期项目分别进行园路施工，以每一期园路施工为一个施工段。已知园路施工都有四个施工过程组成。依次为挖土方、基础夯实、基层施工、路面铺装。各施工过程的时间分别为3天、1天、2天、3天。施工班组的人数分别为4人、6人、4人、2人。要求分别采用三种不同的施工组织方式，会有什么特点？

1. 依次施工

依次施工方式，也称为按顺序施工，是将拟建工程项目中的每一个施工对象分解为若干个施工过程，按施工工艺要求依次完成每一个施工过程；当一个施工对象完成后，再按同样的顺序完成下一个施工对象，依次类推，直至完成所有施工对象。这种方式的施工进度安排、总工期及劳动力需求曲线如图2.1和图2.2所示。

1) 按施工段依次施工

按施工段依次施工是指从事某施工过程的施工班组在所有施工段施工完毕后，下道工序的施工班组在进行施工，依次类推的一种组织施工的方式。其中，施工段是指同一施工过程的若干个部分，这些部分的工程量一般情况大致相等。按照施工段的进度安排如图2.1所示。

施工过程	过程代号	班组人数	施工进度(天)
			1 2 3 4 5 6 7 8 9 10 11 12 13 14 15 16 17 18 19 20 21 22 23 24 25 26 27
挖土方	A	4	
基础夯实	B	6	
基层施工	C	4	
路面铺装	D	2	

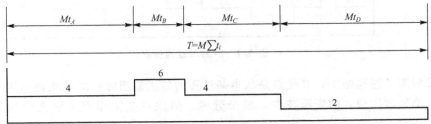

图 2.1　按施工段依次施工

其施工工期表达式为：

$$T = M \sum t_i \qquad (2-1)$$

式中：M——施工段数；

t_i——各施工过程在一个施工段上完成施工任务所需的时间；

T——完成该工程所需要的时间。

按照施工段施工，其优点是单位时间内投入的劳动力和各项物质较少，施工现场管理简单，工作面能够充分利用。但缺点是从事某过程的施工班组不能连续施工，工人的窝工现象严重，不利于提高劳动率，工期较长。

2）按施工过程依次施工

按照施工过程依次施工是指在同一施工段的所有施工过程全部施工完毕后，再开始第二个施工段的施工，依此类推的一种施工组织方式如图2.2所示。

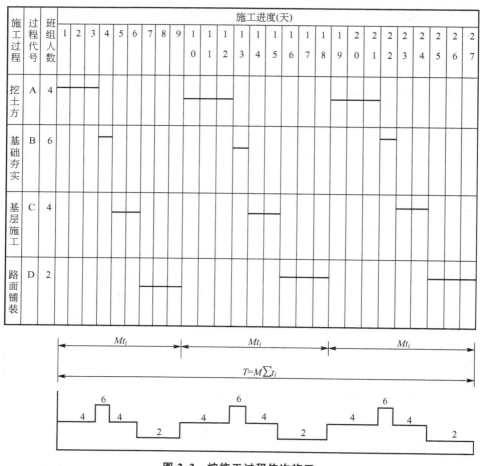

图 2.2　按施工过程依次施工

按照施工过程施工，其优点是从事某过程的施工班组能连续的均衡施工，工人不存在窝工，单位时间投入的资源较少，易于管理。但缺点是工作面未能充分利用，存在间歇时间。

汇总以上的优缺点，依次施工方式具有如下特点。

（1）没有充分地利用工作面进行施工，工期长。

（2）如果按专业成立工作队，则各专业队不能连续作业，有时间间歇，劳动力及施工机具等资源无法均衡使用。

（3）如果由一个工作队完成全部施工任务，则不能实现专业化施工，不利于提高劳动生产率和工程质量。

（4）单位时间内投入的劳动力、施工机具、材料等资源量较少，有利于资源供应的组织。

（5）施工现场的组织、管理比较简单。

2. 平行施工

平行施工方式是组织几个劳动组织相同的工作队，在同一时间、不同的空间，按施工工艺要求完成各施工对象。这种方式的施工进度安排、总工期及劳动力需求曲线如图 2.3 所示。

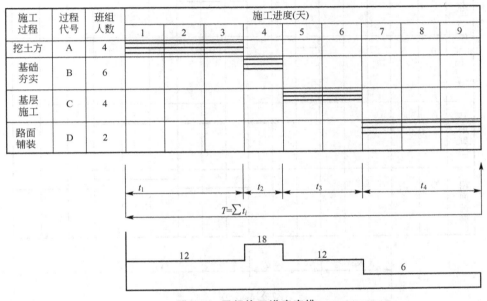

图 2.3　平行施工进度安排

由图 2.3 可知，平行施工的工期表达式为：

$$T = \sum t_i \qquad\qquad (2-2)$$

平行施工方式具有以下特点。

（1）充分地利用工作面进行施工，工期短。

（2）如果每一个施工对象均按专业成立工作队，则各专业队不能连续作业，劳动力及施工机具等资源无法均衡使用。

（3）如果由一个工作队完成一个施工对象的全部施工任务，则不能实现专业化施工，不利于提高劳动生产率和工程质量。

（4）单位时间内投入的劳动力、施工机具、材料等资源量成倍地增加，不利于资源供应的组织。

（5）施工现场的组织、管理比较复杂。

3. 流水施工

流水施工方式是将拟建工程项目中的每一个施工对象分解为若干个施工过程，并按照施工过程成立相应的专业工作队，各专业队按照施工顺序依次完成各个施工对象的施工过程，同时保证施工在时间和空间上连续、均衡和有节奏地进行，使相邻两专业队能最大限度地搭接作业。这种方式的施工进度安排、总工期及劳动力需求曲线如图 2.4(a)和(b)所示。

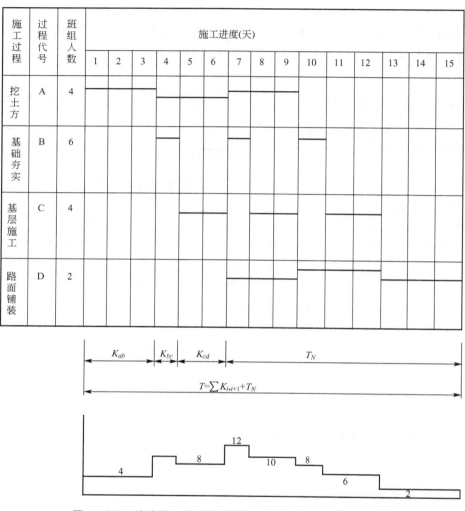

图 2.4(a)　流水施工进度计划(施工队伍不连续，部分间断)

从图 2.4(a)中可知，流水施工工期的计算公式可以表示为：

$$T = \sum K_{i,\,i+1} + T_N \qquad\qquad (2-3)$$

式中：$K_{i,i+1}$——相邻两个施工过程的施工班组开始投入施工的时间间隔；

$\sum K_{i,\,i+1}$——所有相邻施工过程开始投入施工的时间间隔之和；

T_N——最后一个施工过程的施工班组完成全部工作任务所花的时间。

从图 2.4(a)中可知，B 和 C 过程的班组没有连续施工，如果我们把队伍调整为连续作业，就得到图 2.4(b)所示。

施工过程	过程代号	班组人数	施工进度(天)																		
			1	2	3	4	5	6	7	8	9	10	11	12	13	14	15	16	17	18	19
挖土方	A	4																				
基础夯实	B	6																				
基层施工	C	4																				
路面铺装	D	2																				

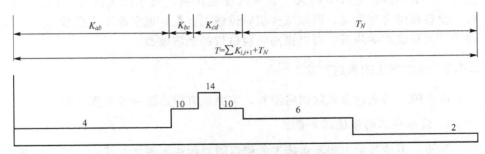

图 2.4(b) 流水施工进度计划(施工队伍全部连续)

$$T = \sum K_{i,\,i+1} + T_N = 19(天)$$

从两个图表中可以看出，部分的间断可以适时的缩短工期，但是间断的施工会带来人员的窝工，因此要视具体工程具体而定。

1）流水施工方式的特点

（1）尽可能地利用工作面进行施工，工期比较短。

（2）各工作队实现了专业化施工，有利于提高技术水平和劳动生产率，也有利于提高工程质量。

（3）专业工作队能够连续施工，同时使相邻专业队的开工时间能够最大限度地搭接。

（4）单位时间内投入的劳动力、施工机具、材料等资源量较为均衡，有利于资源供应的组织。

（5）为施工现场的文明施工和科学管理创造了有利条件。

2）流水施工的技术经济效果

通过比较三种施工方式可以看出，流水施工方式是一种先进、科学的施工方式。由于在工艺过程划分、时间安排和空间布置上进行统筹安排，将会体现出优越的技术经济效果。

（1）施工工期较短，尽早发挥投资效益。由于流水施工的节奏性、连续性，可以加快各专业队的施工进度，减少时间间隔。特别是相邻专业队在开工时间上可以最大限度地进行搭接，充分地利用工作面，做到尽可能早地开始工作，从而达到缩短工期的目的，使工程尽快交付使用或投产，尽早获得经济效益和社会效益。

（2）实现专业化生产，提高施工技术水平和劳动生产率。由于流水施工方式建立了合理的劳动组织，使各工作队实现了专业化生产，工人连续作业，操作熟练，便于不断改进操作方法和施工机具，可以不断地提高施工技术水平和劳动生产率。

（3）连续施工，充分发挥施工机械和劳动力的生产效率。由于流水施工组织合理，工人连续作业，没有窝工现象，机械闲置时间少，增加了有效劳动时间，从而使施工机械和劳动力的生产效率得以充分发挥。

（4）提高工程质量，增加建设工程的使用寿命和节约使用过程中的维修费用。由于流水施工实现了专业化生产，工人技术水平高，而且各专业队之间紧密地搭接作业，互相监督，可以使工程质量得到提高。因而可以延长建设工程的使用寿命，同时可以减少建设工程使用过程中的维修费用。

（5）降低工程成本，提高承包单位的经济效益。流水施工资源消耗均衡，便于组织资源供应，使得资源储存合理，利用充分，可以减少各种不必要的损失，节约材料费；流水施工生产效率高，可以节约人工费和机械使用费；流水施工降低了施工高峰人数，使材料、设备得到合理供应，可以减少临时设施工程费；流水施工工期较短，可以减少企业管理费。工程成本的降低，可以提高承包单位的经济效益。

2.1.2 流水施工的表达方式

流水施工的表达方式除网络图外，主要还有横道图和垂直图两种。

1. 流水施工的横道图表示法

某园艺小品基础工程流水施工的横道图表示法如图 2.5 所示。图中的横坐标表示流水施工的持续时间；纵坐标表示施工过程的名称或编号。

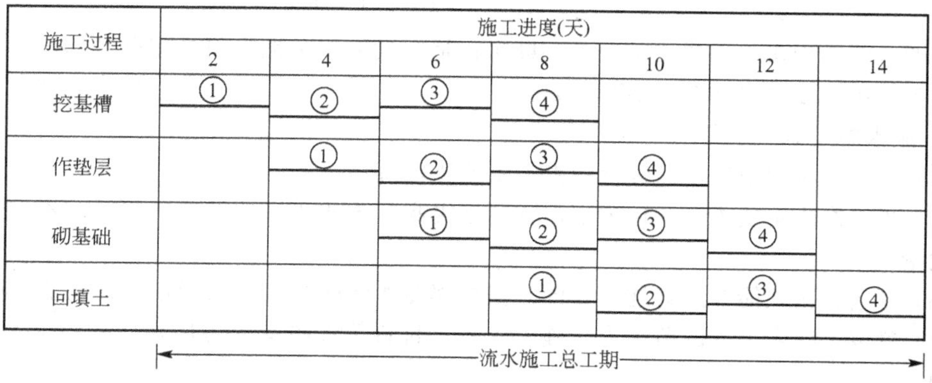

施工过程	施工进度(天)						
	2	4	6	8	10	12	14
挖基槽	①	②	③	④			
作垫层		①	②	③	④		
砌基础			①	②	③	④	
回填土				①	②	③	④

← 流水施工总工期 →

图 2.5 流水施工的横道示意图

n 条带有编号的水平线段表示 n 个施工过程或专业工作队的施工进度安排，其编号①、②……表示不同的施工段。

横道图表示法的优点是：绘图简单，施工过程及其先后顺序表达清楚，时间和空间状况形象直观，使用方便，因而被广泛用来表达施工进度计划。

2. 流水施工的垂直图表示法

垂直图表示法如图 2.6 所示。图中的横坐标表示流水施工的持续时间；纵坐标表示流水施工所处的空间位置，即施工段的编号。n 条斜向线段表示 n 个施工过程或专业工作队的施工进度。

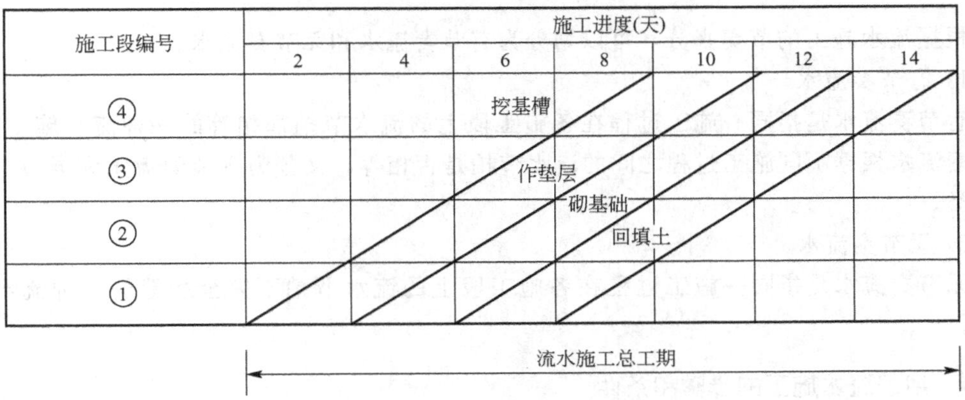

施工段编号	施工进度(天)						
	2	4	6	8	10	12	14
④				挖基槽			
③			作垫层	砌基础			
②				回填土			
①							

流水施工总工期

图 2.6　流水施工的垂直示意图

垂直图表示法的优点是：施工过程及其先后顺序表达清楚，时间和空间状况形象直观，斜向进度线的斜率可以直观地表示出各施工过程的进展速度，但编制实际工程进度计划不如横道图方便。

2.1.3　流水施工的分类

1. 按组织流水的范围分

1）施工过程流水（细部流水）

细部流水是指同一施工过程中各操作工序间的流水（如在粉刷墙面时可以分为腻子基层和涂料面层），细部流水是组织施工中范围最小的流水施工。

2）分部工程流水（专业流水）

专业流水是指同一分部工程中各施工过程间的流水，它是组织项目流水的基础。

3）单位工程流水（工程项目流水）

工程项目流水是指同一单位工程中各分部工程间的流水，它是各分部工程的组合。

4）群体工程流水（综合流水）

综合流水是指在多栋建筑物间组织大流水的一种方式，主要用于园林与建筑群体混合成的不同的控制性流水的组织方式，是较为宏观的一种流水。

2. 按施工过程的分解程度分

1）彻底分解流水

彻底分解流水是指将工程对象的某一分部工程分解为若干个施工过程，而每一个施工过程均为单一完成的施工工程，即该过程已经不能再分解了。

2）局部分解流水

局部分解流水是指工程对象的某一分部工程根据实际情况进行划分，有的过程已经彻底分解到不可再分，有的过程则没有彻底分解，而不彻底的施工过程由于是有混合的施工班组来完成的，因此不能界定单独的各项工期。例如，地面鹅卵石铺路是由基层处理和砂浆基层以及面饰卵石三项所组成，但不能具体分开来。

3. 按流水施工的节奏特征来分

根据流水施工的节奏来分，可以划分为有节奏流水和无节奏流水。

1）有节奏流水

有节奏流水是指同一施工过程在各施工段上的流水节拍都相等的一种流水施工方式。有节奏流水根据不同施工过程之间的流水节拍是否相等，又分为等节奏流水和异节奏流水两大类。

2）无节奏流水

无节奏流水是指同一施工过程在各施工段上的流水节拍不完全相等的一种流水施工方式。

2.1.4 组织流水施工的步骤和条件

1. 组织流水施工的步骤

（1）将园林工程项目划分为若干个劳动量大致相等的流水段。

（2）将整个工程按施工阶段划分成若干个施工过程，并组织相应的施工队组。

（3）确定各施工队组在各段上的工作延续时间。

（4）组织每个队组按一定的施工顺序，依次连续地在各段上完成自己的工作。

（5）组织各工作队组同时在不同的空间进行平行作业。

2. 组织流水施工的条件

流水施工必须具备如下条件。

（1）该项目可以划分为若干个施工过程。

（2）该项目可以划分为工程量大致相等的若干个施工段。

（3）每个施工过程必须可以独立组织施工班组进行流水。

（4）主要的施工过程必须连续，均衡的施工。

（5）不同的施工过程尽可能的进行平行搭接施工。

2.2 流水施工的主要参数

引言

为了更详细的说明在组织流水施工时，各施工过程在时间和空间上的开展情况及相互依存关系，这里引入一些描述工艺流程、空间布置和时间安排等方面的状态参数——流水施工参数，包括工艺参数、空间参数和时间参数。

2.2.1　工艺参数

工艺参数主要是指在组织流水施工时，用以表达流水施工在施工工艺方面进展状态的参数，通常包括施工过程数和流水强度两个参数。

1. 施工过程数

在组织一项园林工程流水施工时，根据施工组织及计划安排需要将计划任务划分成若干个子项，这些称为施工过程。在一个项目中，有多少个施工过程数，取决于项目的粗细程度。施工过程划分的粗细程度由实际需要而定，当编制控制性施工进度计划时，组织流水施工的施工过程可以划分得粗一些，施工过程可以是单位工程，也可以是分部工程。当编制实施性施工进度计划时，施工过程可以划分得细一些，施工过程可以是分项工程，甚至是将分项工程按照专业工种不同分解而成的施工工序。

施工过程的数目一般用 n 表示，它是流水施工的主要参数之一。根据其性质和特点不同，施工过程一般分为 3 类，即建造类施工过程、运输类施工过程和制备类施工过程。

1）建造类施工过程

它是指在施工对象的空间上直接进行砌筑、安装与加工，最终形成建筑产品的施工过程。它是建设工程施工中占有主导地位的施工过程，如建筑物或构筑物的地下工程、主体结构工程、装饰工程等。

2）运输类施工过程

它是指将建筑材料、各类构配件、成品、制品和设备等运到工地仓库或施工现场使用地点的施工过程。

3）制备类施工过程

它是指为了提高建筑产品生产的工厂化、机械化程度和生产能力而形成的施工过程，如砂浆、混凝土、各类制品、门窗等的制备过程和混凝土构件的预制过程。

由于建造类施工过程占有施工对象的空间，直接影响工期的长短，因此，必须列入施工进度计划，并在其中大多作为主导施工过程或关键工作。运输类与制备类施工过程一般不占有施工对象的工作面，不影响工期，因此不需要列入流水施工进度计划之中。只有当其占有施工对象的工作面，影响工期时，才列入施工进度计划之中。例如，对于采用装配式钢筋混凝土结构的工程，钢筋混凝土构件的现场制作过程就需要列入施工进度计划之中；同样，结构安装中的构件吊运施工过程也需要列入施工进度计划之中。

2. 流水强度

流水强度是指流水施工的某施工过程（专业工作队）在单位时间内所完成的工程量，也称为流水能力或生产能力。例如，浇筑混凝土施工过程的流水强度是指每工作班浇筑的混凝土立方数。

流水强度可用公式(2-4)计算求得：

$$V = \sum_{i=1}^{X} R_i \cdot S_i \qquad (2-4)$$

式中：V——某施工过程（队）的流水强度；

　　　R_i——投入该施工过程中的第 i 种资源量（施工机械台数或人工数）；

　　　S_i——投入该施工过程中第 i 种资源的产量定额；

X——投入该施工过程中的资源种类数。

2.2.2 空间参数

空间参数是指在组织流水施工时，用以表达流水施工在空间布置上进展状态的参数。通常包括工作面和施工段两个。

1. 工作面

工作面是指供某专业工种的工人或某种施工机械进行施工的活动空间。工作面的大小，表明能安排施工人数或机械台数的多少。每个作业的工人或每台施工机械所需工作面的大小，取决于单位时间内其完成的工程量和安全施工的要求。工作面确定的合理与否，直接影响专业工作队的生产效率。因此，必须合理确定工作面。

2. 施工段

将施工对象在平面或空间上划分成若干个劳动量大致相等的施工段落，称为施工段或流水段。施工段的数目一般用 M 表示，它是流水施工的主要参数之一。

1）划分施工段的目的

划分施工段的目的就是为了组织流水施工。由于建设工程体形庞大，可以将其划分成若干个施工段，从而为组织流水施工提供足够的空间。在组织流水施工时，专业工作队完成一个施工段上的任务后，遵循施工组织顺序又到另一个施工段上作业，产生连续流动施工的效果。在一般情况下，一个施工段在同一时间内，只安排一个专业工作队施工，各专业工作队遵循施工工艺顺序依次投入作业，同一时间内在不同的施工段上平行施工，使流水施工均衡地进行。组织流水施工时，可以划分足够数量的施工段，充分利用工作面，避免窝工，尽可能缩短工期。

2）划分施工段的原则

由于施工段内的施工任务由专业工作队依次完成，因而在两个施工段之间容易形成一个施工缝。同时，由于施工段数量的多少，将直接影响流水施工的效果。为使施工段划分得合理，一般应遵循下列原则。

（1）同一专业工作队在各个施工段上的劳动量应大致相等，相差幅度不宜超过10%～15%。

（2）每个施工段内要有足够的工作面，以保证相应数量的工人、主导施工机械的生产效率，满足合理劳动组织的要求。

（3）施工段的界限应尽可能与结构界限（如沉降缝、伸缩缝等）相吻合，或设在对建筑结构整体性影响小的部位，以保证建筑结构的整体性。

（4）施工段的数目要满足合理组织流水施工的要求。施工段数目过多，会降低施工速度，延长工期；施工段过少，不利于充分利用工作面，可能造成窝工。

（5）对于多层建筑物、构筑物或需要分层施工的工程，应既分施工段，又分施工层，各专业工作队依次完成第一施工层中各施工段任务后，再转入第二施工层的施工段上作业，以此类推。以确保相应专业队在施工段与施工层之间，组织连续、均衡、有节奏地流水施工。

3）划分施工段的基本要求

（1）施工段的数目要适宜。施工段数过多势必要减少工作面上的施工人数，工作面不能充分利用，拖长工期；施工段数过少，则会引起劳动力、机械和材料供应的过分集中，有时还会造成"断流"的现象。

（2）以主导施工过程为依据。划分施工段时，以主导施工过程的需要来划分。主导施工过程是指对总工期起控制作用的施工过程。

（3）施工段的分界与施工对象的结构界限（温度缝、沉降缝或单元尺寸）或幢号一致，以便保证施工质量。

（4）各施工段的劳动量尽可能大致相等，以保证各施工班组连续、均衡地施工。

（5）当组织流水施工对象有层间关系时，应使各队能够连续施工。即各施工过程的工作队做完第一段，能立即转入第二段；做完第一层的最后一段，能立即转入第二层的第一段。因而每层最少施工段数目 M_0 应大于等于施工过程数，即：$M_0 \geqslant N$。

当 $M_0 = N$ 时，工作连续施工，施工段上始终有施工班组，工作面能充分利用，无停歇现象，也不会产生工人窝工现象，比较理想。

当 $M_0 > N$ 时，施工班组仍是连续施工，虽然有停歇的工作面，但不一定是不利的，有时还是必要的，如利用停歇的时间做养护、备料、弹线等工作。

当 $M_0 < N$ 时，施工班组不能连续施工而窝工。因此，对一个建筑物组织流水施工是不适宜的，但是，在建筑群中可与另一些建筑物组织大流水。

对于 $M_0 \geqslant N$ 的这一要求，并不适用于所有流水施工情况，在有的情况下，当 $M_0 < N$ 时，也可以组织流水施工。施工段的划分是否符合实际要求，主要还是看在该施工段划分情况下，主导工序是否能够保证连续均衡地施工，如果主导工序能连续均衡地施工，则施工段的划分可行，否则，更改施工段划分情况。

注意：如果是多层建筑物的园林建筑工程，则施工段数等于单层划分的施工段数乘以该多层建筑物的层数。即：

$$M = M_0 \times 结构层数$$

式中：M_0——每一层划分的施工段数。

每一个施工段在某一时间段内，只能供一个施工过程的工作队使用。

2.2.3　时间参数

时间参数是指在组织流水施工时，用以表达流水施工在时间安排上所处状态的参数，主要包括流水节拍、流水步距和流水施工工期等。

1. 流水节拍

流水节拍是指在组织流水施工时，某个专业工作队在一个施工段上的施工时间。第 j 个专业工作队在第 i 个施工段的流水节拍一般用 t_j，i 来表示（$j = 1, 2, \cdots, n$；$i = 1, 2, \cdots, m$）。

流水节拍是流水施工的主要参数之一，它表明流水施工的速度和节奏性。流水节拍小，其流水速度快，节奏感强；反之则相反。流水节拍决定着单位时间的资源供应量，同时，流水节拍也是区别流水施工组织方式的特征参数。

同一施工过程的流水节拍，主要由所采用的施工方法、施工机械以及在工作面允许的前提下投入施工的工人数、机械台数和采用的工作班次等因素确定。有时，为了均衡施工和减少转移施工段时消耗的工时，可以适当调整流水节拍，其数值最好为半个班的整数倍。

流水节拍可分别按下列方法确定。

1）定额计算法

如果已有定额标准时，可按公式（2-5）或公式（2-6）确定流水节拍。

$$t_{j,i} = \frac{Q_{j,i}}{S_j \cdot R_j \cdot N_j} = \frac{P_{j,i}}{R_j \cdot N_j} \qquad (2-5)$$

或

$$t_{j,i} = \frac{Q_{j,i} \cdot H_j}{R_j \cdot N_j} = \frac{P_{j,i}}{R_j \cdot N_j} \qquad (2-6)$$

式中：$t_{j,i}$——第 j 个专业工作队在第 i 个施工段的流水节拍；

$\qquad Q_{j,i}$——第 j 个专业工作队在第 i 个施工段要完成的工程量或工作量；

$\qquad S_j$——第 j 个专业工作队的计划产量定额；

$\qquad H_j$——第 j 个专业工作队的计划时间定额；

$\qquad P_{j,i}$——第 j 个专业工作队在第 i 个施工段需要的劳动量或机械台班数量；

$\qquad R_j$——第 j 个专业工作队所投入的人工数或机械台数；

$\qquad N_j$——第 j 个专业工作队的工作班次。

如果根据工期要求采用倒排进度的方法确定流水节拍时，可用上式反算出所需要的工人数或机械台班数。但在此时，必须检查劳动力、材料和施工机械供应的可能性，以及工作面是否足够等。

2）经验估算法

对于采用新结构、新工艺、新方法和新材料等没有定额可循的工程项目，可以根据以往的施工经验估算流水节拍。

2. 流水步距

流水步距是指组织流水施工时，相邻两个施工过程（或专业工作队）相继开始施工的最小间隔时间。流水步距一般用 $K_{j,j+1}$ 来表示，其中 j（$j = 1, 2, \cdots, n-1$）为专业工作队或施工过程的编号。它是流水施工的主要参数之一。

流水步距的数目取决于参加流水的施工过程数。如果施工过程数为 n 个，则流水步距的总数为 $n-1$ 个。

流水步距的大小取决于相邻两个施工过程（或专业工作队）在各个施工段上的流水节拍及流水施工的组织方式。确定流水步距时，一般应满足以下基本要求。

（1）各施工过程按各自流水速度施工，始终保持工艺先后顺序。

（2）各施工过程的专业工作队投入施工后尽可能保持连续作业。

（3）相邻两个施工过程（或专业工作队）在满足连续施工的条件下，能最大限度地实现合理搭接。

根据以上基本要求，在不同的流水施工组织形式中，可以采用不同的方法确定流水步距。

流水步距的基本计算公式为：

$$K_{i,i+1} = \begin{cases} t_i + t_j - t_d & (t_i \leqslant t_{i+1}) \\ M t_i - (M-1) t_i + t_j - t_d & (t_i > t_{i+1}) \end{cases} \qquad (2-7)$$

式中：$K_{i,i+1}$——相邻两个施工过程的流水步距；

$\qquad t_j$——相邻两个施工过程间的技术间歇和组织间歇；

t_d——相邻两个施工过程间的平行搭接时间。

注意：（1）技术与组织间歇时间是指在组织流水施工时，有些施工过程完成后，后续施工过程不能立即投入施工，必须有一定的间歇时间。由施工工艺及材料性质决定的间歇时间称为技术间歇时间；由施工组织原因造成的间歇时间称为组织间歇时间，通常用 t_j 表示。

（2）平行搭接时间是指在组织流水施工时，有时为缩短工期，在工作面允许情况下，如果前一个施工队组完成部分施工任务后，为了能够缩短工期，使后一个施工过程的施工队组提前进入该施工段，两个相邻施工过程的施工班组同时在一个施工段上施工的时间，称为平行搭接时间，通常用 t_d 表示。

（3）该公式适用于所有的有节奏流水施工，并且流水施工均为一般流水施工。该公式不适用于概念引申后的流水施工即存在次要工序间断流水的情况如图 2.7 所示。

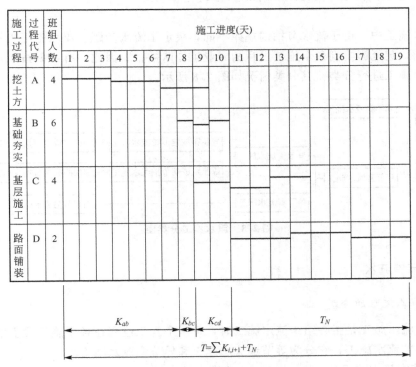

图 2.7 流水步距示意图

3. 流水施工工期

流水施工工期是指从第一个专业工作队投入流水施工开始，到最后一个专业工作队完成流水施工为止的整个持续时间。由于一项工程往往包含有许多流水组，因此流水施工工期不一定是整个工程的总工期。

流水施工工期的计算公式可以表示为：

$$T = \sum K_{i,\,i+1} + T_N \tag{2-8}$$

式中：$K_{i,i+1}$——相邻两个施工过程的施工班组开始投入施工的时间间隔；

$\sum K_{i,\,i+1}$——所有相邻施工过程开始投入施工的时间间隔之和；

T_N——最后一个施工过程的施工班组完成全部工作任务所花的时间，在有节奏施工中，$T_N = Mt_n$。

2.3 流水施工的组织方式

引言

在园林施工组织中，流水施工是较为常见的组织方式，编制施工进度计划时，要根据项目的特点选取最适宜的组织方式，以保证施工的节奏和均衡，使科学的流水组织方式贯穿所有环节。

要使项目的各施工过程配合得当，步调协调，就必须要有一定的节拍。流水的节拍特征就是节奏特征。由于工程的差异性，要做到各项施工工程的流水节拍统一比较困难，因此就形成了不同节奏的多种组织方式。根据其分类分为有节奏和无节奏流水施工。

在流水施工中，由于流水节拍的规律不同，决定了流水步距、流水施工工期的计算方法等也不同，甚至影响到各个施工过程的专业工作队数目。因此，有必要按照流水节拍的特征将流水施工进行分类，其分类情况如图 2.8 所示。

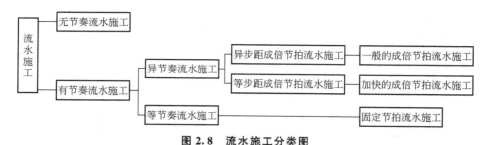

图 2.8 流水施工分类图

2.3.1 有节奏流水

1. 有节奏流水的分类

有节奏流水施工是指在组织流水施工时，每一个施工过程在各个施工段上的流水节拍都各自相等的流水施工，它分为等节奏流水施工和异节奏流水施工。

1）等节奏流水施工

等节奏流水施工是指在有节奏流水施工中，各施工过程的流水节拍都相等的流水施工，也称为固定节拍流水施工或全等节拍流水施工。

2）异节奏流水施工

异节奏流水施工是指在有节奏流水施工中，各施工过程的流水节拍各自相等而不同施工过程之间的流水节拍不尽相等的流水施工。在组织异节奏流水施工时，又可以采用等步距和异步距两种方式。

（1）等步距异节奏流水施工。是指在组织异节奏流水施工时，按每个施工过程流水节拍之间的比例关系，成立相应数量的专业工作队而进行的流水施工，也称为加快的成倍节拍流水施工。

（2）异步距异节奏流水施工。是指在组织异节奏流水施工时，每个施工过程成立一个专业工作队，由其完成各施工段任务的流水施工，也称为一般的成倍节拍流水施工。

2. 等节奏流水施工

1）等节奏流水施工的特点

等节奏流水施工是一种最理想的流水施工方式，其特点如下。

（1）所有施工过程在各个施工段上的流水节拍均相等。

（2）相邻施工过程的流水步距相等，且等于流水节拍。

（3）专业工作队数等于施工过程数，即每一个施工过程成立一个专业工作队，由该队完成相应施工过程所有施工段上的任务。

2）等节奏流水施工工期

（1）等节拍等步距流水施工。同一施工过程的流水节拍相等，不同的施工过程的流水节拍也相等，并且各施工过程之间即没有搭接时间，也没有间歇时间的一种流水施工方式。

其节拍等于步距，工期计算公式如下：

$$T = \sum K_{i,\,i+1} + T_N = (n-1)t + \sum G + \sum Z - \sum C + m \cdot t$$
$$= (m+n-1)t \tag{2-9}$$
$$\sum K_{i,\,i+1} = (n-1) \cdot K, \qquad k = t, \qquad \sum G + \sum Z - \sum C = 0$$

【例 2.2】 某分部工程流水施工计划如图 2.9 所示。某施工计划中，施工过程数目为 4，分别编号为 Ⅰ、Ⅱ、Ⅲ、Ⅳ，每个施工过程划分为 4 个施工段，其流水节拍为 2，无间歇时间和搭接时间，试组织等节拍的，流水施工。

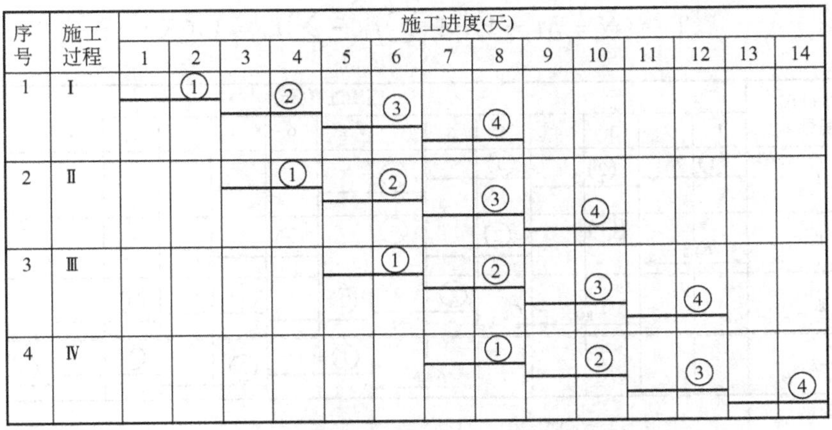

图 2.9 等节拍等步距流水施工进度计划

分析：

已知参数：

$$n=4, \quad m=3, \quad t=2$$

确定流水步距：

$$K_{ⅠⅡ} = K_{ⅡⅢ} = K_{ⅢⅣ} = t = 2$$

确定流水工期：

$$T = (m+n-1)t = (4+4-1) \times 2 = 14（天）$$

（2）等节拍不等步距流水施工。所有施工过程的流水节拍都相等，但是各过程之间的间歇时间（t_j）或搭接时间（t_d）不等于零的流水施工方式，即 $t_j \neq 0$ 或 $t_d \neq 0$。该流水施工方式情况下的各过程节拍、过程之间的步距、工期的特点为：

① 节拍特征：$t =$ 常数。

② 步距特征：$K_{i,i+1} = t + t_j - t_d$。

式中：t_j——表示第 i 个过程和第 $i+1$ 个过程之间的技术或组织间歇时间；

t_d——表示第 i 个过程和第 $i+1$ 个过程之间的搭接时间。

若过程之间既无间歇时间也无搭接时间，则流水步距也是常数，等于流水节拍。

③ 工期计算公式：

$$\because \qquad T = \sum K_{i,i+1} + T_N$$

$$\sum K_{i,i+1} = (N-1)t + \sum t_j - \sum t_d, \ T_N = Mt$$

$$\therefore \quad T = (N-1)t + \sum t_j - \sum t_d + Mt = (N+M-1)t + \sum t_j - \sum t_d \quad (2-10)$$

式中：$\sum t_j$——所有相邻施工过程之间的间歇时间累计之和；

$\sum t_d$——所有相邻过程之间搭接时间之和。

【例 2.3】 某分部工程流水施工计划如图 2.10（a）所示。在该计划中，施工过程数目 $n=4$；施工段数目 $m=4$；流水节拍 $t=2$；流水步距 $K_{I,II}=K_{II,III}=K_{III,IV}=t=2$；组织间歇 $Z_{I,II}=Z_{II,III}=Z_{III,IV}=0$；工艺间歇 $G_{I,II}=G_{III,IV}=0$；$G_{II,III}=1$。因此，其流水施工工期为：

$$T = (N+M-1)t + \sum t_j - \sum t_d = 15（天）$$

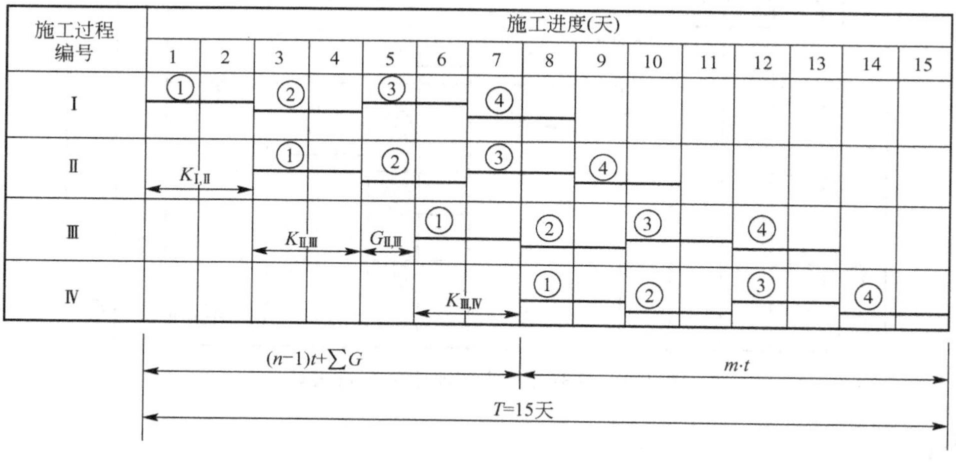

施工过程编号	施工进度(天)														
	1	2	3	4	5	6	7	8	9	10	11	12	13	14	15
I	①		②		③		④								
II	$K_{I,II}$		①		②		③		④						
III			$K_{II,III}$		$G_{II,III}$	①		②		③		④			
IV						$K_{III,IV}$	①		②		③		④		

$(n-1)t+\sum G$ \qquad $m \cdot t$

$T=15$天

图 2.10（a） 有间歇时间的等节拍流水施工进度计划

【例 2.4】 某分部工程流水施工计划如图 2.10（b）所示。在该计划中，施工过程数目 $n=4$；施工段数目 $m=3$；流水节拍 $t=3$；流水步距 $K_{I,II}=K_{II,III}=K_{III,IV}=t=3$；组织间歇 $Z_{I,II}=Z_{II,III}=Z_{III,IV}=0$；工艺间歇 $G_{I,II}=G_{II,III}=G_{III,IV}=0$；提前插入时间 $C_{I,II}=C_{II,III}=1$，$C_{III,IV}=2$。因此，其流水施工工期为：

$$T = (n-1)t + \sum G + \sum Z - \sum C + m \cdot t$$

$$= (4-1) \times 3 + 0 + 0 - (1+1+2) + 3 \times 3$$

$$= 14（天）$$

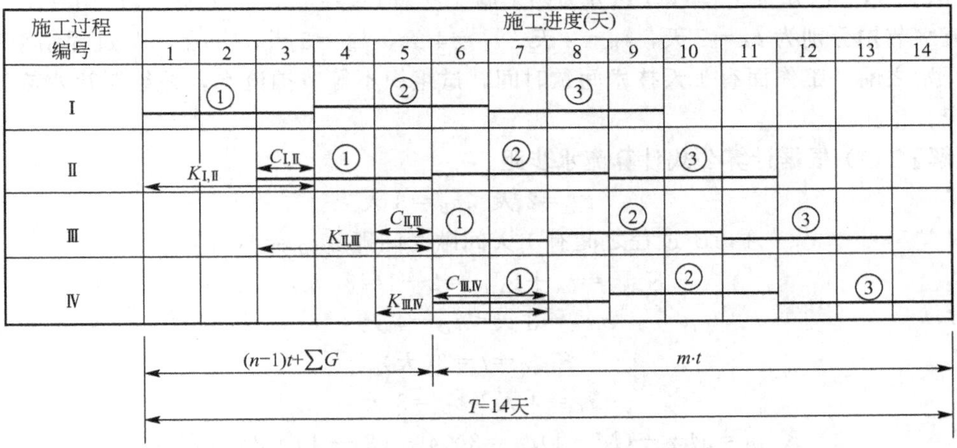

施工过程编号	施工进度（天）													
	1	2	3	4	5	6	7	8	9	10	11	12	13	14
Ⅰ		①			②			③						
Ⅱ		$K_{Ⅰ,Ⅱ}$	$C_{Ⅰ,Ⅱ}$	①			②			③				
Ⅲ			$K_{Ⅱ,Ⅲ}$		$C_{Ⅱ,Ⅲ}$	①			②			③		
Ⅳ				$K_{Ⅲ,Ⅳ}$	$C_{Ⅲ,Ⅳ}$	①				②				③

$(n-1)t+\sum G$ $m \cdot t$

$T=14$天

图 2.10(b)　有提前搭接时间的等节拍流水施工进度计划

3）等节拍流水的组织方法

（1）划分施工过程，将工程量较小的施工过程合并到相邻的施工过程中去，目的使各过程的流水节拍相等。

（2）根据主要施工过程的工程量以及工程进度要求，确定该施工过程的施工班组的人数，从而确定流水节拍。

（3）根据已确定的流水节拍，确定其他施工过程的施工班组人数。

（4）检查按此流水施工方式确定的流水施工是否符合该工程工期以及资源等的要求，如果符合，则按此计划实施，如果不符合，则通过调整主导施工过程的班组人数，使流水节拍发生改变，从而调整了工期以及资源消耗情况，使计划符合要求。

在通常情况下，组织固定节拍的流水施工是比较困难的。因为在任一施工段上，不同的施工过程，其复杂程度不同，影响流水节拍的因素也各不相同，很难使得各个施工过程的流水节拍都彼此相等。但是，如果施工段划分得合适，保持同一施工过程各施工段的流水节拍相等是不难实现的。因此就有了异节奏流水施工的组织形式。

3. 异节奏流水施工

异节奏流水施工是指同一施工过程在各施工段上的流水节拍相等，不同施工过程的流水节拍不一定相等的一种流水施工方式。根据流水节拍之间的是否存在有整数倍关系，可分为不等节拍流水和成倍节拍流水。

1）不等节拍流水

不等节拍流水是指同一施工过程在各个施工段的流水节拍相等，不同施工过程之间的流水节拍既不相等也不成倍的流水施工方式。

（1）不等节拍流水施工方式的特点。

① 节拍特征。同一施工过程流水节拍相等，不同施工过程流水节拍不一定相等。

② 步距特征。各相邻施工过程的流水步距确定方法为基本步距计算公式：

$$K_{i,i+1} = \begin{cases} t_i + (t_j - t_d) & (当 t_i \leqslant t_{i+1} 时) \\ Mt_i - (M-1)t_{i+1} + (t_j - t_d) & (当 t_i > t_{i+1} 时) \end{cases}$$

③ 工期特征。不等节拍工期计算公式为一般流水工期计算表达式，见公式（2-8）。

【例 2.5】 已知某工程可以划分为四个施工过程（$N=4$），三个施工段（$M=3$），各过程的流水节拍分别为 $t_A = 2$ 天，$t_B = 3$ 天，$t_C = 4$ 天，$t_D = 3$ 天，并且，A 过程结束后，B 过程开始之前，工作面有 1 天技术间歇时间，试组织不等节拍流水，并绘制流水施工进度计划表。

【解】 （1）根据计算公式计算流水步距。

$\because \qquad\qquad\qquad\qquad t_A = 2$ 天 $< t_B = 3$ 天

又 $\because \qquad\qquad\quad A，B$ 过程之间有 1 天间歇时间即 $t_{A,Bj} = 1$（天）

$\therefore \qquad\qquad K_{A,B} = t_A + t_{A,Bj} = 2 + 1 = 3$（天）

$\therefore \qquad\qquad\qquad\quad t_B = 3$ 天 $< t_C = 4$ 天

$\therefore \qquad\qquad\qquad\quad K_{B,C} = t = 3$（天）

$\therefore \qquad\qquad\qquad\quad t_C = 4$ 天 $> t_D = 3$ 天

$\therefore \qquad K_{C,D} = Mt_C - (M-1)t_D = 3 \times 4 - (3-1) \times 3 = 6$（天）

（2）计算流水工期。

$$T = \sum K_{i,i+1} + T_N$$
$$= K_{A,B} + K_{B,C} + K_{C,D} + Mt_D$$
$$= 3 + 3 + 6 + 3 \times 3 = 21（天）$$

根据流水施工参数绘制流水施工进度计划表如图 2.11 所示。

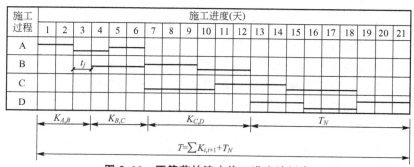

图 2.11 不等节拍流水施工进度计划表

（2）不等节拍流水的组织方式。

① 根据工程对象和施工要求，将工程划分为若干个施工过程。

② 根据各施工过程预算出的工程量，计算每个过程的劳动量，然后根据各过程施工班组人数，确定出各自的流水节拍。

③ 组织同一施工班组连续均衡地施工，相邻施工过程尽可能平行搭接施工。

④ 在工期要求紧张情况下，为了缩短工期，可以间断某些次要工序的施工，但主导工序必须连续均衡地施工，且决不允许发生工艺顺序颠倒的现象。

（3）不等节拍流水的适用范围。它的适用范围较为广泛，适用于各种分部和单位工程流水。

2）成倍节拍流水施工

成倍节拍流水施工是指在进行项目实施时，使某些施工过程的流水节拍成为其他施工过程流水节拍的倍数，即形成成倍节拍流水施工。成倍节拍流水施工包括一般的成倍节拍流水施工和加快的成倍节拍流水施工。为了缩短流水施工工期，一般均采用加快的成倍节拍流水施工方式。

（1）加快的成倍节拍流水施工。加快的成倍节拍流水施工的参数有如下变化。

① 节拍特征。各节拍为最小流水节拍的整数倍或节拍值之间存在公约数关系。

② 成倍节拍流水的最显著特点：各过程的施工班组数不一定是一个班组，而是根据该过程流水节拍为各流水节拍值之间的最大公约数（最大公约数一般情况等于节拍值中间的最小流水节拍 $t_{\min}$）的整数倍相应调整班组数。

$$b_i = \frac{t_i}{最大公约数} = \frac{t_i}{t_{\min}} \qquad (2-11)$$

式中：b_i——表示各施工所需的班组数；

$\quad\quad t_i$——表示各过程的流水节拍；

$\quad\quad t_{\min}$——表示最小流水节拍。

③ 流水步距特征：$K_{i,i+1} = $ 最大公约数 $+ (t_j - t_d)$。

注意：第一，各施工过程的各个施工段如果要求有间歇时间或搭接时间，流水步距应相应减去或加上；第二，流水步距是指任意两个相邻施工班组开始投入施工的时间间隔，这里的"相邻施工班组"并不一定是指从事不同施工过程的施工班组。因此，步距的数目并不是根据施工过程数目来确定，而是根据班组数之和来确定。假设班组数之和用 N' 表示，则流水步距数目为（$N'-1$）个。

（2）加快的成倍节拍流水施工工期。若不考虑过程之间的搭接时间和间歇时间，则成倍节拍流水实质上是一种不等节拍等步距的流水，它的工期计算公式与等节拍流水工期表达式相近，可以表达为：

$$T = (M + n' - 1)t_{\min} + \sum t_j - \sum t_d$$

式中　N'——为施工班组之和且 $n' = \sum_{i=1}^{n} b_i$。

加快的成倍节拍流水施工工期 T 可按公式（2-12）计算：

$$T = (n' - 1)K + \sum G + \sum Z - \sum C + m \cdot K$$
$$= (m - n' - 1)K + \sum G + \sum Z - \sum C \qquad (2-12)$$

式中：n'——专业工作队数目，其余符号如前所述。

【例2.6】　某分部工作流水施工计划如图2.12所示。在该计划中，施工过程数目 $n = 3$；专业工作队数目 $n' = 6$ 施工段数目 $m = 6$；流水步距 $K = 1$；组织间歇 $Z = 0$；工艺间歇 $G = 0$；提前插入时间 $C = 0$。因此，其流水施工工期为：

$$T = (m + n' - 1)K + \sum G + \sum Z - \sum C$$
$$= (6 + 6 - 1) \times 1 + 0 + 0 - 0$$
$$= 11（天）$$

（3）成倍节拍流水施工示例。

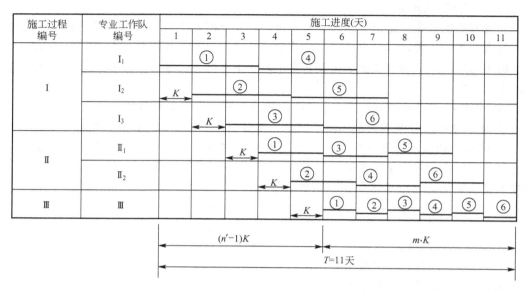

图 2.12　加快的成倍节拍流水施工进度计划

【例 2.7】　某景观小品工程分别有由四处工程量大致相同的楼阁群组成，每一处群体为一个施工段，施工过程划分为楼阁基础工程、琉璃构件安装、室内装修粉刷和室外小品工程 4 项，其一般的成倍节拍流水施工进度计划如图 2.13 所示。

由图 2.13 可知，如果按 4 个施工过程成立 4 个专业工作队组织流水施工，其总工期为：

$$T=(5+10+25)+4\times5=60（周）$$

为加快施工进度，可以增加专业工作队，组织加快的成倍节拍流水施工：

施工过程	施工进度(周)											
	5	10	15	20	25	30	35	40	45	50	55	60
基础工程	①	②	③	④								
结构安装	$K_{I,II}$	①		②		③		④				
室内装修			$K_{II,III}$		①		②		③		④	
室外工程						$K_{III,IV}$			①	②	③	④

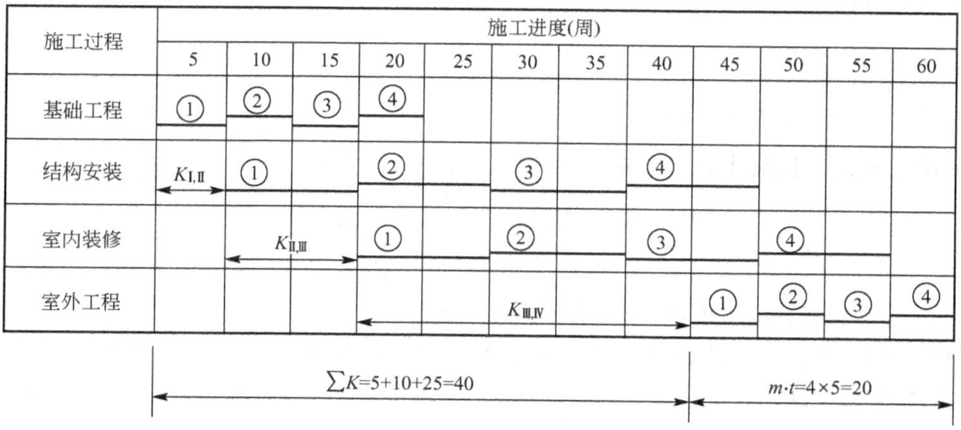

图 2.13　一般的成倍节拍流水施工计划

$\sum K=5+10+25=40$　　　$m\cdot t=4\times5=20$

（1）计算流水步距。流水步距等于流水节拍的最大公约数，即：

$$K=\min[5，10，10，5]=5$$

（2）确定专业工作队数目。每个施工过程成立的专业工作队数目可按公式（2-13）计算：

$$b_j = \frac{t_j}{K} \tag{2-13}$$

式中：b_j——第 j 个施工过程的专业工作队数目；

$\quad\quad t_j$——第 j 个施工过程的流水节拍；

$\quad\quad K$——流水步距。

在本例中，各施工过程的专业工作队数目分别为：

Ⅰ——基础工程：$b_Ⅰ = t_Ⅰ/K = 5/5 = 1$。

Ⅱ——结构安装：$b_Ⅱ = t_Ⅱ/K = 10/5 = 2$。

Ⅲ——室内装修：$b_Ⅲ = t_Ⅲ/K = 10/5 = 2$。

Ⅳ——室外工程：$b_Ⅳ = t_Ⅳ/K = 5/5 = 1$。

于是，参与该工程流水施工的专业工作队总数 n' 为：

$$n' = \sum b_i = (1+2+2+1) = 6$$

（3）绘制加快的成倍节拍流水施工进度计划图。在加快的成倍节拍流水施工进度计划图中，除表明施工过程的编号或名称外，还应表明专业工作队的编号。在表明各施工段的编号时，一定要注意有多个专业工作队的施工过程。各专业工作队连续作业的施工段编号不应该是连续的，否则，无法组织合理的流水施工。根据图 2.12 所示进度，计划编制的加快的成倍节拍流水施工进度计划如图 2.14 所示。

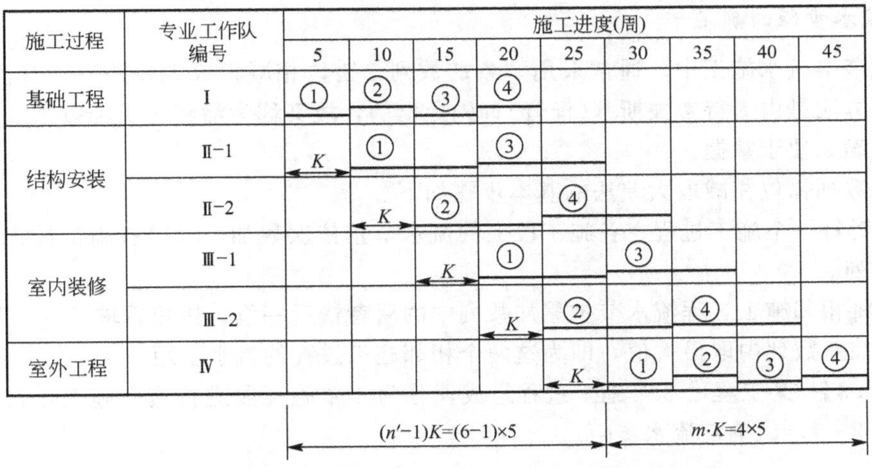

图 2.14 加快的成倍节拍流水施工计划

（4）确定流水施工工期。由图 2.14 可知，本计划中没有组织间歇、工艺间歇及提前插入，故根据公式（2-12）算得流水施工工期为：

$$T = (M+n'-1)K = (4+6-1) \times 5 = 45（周）$$

与一般的成倍节拍流水施工进度计划比较，该工程组织加快的成倍节拍流水施工使得总工期缩短了 15 周。

综上所述，加快的成倍节拍流水施工的特点如下。

① 同一施工过程在其各个施工段上的流水节拍均相等；不同施工过程的流水节拍不等，但其值为倍数关系。

② 相邻专业工作队的流水步距相等，且等于流水节拍的最大公约数（K）。

③ 专业工作队数大于施工过程数，即有的施工过程只成立一个专业工作队，而对于流水节拍大的施工过程，可按其倍数增加相应专业工作队数目。

④ 各个专业工作队在施工段上能够连续作业，施工段之间没有空闲时间。

2.3.2 无节奏流水

在组织流水施工时，经常由于工程结构形式、施工条件不同等原因，使得各施工过程在各施工段上的工程量有较大差异，或因专业工作队的生产效率相差较大，导致各施工过程的流水节拍随施工段的不同而不同，且不同施工过程之间的流水节拍又有很大差异。这时，流水节拍虽无任何规律，但仍可利用流水施工原理组织流水施工，使各专业工作队在满足连续施工的条件下，实现最大搭接。这种无节奏流水施工方式是建设工程流水施工的普遍方式。

1. 无节奏流水施工的特点

无节奏流水施工具有以下特点：
① 各施工过程在各施工段的流水节拍不全相等。
② 相邻施工过程的流水步距不尽相等。
③ 专业工作队数等于施工过程数。
④ 各专业工作队能够在施工段上连续作业，但有的施工段之间可能有空闲时间。

2. 流水步距的确定

在无节奏流水施工中，通常采用"累加数列，错位相减，取大差法"计算流水步距。由于这种方法是由潘特考夫斯基（译音）首先提出的，故又称为潘特考夫斯基法。这种方法简捷、准确，便于掌握。

累加数列错位相减取大差法的基本步骤如下。

（1）对每一个施工过程在各施工段上的流水节拍依次累加，求得各施工过程流水节拍的累加数列。

（2）将相邻施工过程流水节拍累加数列中的后者错后一位，相减后求得一个差数列。

（3）在差数列中取最大值，即为这两个相邻施工过程的流水步距。

【例 2.8】 某工程由 3 个施工过程组成，分为 4 个施工段进行流水施工，其流水节拍（天）见表 2-1，试确定流水步距。

表 2-1 某工程流水节拍表

施工过程	施工段			
	①	②	③	④
Ⅰ	2	3	2	1
Ⅱ	3	2	4	3
Ⅲ	3	4	2	2

【解】 （1）求各施工过程流水节拍的累加数列。

施工过程Ⅰ：2，5，7，8，施工过程Ⅱ：3，5，9，11，施工过程Ⅲ：3，7，9，11。

（2）错位相减求得差数列。

Ⅰ与Ⅱ：2, 5, 7,   8

—)   3, 5,   9,   11

        2, 2, 2, -1, -11

Ⅱ与Ⅲ：3, 5, 9, 11

—)   3, 7, 9,   11

        3, 2, 2, 2, -11

（3）在差数列中取最大值求得流水步距。

施工过程Ⅰ与Ⅱ之间的流水步距：$K_{1,2}=\max[2, 2, 2, -1, -11]=2$ 天。

施工过程Ⅱ与Ⅲ之间的流水步距：$K_{2,3}=\max[3, 2, 2, 2, -11]=3$ 天。

3. 流水施工工期的确定

流水施工工期可按公式（2-14）计算：

$$T=\sum K+\sum t_n+\sum Z+\sum G-\sum C \qquad (2-14)$$

式中：T——流水施工工期；

$\sum K$——各施工过程（或专业工作队）之间流水步距之和；

$\sum t_n$——最后一个施工过程（或专业工作队）在各施工段流水节拍之和；

$\sum Z$——组织间歇时间之和；

$\sum G$——工艺间歇时间之和；

$\sum C$——提前插入时间之和。

【例 2.9】 某小区绿化工程有四个施工段，分别为 ABCD，有着不同的流水节拍（单位：周），见表 2-2。

表 2-2 小区绿化工程流水节拍表

施工过程	施工段			
	A	B	C	D
开挖	2	3	2	2
种植	4	4	2	3
养护	2	3	2	3

【解】 从流水节拍的特点可以看出：本工程应按非节奏流水施工方式组织施工。

（1）确定施工流向由 $A \to B \to C \to D$，施工段数 $m=4$。

（2）确定施工过程数 $n=3$，包括开挖、种植和养护。

（3）采用"累加数列错位相减取大差法"求流水步距。

    2, 5,   7,   9

—)   4,   8, 10, 13

$K_{1,2}=\max [2, 1, -1 \ -1, -13]=2$

$$4, \quad 8, \quad 10, \quad 13$$
$$-) \quad 2, \quad 5, \quad 7, \quad 10$$

$$K_{2,3} = \max\ [4, 6, \quad 5, \quad 6, \quad -10] = 6$$

（4）计算流水施工工期。

$$T = \sum K + \sum t_n = (2+6) + (2+3+2+3) = 18 \text{（周）}$$

（5）绘制非节奏流水施工进度计划（略）。

2.3.3 流水施工综合举例

【例 2.10】 某园林工程可以分为 3 个施工段（工程量大致相等），3 个施工过程分别为 A、B、C。各有关数据如下表所示，试编制施工进度计划。

要求：（1）填写表 2-3 中的内容。

（2）若按不等节拍组织流水施工，绘制进度计划及劳动力动态曲线。

（3）若按成倍节拍组织流水施工，绘制进度计划及劳动力动态曲线。

表 2-3 某园林工程施工进度计划 1

过程名称	M_i	$Q_{总}$（m²）	Q_i（m²）	H_i 或 S_i	P_i	R_i	t_i
①	②	③	④	⑤	⑥	⑦	⑧
A		108		0.98m²/工日		9 人	
B		1050		0.0849 工日/m²		5 人	
C		1050		0.0627 工日/m²		11 人	

【解】 （1）填写表中内容，填写结果见表 2-4 中。

对于②列，各过程划分的施工段数，根据已知条件，划分为 3 个施工段。

对于②列，求一个施工段上的工程量，$Q_i = Q_{总}/M_i$。

施工过程 A 一个段上的工程量为 $108/3 = 36$（m²）

施工过程 B 一个段上的工程量为 $1050/3 = 350$（m²）

施工过程 C 一个段上的工程量为 $1050/3 = 350$（m²）

对于⑥列，求一个施工段上的劳动量，$P_i = \dfrac{Q_i}{S_i} = Q_i \times H_i$

施工过程 A 一个段上的劳动量为 $36/0.98 = 36.73$（工日）

施工过程 B 一个段上的劳动量为 $350 \times 0.0849 = 29.72$（工日）

施工过程 C 个段上的劳动量为 $350 \times 0.0627 = 21.95$（工日）

对于⑧列，求每个施工过程的流水节拍，$t_i = \dfrac{P_i}{R_i \times b_i}$，这里，工作班制在题目中，没有提到，因此，工作班制按一班制对待。

施工过程 A 一个段上的流水节拍为 $36.73/9 = 4$（天）

施工过程 B 一个段上的流水节拍为 $29.72/5 = 6$（天）

施工过程 C 一个段上的流水节拍为 $21.95/11 = 2$（天）

表 2-4　某园林工程施工进度计划 2

过程名称	M_i	$Q_总(m^2)$	$Q_i(m^2)$	H_i 或 S_i	P_i	R_i	t_i
①	②	③	④	⑤	⑥	⑦	⑧
施工过程 A	3	108	36	0.98m²/工日	36.73	9 人	4
施工过程 B	3	1050	350	0.0849 工日/m²	29.72	5 人	6
施工过程 C	3	1050	350	0.0627 工日/m²	21.95	11 人	2

（2）按不等节拍组织流水施工。

第一步：求各过程之间的流水步距。

$$\because \quad t_基 = 4 \text{ 天} < t_中 = 6 \text{ 天}$$

$$\therefore \quad K_{基,中} = t_基 = 4 \text{ 天}$$

$$又 \because \quad t_中 = 6 \text{ 天} > t_面 = 2 \text{ 天}$$

$$\therefore \quad K_{中,面} = Mt_中 - (M-1)t_面 = 3 \times 6 - (3-1) \times 2$$
$$= 18 - 4 = 14 \text{（天）}$$

第二步：求计算工期。

$$\because \quad T = \sum K_{i,\,i+1} + T_n$$

$$\therefore T = 4 + 14 + 3 \times 2 = 24 \text{（天）}$$

第三步：绘制进度计划表如图 2.15 所示。

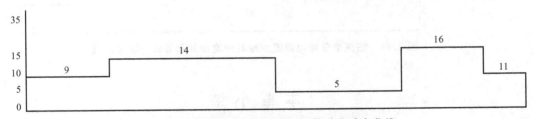

图 2.15　按不等节拍绘制进度计划及劳动力动态曲线

（3）按成倍节拍组织流水施工。

第一步：确定流水节拍之间的最大公约数及过程班组数。

$$最大公约数 = t_{\min} = 2 \text{（天）}$$

则根据 $b_i = \dfrac{t_i}{t_{\min}}$，即

$$b_A = \frac{t_A}{t_{\min}} = \frac{4}{2} = 2 \text{（个）}$$

$$B = \frac{t_B}{t_{min}} = \frac{6}{2} = 3(\text{个})$$

$$B_C = \frac{t_C}{t_{min}} = \frac{2}{2} = 1(\text{个})$$

施工班组总数为

$$N' = \sum b_i = b_A + b_B + b_C = 2 + 3 + 1 = 6(\text{个})$$

第二步：确定总的计算工期。

该工程工期为：
$$T = (N' + M - 1)t_{min}$$
$$= (6 + 3 - 1) \times 2 = 16(\text{天})$$

第三步：绘制成倍节拍流水施工进度计划表如图 2.16 所示。

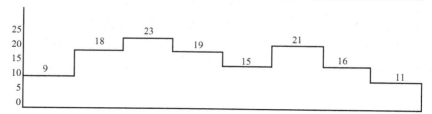

图 2.16　按成倍节拍组织流水绘制进度计划及劳动力动态曲线

本 章 小 结

　　本章主要讲述的是组织施工方式中的平行施工和依次施工、流水施工的概念、特点，以及流水施工的原理、特点、具体的组织方式，流水施工中的主要参数以及计算和应用。

　　有节奏和无节奏流水施工的应用，以及有节奏进度计划、无节奏进度计划的工期的计算，编制。学会在不同的工程中选取不同的流水施工方式。并在知识目标基础上，能够对分部工程和一些简单的单位工程合理地组织流水施工。

习　题

一、选择题

1. 建设工程进度计划的表示方式由横道图进度计划和网络计划两种，其各自的优点有（　　）。

A. 横道图进度计划形象、直观，易于编制和理解。

B. 网络计划通过时间参数计算可以找出关键工作和关键线路。

C. 横道图进度计划能够明确的表达各工作之间的错综复杂的相互关系。

D. 网络计划可以明确各项工作的机动时间。

E. 网络计划可以利用计算机进行计算和优化以及调整。

2. 某分部工程组织固定节拍流水施工，施工段数为 4 个，施工过程数为 4 个，A—>B—>C—>D 依次施工，流水节拍为 2 天，工作 B 和工作 C 之间有技术间歇 2 天。则（　　）。

A. 流水工期为 14 天
B. 流水工期为 16 天

C. 流水工期为 18 天
D. 流水步距为 4 天

E. 流水步距为 2 天

3. 某分部工程采用加快型成倍节拍组织施工，A—>B—>C—>D 依次施工，划分成 3 个施工段，其流水节拍分别为 4 天、2 天、6 天、2 天，工作 B 和 C 之间的技术间歇为 2 天，则（　　）。

A. 流水工期为 18 天
B. 流水工期为 20 天

C. 施工班组有 7 组
D. 流水步距为 2 天

E. 施工班组有 5 组

4. 组织流水施工时，用来表达流水施工的时间（空间、工艺）参数通常包括（　　）。

A. 施工段数
B. 施工过程

C. 流水节拍、流水步距和流水工期
D. 工作面

E. 流水强度

5. 下列属于加快成倍（无节奏）流水施工特点的有（　　）。

A. 流水节拍相等

B. 流水步距相等并且等于流水节拍

C. 施工班组数大于施工过程数

D. 施工作业班组在各施工段上都能连续施工

E. 施工段之间无空闲

6. 某分部工程进行施工，有 3 个施工段，4 个施工过程见表 2-5，工作 B 和 C 之间的间歇为 2 天，则（　　）。

表 2-5　某分部工程施工进度

M ╲ N	Ⅰ	Ⅱ	Ⅲ
A	4	4	3
B	2	2	1
C	5	5	4
D	2	2	1

A. 流水工期为 24 天
B. 流水工期为 26 天

C. 流水步距为 3 个
D. 流水步距为 7 天、2 天、10 天

E. 流水步距为 4 天、2 天、5 天

7. 某分项工程实物工程量为 1500m²，有三个施工段，该分项工程的人工产量定额为 5m²/工日，计划安排两班制施工，每班 10 人，完成该分项工程其持续时间为（　　）天。

A. 5 　　　　　　　　 B. 10 　　　　　　　　 C. 15 　　　　　　　　 D. 30

二、简答题

1. 工程项目组织施工的方式有哪些？各有何特点？

2. 流水施工的技术经济效果有哪些？

3. 流水施工参数包括哪些内容？

4. 流水施工的基本方式有哪些？

5. 固定节拍流水施工、加快的成倍节拍流水施工、非节奏流水施工各具哪些特点？

6. 当组织非节奏流水施工时，如何确定其流水步距？

三、计算题

1. 某园林工程需在某一路段修建 4 个规模完全相同的凉亭，施工过程包括基础开挖、主体、装饰和外围绿化。如果合同规定，工期不超过 50 天，则组织固定节拍流水施工时，流水节拍和流水步距是多少？试绘制流水施工进度计划。

2. 某工程包括挖 A、B、C、D 4 个施工过程，分为 4 个施工段组织流水施工，各施工过程在各施工段的流水节拍见下表（时间单位：天）见表 2-6。根据施工工艺要求，在 B 与 C 之间的间歇时间为 2 天。试确定相邻施工过程之间的流水步距及流水施工工期，并绘制流水施工进度计划。

表 2-6　某工程流水施工进度

施工过程	施工段			
	①	②	③	④
A	2	2	3	3
B	1	1	2	2
C	3	3	4	4
D	1	1	2	2

3. 某工程可以分为四个施工过程，四个施工段，各施工过程在各施工段上的流水节拍见表 2-7（时间单位：天），试计算流水步距和工期，绘制流水施工进度表。

表 2-7　某工程流水施工进度计划

施工过程　　施工段	Ⅰ	Ⅱ	Ⅲ	Ⅳ
A	5	4	2	3
B	4	1	3	2
C	3	5	2	3
D	1	2	2	3

第3章

网络计划技术
基本知识

教学目标

　　本章通过对网络计划技术中双代号网络图、单代号网络图、时标网络图等知识点的讲解，具体要求学生掌握双代号网络图的基本概念，原理，掌握网络参数的计算。熟悉不同网络图的特点，了解在具体的园林施工项目中如何进行进度计划的调整和控制。

教学要求

能力目标	知识要点	权重
掌握双代号网络计划的应用	网络图的图表形式、绘制等	20%
掌握网络参数的计算	时间参数的计算等	15%
掌握单代号网络图的应用	单代号网络图的绘制、计算的计算	15%
掌握时标网络图的应用	时标网络图的工期和参数的计算	25%
熟悉网络计划的具体应用	能够绘制不同网络图，进行工期优化等	15%
了解网络计划进度的控制和调整方式	网络计划进度的控制和调整的特点	10%

章节导读

当我们学会在工程开工之初进行施工方式的选取以及进度计划的编制后，我们进入到施工阶段。由于项目的特殊性，工期会出现拖延和提前的现象，如何有效地进行工程过程中的进度计划的调整和控制，就需要我们学习网络计划技术，通过更高效的方法来控制进度。

知识点滴

网络计划的起源

从20世纪初，H·L·甘特创造了"横道图法"，人们都习惯于用横道图表示工程项目进度计划。随着现代化生产的不断发展，项目的规模越来越大，影响因素越来越多，项目的组织管理工作也越来越复杂。

20世纪50年代中期，随着世界经济迅猛发展，生产的现代化、社会化已经达到一个新的水平。而生产中的组织与管理工作也越来越复杂，以往的横道计划已无法对大型、复杂的计划进行准确的判定和管理。因此，为适应生产的发展和科技进步，迫切需要一种新的更先进、更科学的计划管理方法，于是国外陆续出现了一些用网络图形表达计划管理的新方法，国际上把这种方法统称为"网络计划技术"。

20世纪50年代，在美国首先相继研究并使用了两种进度计划管理方式，即关键路线法（Critial Path Method，简称CPM）和计划评审技术（Program Evaluation and Review Technique，简称PERT）。这就是当时的网络计划技术的最早方式。

国外多年实践证明，应用网络计划技术组织与管理生产，一般能缩短20％左右，降低成本10％左右。当前，世界各国都非常重视现代管理科学，网络计划技术已被许多国家认为是当前最为行之有效的、先进的、科学的管理方法。

网络计划技术既是一种科学的计划方法，又是一种有效的生产管理方法。

网络计划最大特点就在于它能够提供施工管理所需要的多种信息，有利于加强工程管理。它有助于管理人员合理地组织生产，做到心里有数，知道管理的重点应放在何处，怎样缩短工期，在哪里挖掘潜力，如何降低成本。在工程管理中提高应用网络计划技术的水平，必能进一步提高工程管理的水平。

3.1　网络计划的基本概念

引言

我国自60年代中期，开始引入这种方法。最初由华罗庚教授于1965年6月6日在"人民日报"上发表了第一篇介绍网络计划技术的文章（题名为《统筹法平话》），并举办了我国第一个统筹法培训班。之后在钱学森教授的倡导下，我国的一些高科技项目也开始应用网络计划技术，并获得成功。改革开放30多年以来，伴随我国国民经济持续快速增长，尤其是我国加入WTO之后，网络计划的应用和推广得到了较大的发展，并已渗透到各个相关领域。为了使网络计划在管理中遵循统一的技术标准，做到概念一致、计算原则与表达方式统一，以保证计划管理的科学性，提高企业管理水平和经济效益，国家建设部于1999年颁发了《工程网络计划技术规程》（JGJ/T 121—1999）施行日期为2002年2月1日。

3.1.1　网络计划概念及其基本原理

网络计划（network planning）是以网络图（network diagram）的形式来表达任务构成、

工作顺序并加注工作时间参数的一种进度计划。网络图是指由箭线和节点（圆圈）组成的、用来表示工作流程的有向、有序的网状 F 图形。网络图按其所用符号的意义不同，可分为双代号网络图（activity-on-arrow network）和单代号网络图（activity-on-node network）两种。

　　双代号网络图又称箭线式网络图，它是以箭线及其两端节点的编号表示工作；同时，节点表示工作的开始或结束以及工作之间的连接状态。单代号网络图又称节点式网络图，它是以节点及其编号表示工作，箭线表示工作之间的逻辑关系。两种网络图的表现形式如图 3.1(a) 和图 3.1(b) 所示。

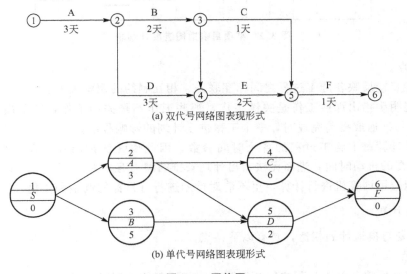

(a) 双代号网络图表现形式

(b) 单代号网络图表现形式

图 3.1　网络图

　　网络计划方法的基本原理是：首先，绘制工程施工网络图，以此来表达计划中各施工过程先后顺序的逻辑关系；其次，通过计算，分析各施工过程在网络图中的地位，找出关键线路及关键施工过程；再次，按选定目标不断改善计划安排，选择最优方案，并付诸实施；最后，在执行过程中进行有效的控制和监督，使计划尽可能的实现预期目标。

3.1.2　横道计划与网络计划的比较

1. 横道计划

　　横道计划是结合时间坐标线，用一系列水平线段分别表示各施工过程的施工起止时间及其先后顺序的一种进度计划如图 3.2 所示。由于该计划最初是由美国人甘特在第一次世界大战前研究的，因此，也称为"甘特图"。

　　（1）优点。

　　① 编制容易，绘图较简便。

　　② 各施工过程排列整齐有序，表达直观清楚。

　　③ 结合时间坐标，各过程起止时间、持续时间及工期一目了然。

　　④ 可以直接在图中进行劳动力、材料、机具等各项资源需要量统计。

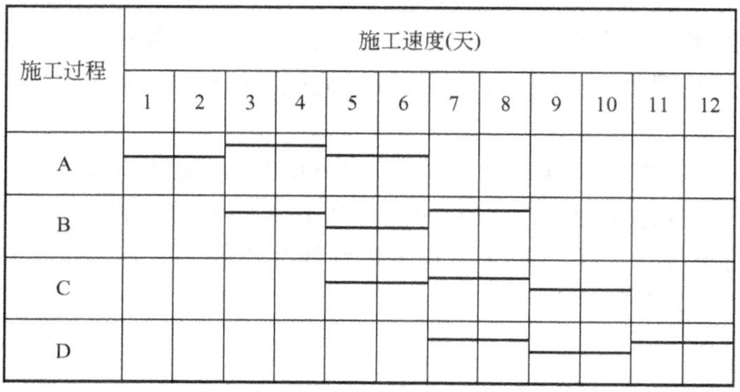

图 3.2　某项目横道图进度计划表

（2）缺点。

① 不能直接反映各施工过程之间相互联系、相互制约的逻辑关系。

② 不能明确指出那些工作是关键工作，那些工作不是关键工作，即不能明确表明某个施工过程的推迟或提前完成对，整个工程进度计划的影响程度。

③ 不能计算每个施工过程的各个时间参数，因此也无法指出在工期不变的情况下，某些过程存在的机动时间，进而无法指出计划安排的潜力有多大。

④ 不能应用计算机进行计算，更不能对计划进行有目标的调整和优化。

2. 网络计划

网络计划与横道计划相比，具有以下特点。

（1）优点。

① 能明确反映各施工过程之间相互联系、相互制约的逻辑关系。

② 能进行各种时间参数的计算，找出关键施工过程和关键线路，便于在施工中抓住主要矛盾，避免盲目施工。

③ 可通过计算各过程存在的机动时间，更好地利用和调配人力、物力等各项资源，达到降低成本的目的。

④ 可以利用计算机对复杂的计划进行有目的控制和优化，实现计划管理的科学化。

（2）缺点。

① 绘图麻烦、不易看懂，表达不直观。

② 在无时标网络计划中，无法直接在图中进行各项资源需要量统计。

为了克服网络计划的以上不足之处，在实际工程中可以采用流水网络计划和时标网络计划，详见网络计划的应用。

3.1.3　网络计划的分类

网络计划技术是一种内容非常丰富的计划管理方法，在实际应用中，通常从不同角度将其成不同的类别。常见的分类方法有以下几种。

1. 按网络计划工作持续时间的特点分类

（1）肯定型网络计划。如果网络计划中各项工作之间的逻辑关系是肯定的，各项工作

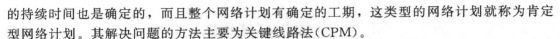

的持续时间也是确定的，而且整个网络计划有确定的工期，这类型的网络计划就称为肯定型网络计划。其解决问题的方法主要为关键线路法（CPM）。

（2）非肯定型网络计划。如果网络计划中各项工作之间的逻辑关系或工作的持续时间是不确定的，整个网络计划的工期也是不确定的，这类型的网络计划就称为非肯定型网络计划。本书中，不做详细介绍。

2．按工作表示方法的不同分类

（1）双代号网络计划。双代号网络计划是各项工作以双代号表示法绘制而成的网络计划。在网络图中，以箭杆代表工作，节点表示过程开始或结束的瞬间，计划中的每项工作均可用箭杆两端的节点内的编号来表示如图 3.1(a)所示。

（2）单代号网络计划。单代号网络计划是以单代号的表示方法绘制而成的网络计划。在单代号网络图中，以节点表示工作，箭杆仅表示过程之间的逻辑关系，并且，各工作均可用代表该工作的节点中的编号来表示如图 3.1(b)所示。

美国较多使用双代号网络计划，欧洲则较多使用单代号网络计划。

3．按有无时间坐标分类

（1）无时标网络计划。不带有时间坐标的网络计划称为无时标网络计划。在无时标网络计划中，工作箭杆长度与该工作的持续时间无关，各施工过程持续时间，用数字写在箭杆的下方。习惯上简称网络计划。

（2）有时标网络计划。带有时间坐标的网络计划称为有时标网络计划。该计划以横坐标为时间坐标，每项工作箭杆的水平投影长度与其持续时间成正比关系，即箭杆的水平投影长度就代表该工作的持续时间。时间坐标的时间单位（天、周、月等）可根据实际需要来确定。

4．按网络计划的性质和作用分类

（1）控制性网络计划。是以单位工程网络计划和总体网络计划的形式编制，是上级管理机构指导工作、检查和控制进度计划的依据，也是编制实施性网络计划的依据。

（2）实施性网络计划。在编制的对象为分部工程或者是复杂的分项工程，以局部网络计划的形式编制，因此，施工过程划分教细，计划工期教短。它是管理人员在现场具体指导施工的依据，是控制性进度计划得以实施的基本保证。对于教简单的工程，也可以编制实施性网络计划。

5．按网络计划的目标分类

（1）单目标网络计划。只有一个最终目标的网络计划称为单目标网络计划。单目标网络计划只有一个终节点。

（2）多目标网络计划。由若干个独立的最终目标和与其相关的有关工作组成的网络计划称为多目标网络计划，多目标网络计划一般有多个终节点。

我国《工程网络计划技术规程》（JGJ/T 121—1999）推荐的常用工程网络计划类型。

① 双代号网络计划。

② 单代号网络计划。

③ 双代号时标网络计划。

④ 单代号搭接网络计划。

3.2 双代号网络图

引言

  为了更详细的说明网络技术的应用，首先我们先学习最为常用的双代号网络图，如何绘制图形，根据图形计算各种不同的参数，绘制好图形，就是本节学习的重点。

  在双代号网络图中，用一根箭线表示一个施工过程，过程的名称标注在箭线的上方，持续时间标注在箭线的下方，箭尾表示施工过程的开始，箭头表示施工过程的结束。在箭线的两端分别画一个圆圈作为节点，并在节点内编号，用箭尾节点编号和箭头节点编号作为这个施工过程的代号，如图 3.3 所示。

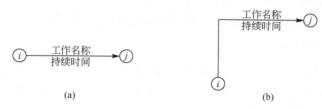

图 3.3　双代号网络图中工作的表示方法

  由于各施工过程均用两个代号表示，因此，该表示方法通常称为双代号的表示方法。用这种表示方法将计划中的全部工作根据它们的先后顺序和相互关系，从左到右绘制而成的网状图形就叫做双代号网络图，如上图 3.1(a)所示。用这种网络图表示的计划叫做双代号网络计划。

3.2.1　组成双代号网络图的基本要素

  双代号网络图是由箭线、节点和线路 3 个基本要素组成，其具体应用如下。

  1. 箭线

  在一个网络计划中，箭线分为实箭线和虚箭线，两者表示的含义不同，如图 3.4 所示。

(a) 实箭线　　　　　　　　　　　(b) 虚箭线

图 3.4　箭线

（1）实箭线。

  ① 一根实箭线表示一个施工过程（或一项工作）。箭线表示的施工过程可大可小，既可以表示一个单位工程，如土建、装饰、设备安装等，又可表示一个分部工程，如基础、主体、屋面等，还可表示分项工程，如抹灰、吊顶等。

  ② 一般情况，每个实箭线表示的施工过程都要消耗一定的时间和资源。有时，只消

耗时间不消耗资源的混凝土养护、砂浆找平层干燥等技术间歇，若为单独考虑，也应作为一个施工过程来对待，也用实箭线来表示。

③ 箭线的方向表示工作的进行方向和前进路线，箭尾表示工作的开始，箭头表示工作的结束。

④ 箭线的长短一般与工作的持续时间无关（时标网络计划例外）。

⑤ 按照网络图中，工作之间的相互关系，可将工作分为以下 3 种类型。

a. 紧前工作，也叫做紧前工序。紧排在本工作之前的工作就称为本工作的紧前工作，工作与其紧前工作之间有时需要通过虚箭线来联系。

b. 紧后工作，也叫做紧后工序。紧排在本工作之后的工作就称为本工作的紧后工作，工作与其紧后工作之间有时也需要通过虚箭线来联系如图 3.5 所示。

c. 平行工作，也叫做平行工序。可与本工作同时进行的工作称为平行工作如图 3.6 所示的 AB 工作。

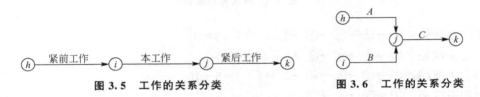

图 3.5 工作的关系分类　　　　图 3.6 工作的关系分类

（2）虚箭线。是指一端带箭头的虚线，在双代号网络图中表示一项虚拟的工作，目的是使工作之间的逻辑关系得到正确表达，既不消耗时间也不消耗资源。它在双代号网络图中起逻辑连接或逻辑间断的作用，如图 3.4（b）所示。

2. 节点（圆圈）

（1）网络图中箭线端部的圆圈或其他形状的封闭图形就叫节点。在双代号网络图中，它表示工作之间的逻辑关系，即前面工作结束或后面工作开始的瞬间，既不消耗时间也不消耗资源。如图 3.5 所示的节点。

（2）节点根据其位置和含义不同，可分为以下 3 种类型。

① 起始节点。网络图的第一个节点称为起始节点，代表一项网络计划的开始。起始节点只有一个。

② 结束节点，也叫做终节点。网络图的最后一个节点称为终节点。代表一项计划的结束。在单目标网络计划中，结束节点只有一个。

③ 中间节点。位于始节点和中间节点之间的所有节点都称为中间节点，既表示前面工作结束的瞬间，又表示后面工作开始的瞬间。中间节点有若干个。

（3）节点的编号。为了叙述和检查方便，应对节点进行编号，节点编号的要求和原则为：从左到右，由小到大，始终做到箭尾编号小于箭头编号即 $i<j$；节点编号过程中，编码可以不连续，但不可以重复。

3. 线路

（1）线路含义及分类。网络图中，从起始节点开始，沿箭线方向连续通过一系列节点和箭线，最后到达终节点的若干条通道，称为线路。线路可依次用该线路上的节点号码来表示，也可依次用该线路上的过程名称来表示。通常情况下，一个网络图可以有多条线路，线路上各施工过程的持续时间之和为线路时间。它表示完成该线路上所有工作所需要的时间。一般情况，各条线路时间往往各不相同，其中，所花时间最长的线路称为关键线路；除关键线路之外的其他线路称为非关键线路，非关键线路中所花时间仅次于关键线路的线路称为次关键线路。

如图 3.7 所示，根据该网络图的线路走向，图中共有 5 条线路，其持续时间如下。

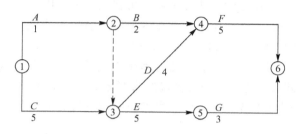

图 3.7　双代号网络图

第一条线路：①→②→③→⑤→⑥＝1＋5＋3＝9。
第二条线路：①→②→④→⑥＝1＋2＋5＝8。
第三条线路：①→②→③→④→⑥＝1＋4＋5＝10。
第四条线路：①→③→④→⑥＝5＋4＋5＝14。
第五条线路：①→③→⑤→⑥＝5＋5＋3＝13。

由上述分析计算可知，第四条线路所花时间最长，即为关键线路。它决定该网络计划的计算工期。其他线路都称为非关键线路。关键线路在网络图上一般用粗箭线或双箭线来表示。一个网络图至少存在一条关键线路，也可能存在多条关键线路。在一个网络计划中，关键线路不宜过多，否则按计划工期完成任务的难度就较大。

关键线路并不是一成不变的，在一定程度下，关键线路和非关键线路可以互相转化。例如，当关键线路上的工作时间缩短或非关键线路上的工作时间延长时，就可能使关键线路发生转移。

（2）施工过程根据所在线路的分类。各过程由于所在线路不同，可以分为两类：关键工作和非关键工作。位于关键线路上的工作称为关键工作，图 3.7 中关键工作为①→③、③→④、④→⑥。

位于非关键线路上，除关键工作之外的其他工作称为非关键工作，图 3.7 中非关键工作为③→⑤、⑤→⑥等。

（3）线路时差。非关键线路与关键线路之间存在的时间差，称为线路时差。例如，图 3.7 中关键线路与第五条线路的时差为 1 天，即在不影响工期情况下，非关键线路有一天的机动时间。

线路时差的意义：非关键施工过程可以在时差允许范围内，将部分资源调配到关键工作上，从而加快施工进度；或者在时差范围内，改变非关键工作的开始和结束时间，达到均衡资源的目的。

3.2.2　双代号网络图的绘制方法

正确绘制工程的网络图是网络计划方法应用的关键。因此，绘图时，必须做到以下两

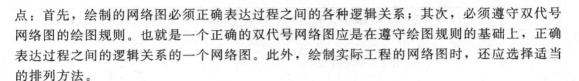

点：首先，绘制的网络图必须正确表达过程之间的各种逻辑关系；其次，必须遵守双代号网络图的绘图规则。也就是一个正确的双代号网络图应是在遵守绘图规则的基础上，正确表达过程之间的逻辑关系的一个网络图。此外，绘制实际工程的网络图时，还应选择适当的排列方法。

1. 网络图逻辑关系及其正确表示

1）网络图逻辑关系。是指网络计划中所表示的各个工作之间客观上存在或主观上安排的先后顺序关系。这种顺序关系划分为两类：一类是施工工艺关系，简称工艺逻辑；另一类是施工组织关系，简称组织逻辑。

2）工艺关系和组织关系图解

（1）工艺关系。生产性工作之间由工艺过程决定的、非生产性工作之间由工作程序决定的先后顺序关系称为工艺关系。工艺关系是由施工工艺或操作规程所决定的各个工作之间客观上存在的先后施工顺序。对于一个具体的分部工程来说，当确定了施工方法以后，则该分部工程的各个工作的先后顺序一般是固定的，是不能颠倒的。如图 3.8 所示支模 1→扎筋 1→混凝土 1 为工艺关系。

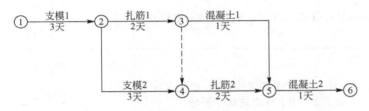

图 3.8 逻辑关系示意图

（2）组织关系。是施工组织安排中，考虑劳动力、机具、材料或工期等影响，在各工作之间主观上安排的先后顺序关系。这种关系不受施工工艺的限制，不是工程性质本身决定的，而是在保证施工质量、安全和工期等前提下，可以人为安排的顺序关系。比如有甲、乙、丙三处景观小品，可以将甲作为第一段施工段，乙第二段，丙第三段；也可以将乙作为第一段施工段，甲第二段，丙第三段等。如图 3.8 所示，支模 1→支模 2；扎筋 1→扎筋 2 等为组织关系。

3）逻辑关系正确表示图解

为了能够正确而迅速的绘制双代号网络图，需要掌握常见的工作关系表示方法如图 3.9 所示。

序号	工作之间的逻辑关系	双代号网络图中的表示方法
1	A 完成后进行 B	○—A→○—B→○
2	A、B、C 同时进行	○ C→○ A→○ B→○

图 3.9 网络图中工作关系的常用表示方法

序号	工作之间的逻辑关系	双代号网络图中的表示方法
3	A、B、C 同时结束	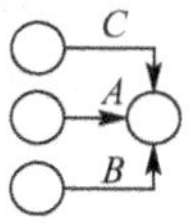
4	A、B 均完成后进行 C	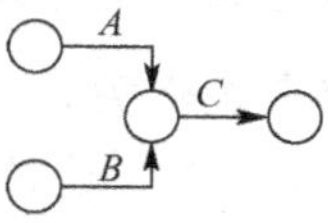
5	A、B 均完成后进行 C、D	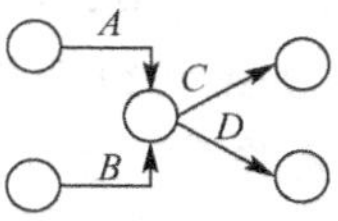
6	A 完成后进行 C、B	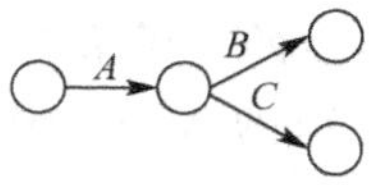
7	A 完成后进行 C、D，A、B 均完成后进行 D	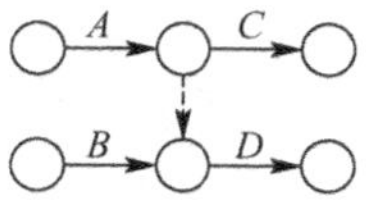
8	A、B、C、D、E 五项工作，A、B 完成后 C 开始，B、D 完成后 E 开始	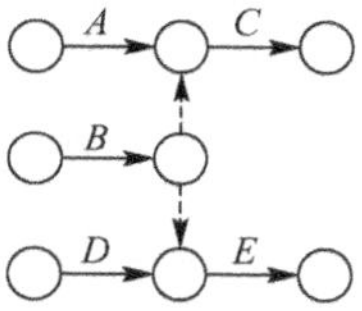
9	A、B、C、D、E 五项工作，A、B、C 完成后 D 开始，B、C 完成后 E 开始	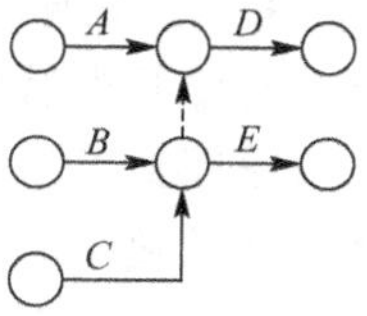
10	A、B 两项工作分三个施工段，流水施工	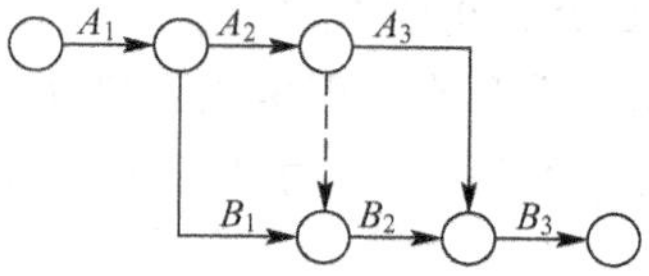

图 3.9　网络图中工作关系的常用表示方法(续)

2. 双代号网络图绘制规则

双代号网络图在绘制过程中，除正确表达逻辑关系外，还应遵循以下绘图规则。

（1）网络图必须按照已定的逻辑关系绘制。由于网络图是有向、有序网状图形，所以其必须严格按照工作之间的逻辑关系绘制，这同时也是为保证工程质量和资源优化配置及合理使用所必需的。例如，已知工作之间的逻辑关系见表 3-1，若绘出网络图 3.10(a)则是错误的，因为工作 A 不是工作 D 的紧前工作。此时，可用虚箭线将工作 A 和工作 D 的联系断开，如图 3.10(b)所示。

表 3-1 逻 辑 关 系

工作	A	B	C	D
紧前工作			A、B	B

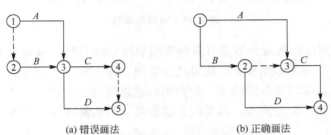

(a) 错误画法   (b) 正确画法

图 3.10 按照表 3-1 绘制的网络图

（2）网络图中严禁出现从一个节点出发，顺箭头方向又回到原出发点的循环回路。如果出现循环回路，会造成逻辑关系混乱，使工作无法按顺序进行。如图 3.11 所示，网络图中存在不允许出现的循环回路 BCGF。当然，此时节点编号也发生错误。

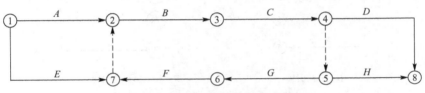

图 3.11 存在循环回路的错误网络图

（3）网络图中的箭线（包括虚箭线，以下同）应保持自左向右的方向，不应出现箭头指向左方的水平箭线和箭头偏向左方的斜向箭线。若遵循该规则绘制网络图，就不会出现循环回路。

（4）网络图中严禁出现双向箭头和无箭头的连线。如图 3.12 所示即为错误的工作箭线画法，因为工作进行的方向不明确，因而不能达到网络图有向的要求。

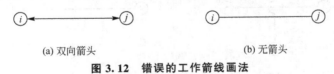

(a) 双向箭头   (b) 无箭头

图 3.12 错误的工作箭线画法

（5）网络图中严禁出现没有箭尾节点的箭线和没有箭头节点的箭线，如图 3.13 所示即为错误的画法。

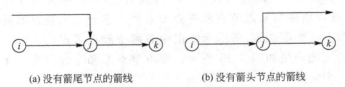

(a) 没有箭尾节点的箭线   (b) 没有箭头节点的箭线

图 3.13 错误的画法

（6）严禁在箭线上引入或引出箭线，如图 3.14 所示即为错误的画法。

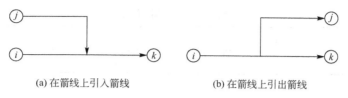

(a) 在箭线上引入箭线　　　　　　　(b) 在箭线上引出箭线

图 3.14　错误的画法

（7）当双代号网络图的起点节点有多条箭线引出（外向箭线）或终点节点有多条箭线引入（内向箭线）时，为使图形简洁，可用母线法绘图。即：将多条箭线经一条共用的垂直线段从起点节点引出，或将多条箭线经一条共用的垂直线段引入终点节点，如图 3.15 所示。对于特殊线型的箭线，如粗箭线、双箭线、虚箭线、彩色箭线等，可在从母线上引出的支线上标出。

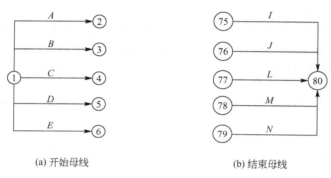

(a) 开始母线　　　　　　　　　　　(b) 结束母线

图 3.15　母线法

（8）应尽量避免网络图中工作箭线的交叉。当交叉不可避免时，可以采用过桥法或指向法处理，如图 3.16 所示。

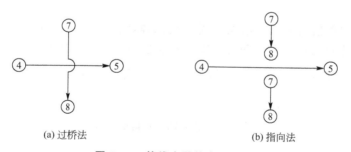

(a) 过桥法　　　　　　　　　　　　(b) 指向法

图 3.16　箭线交叉的表示方法

（9）网络图中应只有一个起点节点和一个终点节点（任务中部分工作需要分期完成的网络计划除外）。除网络图的起点节点和终点节点外，不允许出现没有外向箭线的节点和没有内向箭线的节点。如图 3.17 所示网络图中有两个起点节点①和②，两个终点节点⑦和⑧。该网络图的正确画法如图 3.18 所示，即将节点①和②合并为一个起点节点，将节点⑦和⑧合并为一个终点节点。

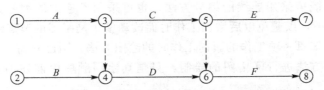

图 3.17　存在多个起点节点和多个终点节点的错误网络图

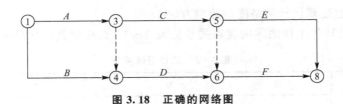

图 3.18　正确的网络图

3. 双代号网络图绘制步骤

当已知每一项工作的紧前工作时，可按下述步骤绘制双代号网络图。

（1）绘制没有紧前工作的工作箭线，使它们具有相同的开始节点，以保证网络图只有一个起点节点。

（2）依次绘制其他工作箭线。这些工作箭线的绘制条件是其所有紧前工作箭线都已经绘制出来。在绘制这些工作箭线时，应按下列原则进行。

① 当所要绘制的工作只有一项紧前工作时，则将该工作箭线直接画在其紧前工作箭线之后即可。

② 当所要绘制的工作有多项紧前工作时，应按以下 4 种情况分别予以考虑。

a. 对于所要绘制的工作（本工作）而言，如果在其紧前工作之中存在一项只作为本工作紧前工作的工作（即在紧前工作栏目中，该紧前工作只出现一次），则应将本工作箭线直接画在该紧前工作箭线之后，然后用虚箭线将其他紧前工作箭线的箭头节点与本工作箭线的箭尾节点分别相连，以表达它们之间的逻辑关系。

b. 对于所要绘制的工作（本工作）而言，如果在其紧前工作之中存在多项只作为本工作紧前工作的工作，应先将这些紧前工作箭线的箭头节点合并，再从合并后的节点开始，画出本工作箭线，最后用虚箭线将其他紧前工作箭线的箭头节点与本工作箭线的箭尾节点分别相连，以表达它们之间的逻辑关系。

c. 对于所要绘制的工作（本工作）而言，如果不存在情况 a 和情况 b 时，应判断本工作的所有紧前工作是否都同时作为其他工作的紧前工作（即在紧前工作栏目中，这几项紧前工作是否均同时出现若干次）。如果上述条件成立，应先将这些紧前工作箭线的箭头节点合并后，再从合并后的节点开始画出本工作箭线。

d. 对于所要绘制的工作（本工作）而言，如果既不存在情况 a 和情况 b，也不存在情况③时，则应将本工作箭线单独画在其紧前工作箭线之后的中部，然后用虚箭线将其各紧前工作箭线的箭头节点与本工作箭线的箭尾节点分别相连，以表达它们之间的逻辑关系。

（3）当各项工作箭线都绘制出来之后，应合并那些没有紧后工作之工作箭线的箭头节点，以保证网络图只有一个终点节点（多目标网络计划除外）。

（4）当确认所绘制的网络图正确后，即可进行节点编号。网络图的节点编号在满足前述要求的前提下，既可采用连续的编号方法，也可采用不连续的编号方法，如1、3、5、…或5、10、15、…，以避免以后增加工作时而改动整个网络图的节点编号。

以上所述是已知每一项工作的紧前工作时的绘图方法，当已知每一项工作的紧后工作时，也可按类似的方法进行网络图的绘制，只是其绘图顺序由前述的从左向右改为从右向左。

4．双代号网络图绘图示例

现举例说明前述双代号网络图的绘制方法。

【例3.1】 已知各工作之间的逻辑关系见表3-2，试绘制其双代号网络图。

表3-2 工作逻辑关系

工作	A	B	C	D
紧前工作			A、B	B

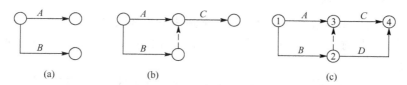

图3.19 例3.1绘图步骤

（1）绘制工作箭线A、工作箭线B，如图3.19(a)所示。
（2）按前述原则(2)中的情况③绘制工作箭线C，如图3.19(b)所示。
（3）按前述原则(2)中的情况①绘制工作箭线D，如图3.19(c)所示。

【例3.2】 已知各工作之间的逻辑关系见表3-3，试绘制其双代号网络图。

表3-3 工作逻辑关系

工作	A	B	C	D	E	G
紧前工作				A、B	A、B、C	D、E

（1）绘制工作箭线A、工作箭线B和工作箭线C，如图3.20(a)所示。
（2）按前述原则(2)中的情况③绘制工作箭线D，如图3.20(b)所示。
（3）按前述原则(2)中的情况①绘制工作箭线E，如图3.20(c)所示。
（4）按前述原则(2)中的情况②绘制工作箭线G。当确认给定的逻辑关系表达正确后，再进行节点编号。表3-3给定逻辑关系所对应的双代号网络图如图3.20(d)所示。

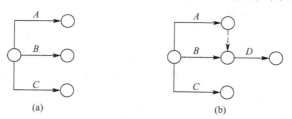

图3.20 例3.2绘图步骤

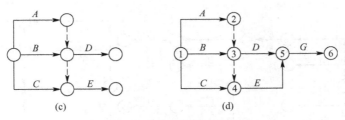

图 3.20 例 3.2 绘图步骤(续)

【例 3.3】 已知各工作之间的逻辑关系见表 3-4,试绘制其双代号网络图。

表 3-4 工作逻辑关系

工作	A	B	C	D	E
紧前工作			A	A、B	B

(1) 绘制工作箭线 A 和工作箭线 B,如图 3.21(a)所示。

(2) 按前述原则(1)分别绘制工作箭线 C 和工作箭线 E,如图 3.21(b)所示。

(3) 按前述原则(2)中的情况④绘制工作箭线 D,并将工作箭线 C、工作箭线 D 和工作箭线 E 的箭头节点合并,以保证网络图的终点节点只有一个。当确认给定的逻辑关系表达正确后,再进行节点编号。表 3-4 给定逻辑关系所对应的双代号网络图如图 3.20(c)所示。

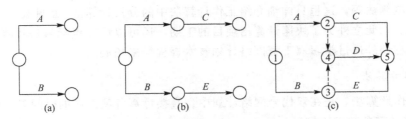

图 3.21 例 3.3 绘图步骤

【例 3.4】 已知各工作之间的逻辑关系见表 3-5,试绘制其双代号网络图。

表 3-5 工作逻辑关系

工作	A	B	C	D	E	G	H
紧前工作					A、B	B、C、D	C、D

(1) 绘制工作箭线 A、工作箭线 B、工作箭线 C 和工作箭线 D,如图 3.22(a)所示。

(2) 按前述原则(2)中的情况①绘制工作箭线 E,如图 3.22 (b)所示。

(3) 按前述原则(2)中的情况②绘制工作箭线 H,如图 3.22 (c)所示。

(4) 按前述原则(2)中的情况④绘制工作箭线 G,并将工作箭线 E、工作箭线 G 和工作箭线 H 的箭头节点合并,以保证网络图的终点节点只有一个。当确认给定的逻辑关系表达正确后,再进行节点编号。表 3-5 给定逻辑关系所对应的双代号网络图如图 3.21(d)所示。

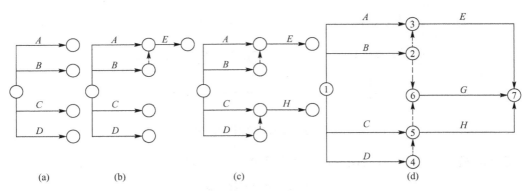

(a)　　　　　(b)　　　　　(c)　　　　　(d)

图 3.22　例 3.4 绘图步骤

3.2.3　双代号网络图时间参数的计算

网络计划时间参数的计算，是确定关键工作、关键线路和计算工期的基础；是对网络计划进行有目的地调整、优化的主要依据。它包括：节点最早开始时间、节点最迟完成时间、工作最早开始和完成时间、工作最迟开始和完成时间、工作总时差和自由时差以及计算工期等。

在《工程网络计划技术规程》中，时间参数的计算方法可以分为工作计算法和节点计算法两种。每一种方法又可以分为分析计算法（也叫做公式法）、图上计算法、表上计算法及矩阵法、电算法等，这里只详细介绍工作计算法中的分析计算法（也叫做公式法）和图上计算法两种。除此之外为了快速计算出项目的工期，还可以用节点标号法计算。其余的计算方法可以在课外通过学习《工程网络计划技术规程》来拓展。

1. 工作计算法

所谓工作计算法，是在双代号网络计划中，直接计算各项工作的时间参数的方法。

1）工序时间参数常用符号

（1）D_{i-j}（Duration Time）——工作 $i—j$ 的持续时间。

（2）ES_{i-j}（Earliest Start Time）—— 工作 $i—j$ 的最早开始时间。

（3）EF_{i-j}（Earliest Finish Time）——工作 $i—j$ 的最早完成时间。

（4）LF_{i-j}（Latest Finish Time）——在总工期已经确定情况下，工作 $i—j$ 的最迟完成时间。

（5）LS_{i-j}（Latest Start Time）——在总工期已经确定情况下，工作 $i—j$ 的最迟开始时间。

（6）TF_{i-j}（Total Float Time）——工作 $i—j$ 的总时差。

（7）FF_{i-j}（Free Float Time）——工作 $i—j$ 的自由时差。

2）工序时间参数的内容及其意义

设有线路 $h→i→j→k$。

（1）工作的最早开始时间（ES_{i-j}）。工作的最早开始时间表示该工作所有紧前工序都完工后，该工作最早可以开工的时刻。根据每一项工作紧前工序情况不同，其计算公式也不相同。

为了计算方便，假设从起点开始的各工作的最早开始时间是零，即有以下公式：

$$ES_{i-j} = \begin{cases} 0 & (i-j \text{ 工作无紧前工序即该工作为开始工作}) \\ ES_{h-i} + D_{h-i} & (i-j \text{ 工作有一个紧前工序}) \\ \max(ES_{h-i} + D_{h-i}) & (i-j \text{ 工作有多个紧前工序}) \end{cases} \quad (3-1)$$

（2）工作的最早结束时间（EF_{i-j}）。表示该工作从最早开始时间算起的最早可以完成的时刻。因此，它的计算公式为式（3-2）。工作最早结束的时间不是独立存在的，它是依附于最早开始时间而存在。因此，其计算公式如下：

$$EF_{i-j} = ES_{i-j} + D_{i-j} \quad (3-2)$$

（3）工作最迟完成时间（LF_{i-j}）是指在不影响计划工期的前提情况下，该工作最迟必须完成的时刻。

工作最迟结束时间的计算受到网络计划工期的限制。一般情况下，网络计划的工期可以分为计算工期 T_c（Computer Time）、要求工期 T_r（Require Time）和计划工期 T_p（Plan Time）三种。

计算工期 T_c 是由各时间参数计算确定的工期，即一个网络计划关键线路所花的时间，它等于网络计划最后工作（无紧后工作的工作）的最早完成时间。

要求工期 T_r 是合同条款或甲方或主管部门对于该工程的规定的工期。

计划工期 T_p 是根据计算工期和要求工期确定的工期。当规定了要求工期时，$T_p \leqslant T_r$；当未规定要求工期时，$T_p = T_c$。

为了计算方便，通常认为计算工期就等于计划工期，即网络计划的最后工作（无紧后工作的工作）的最迟必须完成时间就是计算工期。在这一假设前提条件下，最迟必须完成时间的计算公式可表达为：

$$LF_{i-j} = \begin{cases} T_c & (i-j \text{ 无紧后工序即该工作为结束工作}) \\ LF_{j-k} - D_{j-k} & (i-j \text{ 工作只有一个紧后工序}) \\ \min(LF_{j-k} - D_{j-k}) & (i-j \text{ 工作有多个紧后工序}) \end{cases} \quad (3-3)$$

（4）工作最迟开始时间（LS_{i-j}）。表示在不影响该工作最迟结束情况下，该工作最迟开始的时刻，因此，已知工作最迟结束时间，减去该工作的持续时间即可算出它的最迟开始时间，计算公式为：

$$LS_{i-j} = LF_{i-j} - D_{i-j} \quad (3-4)$$

（5）工作总时差（TF_{i-j}）。是指在不影响总工期即不影响其紧后工作的最迟开始或结束时间的前提条件下，该工作存在的机动时间（富余时间）。因此，每项工作的总时差都等于该工作的最迟结束时间，减去最早结束时间；或最迟开始时间，减去最早开始时间。其计算公式如下：

$$TF_{i-j} = LF_{i-j} - EF_{i-j} \quad (3-5)$$

或

$$TF_{i-j} = LS_{i-j} - ES_{i-j}$$

（6）自由时差（FF_{i-j}）。是指在不影响其紧后工作的最早开始情况下，该工作存在的机动时间（富余时间）。因此，一项工作的自由时差就等于该工作紧后工作的最早可能开始时间，减去该工作的最早可能结束时间。其计算公式如下：

$$FF_{i-j} = \min\{ES_{j-k} - EF_{i-j}\} \quad (3-6)$$

工作的自由时差是在其最早开始时间到紧后工作最早开始时间范围内的机动时间，也即不影响其紧后开始的情况下，该工作存在的机动时间。因此，自由时差是总时差的一部分，在计算时，总时差为零的工作，其自由时差必然为零，可不必计算。

3）工作时间参数的计算方法

（1）分析计算法（公式法）。是根据工作时间参数的意义及其计算公式，分别列公式计算时间参数的方法。因此也被称为公式法。为了简化计算，网络计划时间参数中的开始时间和完成时间都应以时间单位的终了时刻为标准。如第 3 天开始即是指第 3 天终了（下班）时刻开始，实际上是第 4 天上班时刻才开始；第 5 天完成即是指第 5 天终了（下班）时刻完成。

下面以如图 3.23 所示双代号网络计划为例，说明按工作计算法计算时间参数的过程。

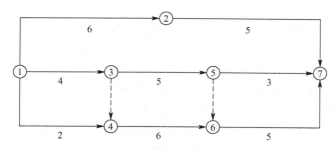

图 3.23　双代号网络图

第一步：计算工作的最早开始时间和最早完成时间。工作最早开始时间和最早完成时间的计算应从网络计划的起点节点开始，顺着箭线方向依次进行。其计算过程如下：

① 以网络计划起点节点为开始节点的工作，当未规定其最早开始时间时，其最早开始时间为零。

在本例中，工作 1—2、工作 1—3 和工作 1—4 的最早开始时间都为零，即：

$$ES_{1-2}=ES_{1-3}=ES_{1-4}=0$$

② 工作的最早完成时间可利用上述公式（3-2）计算：

$$EF_{i-j}=ES_{i-j}+D_{i-j}$$

式中：EF_{i-j}——工作 $i-j$ 的最早完成时间；

　　　ES_{i-j}——工作 $i-j$ 的最早开始时间；

　　　D_{i-j}——工作 $i-j$ 的持续时间。

在本例中，工作 1—2、工作 1—3 和工作 1—4 的最早完成时间分别为：

$$EF_{1-2}=ES_{1-2}+D_{1-2}=0+6=6$$
$$EF_{1-3}=ES_{1-3}+D_{1-3}=0+4=4$$
$$EF_{1-4}=ES_{1-4}+D_{1-4}=0+2=2$$

③ 其他工作的最早开始时间参照公式（3-1），应等于其紧前工作最早完成时间的最大值，即：

$$ES_{i-j}=\max\{EF_{h-i}\}=\max\{ES_{h-i}+D_{h-i}\}$$

式中：ES_{i-j}——工作 $i-j$ 的最早开始时间；

　　　EF_{h-i}——工作 $i-j$ 的紧前工作 $h-i$（非虚工作）的最早完成时间；

　　　ES_{h-i}——工作 $i-j$ 的紧前工作 $h-i$（非虚工作）的最早开始时间；

　　　D_{h-i}——工作 $i-j$ 的紧前工作 $h-i$（非虚工作）的持续时间。

根据以上计算可以看出，计算工作最早时间时，应从最左边的第一项无紧前工序的工作开始，依次进行累加，直到最后一个工序。可简单归纳为："从左到右，沿线累加，逢圈取大"。

根据公式，其计算过程和结果如下：

工作最早开始时间

$ES_{1-2}=0$

$ES_{1-3}=0$

$ES_{1-4}=0$

$ES_{2-7}=EF_{1-2}=6$

$ES_{3-5}=EF_{1-3}=4$

$ES_{4-6}=\max\{EF_{1-3}，EF_{1-4}\}=\max\{2，4\}=4$

$ES_{5-7}=EF_{3-5}=9$

$ES_{6-7}=\max\{EF_{3-5}，EF_{4-6}\}=\max\{9，10\}=10$

工作的最早完成时间

$EF_{1-2}=ES_{1-2}+D_{1-2}=0+6=6$

$EF_{1-3}=ES_{1-3}+D_{1-3}=0+4=4$

$EF_{1-4}=ES_{1-4}+D_{1-4}=0+2=2$

$EF_{2-7}=ES_{2-7}+D_{2-7}=6+5=11$

$EF_{3-5}=ES_{3-5}+D_{3-5}=4+5=9$

$EF_{4-6}=ES_{4-6}+D_{4-6}=4+6=10$

$EF_{5-7}=ES_{5-7}+D_{5-7}=9+3=12$

$EF_{6-7}=ES_{6-7}+D_{6-7}=10+5=15$

④ 网络计划的计算工期应等于以网络计划终点节点为完成节点的工作的最早完成时间的最大值。即：

$$T_c=\max\{EF_{i-n}\}=\max\{ES_{i-n}+D_{i-n}\}$$

式中：T_c——网络计划的计算工期；

EF_{i-n}——以网络计划终点节点 n 为完成节点的工作的最早完成时间；

ES_{i-n}——以网络计划终点节点 n 为完成节点的工作的最早开始时间；

D_{i-n}——以网络计划终点节点 n 为完成节点的工作的持续时间。

在本例中，网络计划的计算工期为：

$$T_c=\max\{EF_{2-7}，EF_{5-7}，EF_{6-7}\}=\max\{11，12，15\}=15$$

第二步：确定网络计划的计划工期。在本例中，假设未规定要求工期，则其计划工期就等于计算工期，即：

$$T_p=T_c=15$$

第三步：计算工作的最迟完成时间和最迟开始时间。工作最迟完成时间和最迟开始时间的计算应从网络计划的终点节点开始，逆着箭线方向依次进行。理论上计算工作的最迟完成时间时，通常存在一个假设，令该网络计划的计算工期就等于网络计划的计划工期即 $T_c=T_p$。因此，计算最迟时间时，应从结束于终点节点的无紧后工序的工作开始。其计算步骤如下。

① 以网络计划终点节点为完成节点的工作，其最迟完成时间等于网络计划的计划工期，即：

$$LF_{i-n}=T_p$$

式中：LF_{i-n}——以网络计划终点节点 n 为完成节点的工作的最迟完成时间；

T_p——网络计划的计划工期。

在本例中，工作 2—7、工作 5—7 和工作 6—7 的最迟完成时间为：

$$LF_{2-7}=LF_{5-7}=LF_{6-7}=T_p=15$$

② 工作的最迟开始时间计算如下：

$$LS_{i-j}=LF_{i-j}-D_{i-j}$$

式中：LS_{i-j}——工作 $i-j$ 的最迟开始时间；

LF_{i-j}——工作 $i-j$ 的最迟完成时间；

D_{i-j}——工作 $i-j$ 的持续时间。

在本例中，工作 2—7、工作 5—7 和工作 6—7 的最迟开始时间分别为：

$$LS_{2-7}=LF_{2-7}-D_{2-7}=15-5=10$$
$$LS_{5-7}=LF_{5-7}-D_{5-7}=15-3=12$$
$$LS_{6-7}=LF_{6-7}-D_{6-7}=15-5=10$$

③ 其他工作的最迟完成时间应等于其紧后工作最迟开始时间的最小值，即：

$$LF_{i-j}=\min\{LS_{j-k}\}=\min\{LF_{j-k}-D_{j-k}\}$$

式中：LF_{i-j}——工作 $i-j$ 的最迟完成时间；

LS_{j-k}——工作 $i-j$ 的紧后工作 $j-k$（非虚工作）的最迟开始时间；

LF_{j-k}——工作 $i-j$ 的紧后工作 $j-k$（非虚工作）的最迟完成时间；

D_{j-k}——工作 $i-j$ 的紧后工作 $j-k$（非虚工作）的持续时间。

根据以上计算可以看出，计算最迟时间可以归纳为："从右到左，逆线相减，逢圈取小"。

注意：这里的"逢圈取小"是指有多个紧后工序的工作，它的最迟必须结束时间应取多个紧后工序最迟开始的最小值。

根据公式，其计算过程和结果如下：

工作最迟完成时间

$LF_{6-7}=T_c=15$

$LF_{5-7}=T_c=15$

$LF_{2-7}=T_c=15$

$LF_{4-6}=LS_{6-7}=10$

$LF_{1-4}=LS_{4-6}=4$

$LF_{3-5}=\min\{LS_{5-7},LS_{6-7}\}=10$

$LF_{1-3}=\min\{LS_{3-5},LS_{4-6}\}=4$

$LF_{1-2}=LS_{2-7}=10$

工作最迟开始时间

$LS_{6-7}=LF_{6-7}-D_{6-7}=15-5=10$

$LS_{5-7}=LF_{5-7}-D_{5-7}=15-3=12$

$LS_{2-7}=LF_{2-7}-D_{2-7}=15-5=10$

$LS_{4-6}=LF_{4-6}-D_{4-6}=10-6=4$

$LS_{1-4}=LF_{1-4}-D_{1-4}=4-2=2$

$LS_{3-5}=LF_{3-5}-D_{3-5}=10-5=5$

$LS_{1-3}=LF_{1-3}-D_{1-3}=4-4=0$

$LS_{1-2}=LF_{1-2}-D_{1-2}=10-6=4$

第四步：计算工作的总时差

工作的总时差等于该工作最迟完成时间与最早完成时间之差，或该工作最迟开始时间与最早开始时间之差，即：$TF_{i-j}=LS_{i-j}-ES_{i-j}$

$TF_{1-2}=4-0=4$

$TF_{1-4}=2-0=2$

$TF_{3-5}=5-4=1$

$TF_{5-7}=12-9=3$

$TF_{1-3}=0-0=0$

$TF_{2-7}=10-6=4$

$TF_{4-6}=4-4=0$

$TF_{6-7}=10-10=0$

第五步：计算工作的自由时差。工作自由时差的计算应按以下两种情况分别考虑。

① 对于有紧后工作的工作，其自由时差等于本工作之紧后工作最早开始时间减本工作最早完成时间所得之差的最小值，即：

$$FF_{i-j}=\min\{ES_{j-k}-EF_{i-j}\}=\min\{ES_{j-k}-ES_{i-j}-D_{i-j}\}$$

式中：FF_{i-j}——工作 $i-j$ 的自由时差；

ES_{j-k}——工作 $i-j$ 的紧后工作 $j-k$（非虚工作）的最早开始时间；

EF_{i-j}——工作 $i-j$ 的最早完成时间；

ES_{i-j}——工作 $i-j$ 的最早开始时间；

D_{i-j}——工作 $i-j$ 的持续时间。

在本例中，工作 1—4 和工作 3—5 的自由时差分别为：

$$FF_{1-4}=ES_{4-6}-EF_{1-4}=4-2=2$$

$$FF_{3-5}=\min\{ES_{5-7}-EF_{3-5}, ES_{6-7}-EF_{3-5}\}$$

$$=\min\{9-9, 10-9\}$$

$$=0$$

② 对于无紧后工作的工作，也就是以网络计划终点节点为完成节点的工作，其自由时差等于计划工期与本工作最早完成时间之差，即：

$$FF_{i-n}=T_p-EF_{i-n}=T_p-ES_{i-n}-D_{i-n}$$

式中：FF_{i-n}——以网络计划终点节点 n 为完成节点的工作 $i-n$ 的自由时差；

T_p——网络计划的计划工期；

EF_{i-n}——以网络计划终点节点 n 为完成节点的工作 $i-n$ 的最早完成时间；

ES_{i-n}——以网络计划终点节点 n 为完成节点的工作 $i-n$ 的最早开始时间；

D_{i-n}——以网络计划终点节点 n 为完成节点的工作 $i-n$ 的持续时间。

根据公式，其计算过程和结果如下：

$FF_{i-j}=ES_{j-k}-EF_{i-j}$

$FF_{1-2}=ES_{2-7}-EF_{1-2}=6-6=0$ $FF_{1-3}=ES_{3-5}-EF_{1-3}=4-4=0$

$FF_{1-4}=ES_{4-6}-EF_{1-4}=4-2=2$ $FF_{3-5}=ES_{5-7}-EF_{3-5}=9-9=0$

$FF_{4-6}=ES_{6-7}-EF_{4-6}=10-10=0$ $FF_{2-7}=T_p-EF_{2-7}=15-11=4$

$FF_{5-7}=T_p-EF_{5-7}=15-12=3$ $FF_{6-7}=T_p-EF_{6-7}=15-15=0$

需要指出的是，对于网络计划中以终点节点为完成节点的工作，其自由时差与总时差相等。此外，由于工作的自由时差是其总差的构成部分，所以，当工作的总时差为零时，其自由时差必然为零，可不必进行专门计算。比如在本例中，工作 1—3、工作 4—6 和工作 6—7 的总时差全部为零，故其自由时差也全部为零。

第六步：确定关键工作和关键线路。在网络计划中，总时差最小的工作为关键工作。特别地，当网络计划的计划工期等于计算工期时，总时差为零的工作就是关键工作。比如在本例中，工作 1—3、工作 4—6 和工作 6—7 的总时差均为零，故它们都是关键工作。由于在计算时，假设 $T_P=T_C$，因此，最长的关键线路上不存在任何机动时间，即 $TF_{i-j}=0$ 的工作为关键工作。如果 $T_P\neq T_C$，则该网络计划中，总时差最小的工作就为关键工作。在双代号网络计划中，由关键工作组成的线路称为关键线路。它是进行工作进度管理的重点。

找出关键工作之后，将这些关键工作首尾相连，便至少构成一条从起点节点到终点节点的通路，通路上各项工作的持续时间总和最大的就是关键线路。在关键线路上可能有虚工作存在。

关键线路一般用粗箭线或双线箭线标出，也可以用彩色箭线标出。比如在本例中，线路①→③→④→⑥→⑦即为关键线路。关键线路上各项工作的持续时间总和应等于网络计划的计算工期，这一特点也是判别关键线路是否正确的准则。

关键线路存在以下特点。

① 若合同工期等于计划工期时，关键线路上的工作总时差等于零。

② 关键线路是从网络计划起点节点到结束节点之间持续时间最长的线路。

③ 关键线路在网络计划中不一定只有一条，有时存在两条或两条以上。

④ 当非关键线路上的工作时间延长且超过它的总时差时，非关键线路就变成了关键线路。

在工程进度管理中，应把关键工作作为重点来抓，保证各项工作如期完成，同时注意挖掘非关键工作的潜力，合理安排资源，节省工程费用。

（2）图上计算法。图上计算法的原理和步骤与分析计算法相同，它是在网络图上直接进行计算的一种方法。此方法必须在对分析计算法理解和熟练的基础上才可进行，边计算边将所得时间参数填入图中相应的位置上。该种方法比较直观、简便，因此，手算一般都采用此种方法。采用图上计算法时，首先确定采用的时间参数标注形式。

① 六时标注法。在工程领域通常用六时标注法来完成，所谓六时标注法，就是将每项工作的六个时间参数均标注在箭线之上，如图 3.24 所示。有时也可以把 $ES_{i-j}-LS_{i-j}$、$EF_{i-j}-LF_{i-j}$ 在标注时竖向书写。不论采用何种标注内容，都要把标识图绘制在网络图的右上方，以便参数的检查。

图 3.24　图上计算法的标注内容

因此上述的图 3.22 双代号网络图的计算结果，用六时标注法竖向标注就形成了如图 3.25 所示。

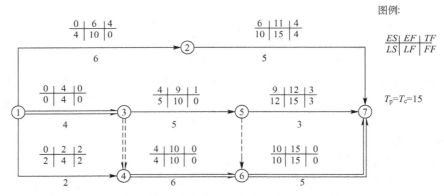

图 3.25　双代号网络图（图上计算法示意图，六时标注法）

其具体计算步骤为：

a. 首先计算工作最早时间，包括工作最早开始时间（ES_{i-j}），工作最早结束时间（EF_{i-j}）两个，然后，将数据填于图上相应的位置。

b. 确定网络计划的计算工期 T_c。

c. 计算工作的最迟时间，包括工作的最迟开始时间（LS_{i-j}）和工作的最迟结束时间（LF_{i-j}）两个，之后，将数据填于图上相应的位置。

d. 计算各工作的总时差（TF_{i-j}），将数据填于图上相应的位置。

e. 计算各工作的自由时差（FF_{i-j}），将数据填于图上相应的位置。

f. 确定关键工作和关键线路，并用双箭杆或粗实线表示。

② 二时标注法。为使网络计划的图面更加简洁，在双代号网络计划中，除各项工作的持续时间以外，通常只需标注两个最基本的时间参数——各项工作的最早开始时间和最

迟开始时间即可，而工作的其他四个时间参数(最早完成时间、最迟完成时间、总时差和自由时差)均可根据工作的最早开始时间、最迟开始时间及持续时间导出。这种方法称为二时标注法，如图 3.26 所示。

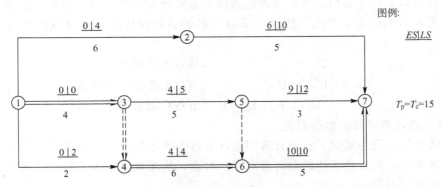

图例:

$ES|LS$

$T_p=T_c=15$

图 3.26　双代号网络图(图上计算法示意图，二时标注法)

2. 节点计算法

所谓节点计算法，就是先计算网络计划中各个节点的最早时间和最迟时间，然后再据此计算各项工作的时间参数和网络计划的计算工期。

1) 节点时间参数常用符号

节点时间参数只有两个，所用符号如下所示。

ET_i(earliest event time)——节点 i 的最早时间；

LT_i(latest event time)——节点 i 的最迟时间。

2) 节点时间参数的意义及其计算公式

设有线路 $h→i→j→k$。

(1) 节点最早时间(ET_i)。表示该节点前面工作都完工后，其紧后工作最早可以开始施工的时刻。因此，节点最早时间就等于该节点后面工作的最早开始时间，即

$$ET_i=ES_{i-j}$$

由前面工序时间参数的意义及内容可知，计算工序最早可能时间时，主要看该工序的紧前工序：分为无紧前工序、有一个紧前工序和有多个紧前工序三种情况。针对三种情况，分别有不同的计算公式。用节点法计算时，为表达方便，一项工作无紧前工序，可以认为该工作的开始瞬间的节点左边逆箭线回去，无节点，表述为：该节点前面无节点即为始节点。同理，有一个紧前工序，可表达为该节点前面有一个节点；有多个紧前工序，可表达为该节点前面有多个节点。因此，节点最早可能时间计算公式可以归纳表达为下面公式：

$$ET_i=\begin{cases}0 & (i\ \text{节点为始节点})\\ ET_h+D_{h-i} & (i\ \text{节点前面有一个节点})\\ \text{Max}(ET_h+D_{h-i}) & (i\ \text{节点前面有多个节点})\end{cases} \quad (3-7)$$

(2) 节点最迟时间(LT_i)。表示在不影响计划工期的情况下，该节点前面工作最迟必须结束的时间。

由前面工序时间参数的意义及内容可知，计算工序最迟时间时，主要看该工序的紧后

工序：分为无紧后工序、有一个紧后工序和有多个紧后工序三种情况。针对三种情况，分别有不同的计算公式。用节点法计算时，为表达方便，一项工作无紧后工序，可以认为该工作的结束瞬间的节点右边顺箭出回去，无节点，因此可表述为：该节点后面无节点即为终节点。同理，有一个紧后工序，可表达为该节点后面有一个节点；有多个紧后工序，可表达为该节点后面有多个节点。所以，节点最迟必须时间计算公式可以归纳表达为下面公式：

$$LT_i = \begin{cases} T_C & \text{（节点为终节点）} \\ LT_j - D_{i-j} & \text{（节点后面有一个节点）} \\ \text{Min}(LT_j - D_{i-j}) & \text{（节点后面有多个节点）} \end{cases} \tag{3-8}$$

3）节点法计算时间参数的理论

节点法计算时间参数时，首先计算网络计划各个节点的两个时间参数，然后以这两个时间参数为基础，计算各工作的总时差和自由时差，从而找出关键工作、关键线路以及非关键工作的机动时间。

4）节点时间参数与工作时间参数的关系

根据前面节点时间参数的含义，得出节点时间参数与工序时间参数的关系为：节点最早可能时间就等于该节点后面工作的最早可能开始时间即：

$$ET_i = ES_{i-j}$$

节点最迟必须时间等于该节点前面工作最迟必须结束的时间即：

$$LT_i = LF_{h-i}$$

5）节点时间参数与工作时差的关系

（1）节点时间参数与工作总时差的关系。根据总时差的含义以及节点时间参数与工序时间参数的关系，可以推导出用两个节点时间参数表达工作总时差的公式为：

$$TF_{i-j} = LT_j - ET_i - D_{i-j} \tag{3-9}$$

具体推导过程为：

$$TF_{i-j} = LF_{i-j} - EF_{i-j} = LT_j - ES_{i-j} - D_{i-j} = LT_j - ET_i - D_{i-j}$$

该公式说明，任一工序 $i-j$ 的总时差都等于该工作结束节点 j 的最迟时间减去开始节点 i 的最早时间，再减去本工作的持续时间。

（2）节点时间参数与工作自由时差的关系。根据自由时差的含义以及节点时间参数与工序时间参数的关系，可以推导出用两个节点时间参数表达工作自由时差的公式为：

$$FF_{i-j} = ET_j - ET_i - D_{i-j} \tag{3-10}$$

具体推导过程为：

$$FF_{i-j} = ES_{j-k} - EF_{i-j} = ET_j - ES_{i-j} - D_{i-j} = ET_j - ET_i - D_{i-j}$$

该公式说明，任一工序 $i-j$ 的自由时差都等于该工作结束节点 j 的最早时间减去开始节点 i 的最早时间，再减去本工作的持续时间。

比较总时差与自由时差的计算公式不难看出，一项工作的总时差与自由时差的差值就等于该工作的结束节点的最迟时间与最早时间的差值即：

$$TF_{i-j} - FF_{i-j} = LT_j - ET_i - D_{i-j} - (ET_j - ET_i - D_{i-j}) = LT_j - ET_j \tag{3-11}$$

根据这一理论，一方面可以简化时间参数的计算过程，另一方面，还可以对已经计算的总时差和自由时差进行检查。该理论可以详细表述为：当某一工作的结束节点的最早时间与最迟时间相等时，该工作的总时差和自由时差一定相等。

6）节点时间参数计算

（1）分析计算法。是根据节点时间参数的意义及其计算公式，分别列公式计算时间参数的方法。下面以图 3.27 为例加以说明分析计算法的方法和步骤。

① 计算节点的最早时间。根据前面节点的最早可能时间计算公式，可以看出，在计算时，首先计算开始节点的最早可能时间，然后从左到右依次进行计算。各节点计算过程及结果如下：

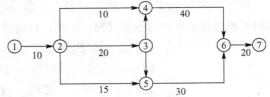

图 3.27 双代号网络图

$$ET_1=0$$
$$ET_2=ET_1+D_{1-2}=0+10=10$$
$$ET_3=ET_2+D_{2-3}=10+20=30$$
$$ET_4=\max(ET_3+D_{3-4},\ ET_2+D_{2-4})=\max(30+0,\ 10+10)=\max(30,\ 20)=30$$
$$ET_5=\max(ET_3+D_{3-5},\ ET_2+D_{2-5})=\max(30+0,\ 10+15)=\max(30,\ 25)=30$$
$$ET_6=\max(ET_4+D_{4-6},\ ET_5+D_{5-6})=\max(30+40,\ 30+30)=\max(70,\ 60)=70$$
$$ET_7=ET_6+D_{6-7}=70+20=90$$

② 确定网络计划的计算工期 T_C。

网络计划的计算工期就等于终点节点的最迟时间，即

$$T_C=ET_7=90$$

③ 计算节点的最迟时间。

理论上计算时，往往规定网络计划的计算工期就等于计划工期，因此，计算时，根据前面公式，首先计算结束节点的最迟时间，然后，从右向左，依次计算，结果如下：

$$LT_7=T_C=90$$
$$LT_6=LT_7-D_{6-7}=90-20=70$$
$$LT_4=LT_6-D_{4-6}=70-40=30$$
$$LT_5=LT_6-D_{5-6}=70-30=40$$
$$LT_3=\min(LT_4-D_{3-4},\ LT_5-D_{3-5})=\min(30-0,\ 40-0)=30$$
$$LT_2=\min(LT_4-D_{2-4},\ LT_5-D_{2-5},\ LT_3-D_{2-3})=\min(30-10,\ 40-15,\ 30-20)$$
$$=\min(20,\ 25,\ 10)=10$$
$$LT_1=LT_2-D_{1-2}=10-10=0$$

④ 计算工作总时差。

因为 $TF_{i-j}=LT_j-ET_i-D_{i-j}$，所以各工作总时差计算如下：

$$TF_{1-2}=LT_2-ET_1-D_{1-2}=10-0-10=0$$
$$TF_{2-4}=LT_4-ET_2-D_{2-4}=30-10-10=10$$
$$TF_{2-3}=LT_3-ET_2-D_{2-3}=30-10-20=0$$
$$TF_{2-5}=LT_5-ET_2-D_{2-5}=40-10-15=15$$
$$TF_{3-4}=LT_4-ET_3-D_{3-4}=30-0-30=0$$
$$TF_{3-5}=LT_5-ET_3-D_{3-5}=40-30-0=10$$
$$TF_{4-6}=LT_6-ET_4-D_{4-6}=70-30-40=0$$
$$TF_{5-6}=LT_6-ET_5-D_{5-6}=70-30-30=10$$
$$TF_{6-7}=LT_7-ET_6-D_{6-7}=90-70-20=0$$

$$TF_{1-2}=LT_2-ET_i-D_{1-2}=10-10-=0$$

⑤ 计算工作的自由时差。

因为：$FF_{i-j}=ET_j-ET_i-D_{i-j}$，即每项工作的自由时差都等于该工作的结束节点的最早时间减去开始节点的最早时间，因此，自由时差过程和结果如下：

$$FF_{1-2}=ET_2-ET_1-D_{1-2}=10-0-10=0$$
$$FF_{2-4}=ET_4-ET_2-D_{2-4}=30-10-10=10$$
$$FF_{2-3}=ET_3-ET_2-D_{2-3}=30-10-20=0$$
$$FF_{2-5}=ET_5-ET_2-D_{2-5}=30-10-15=5$$
$$FF_{3-4}=ET_4-ET_3-D_{3-4}=30-30-0=0$$
$$FF_{3-5}=ET_5-ET_3-D_{3-5}=30-30-0=0$$
$$FF_{4-6}=ET_6-ET_4-D_{4-6}=70-30-40=0$$
$$FF_{5-6}=ET_6-ET_5-D_{5-6}=70-30-30=10$$
$$FF_{6-7}=ET_7-ET_6-D_{6-7}=90-70-20=0$$

⑥ 确定关键工作和关键线路。

确定的方法与工序法计算时间参数确定关键线路的方法是一样的。即在计算时，假设 $T_P=T_C$，因此，最长的关键线路上不存在任何机动时间，即 $TF_{i-j}=0$ 的工作为关键工作。如果 $T_P\neq T_C$，则该网络计划中，总时差最小的工作就为关键工作。

在图 3.27 所示的网络图中，关键线路为：①→②→③→④→⑥→⑦，关键工作为：①→②、②→③、③→④、④→⑥、⑥→⑦五项工作。

注意：关键节点的特性。

在双代号网络计划中，当计划工期等于计算工期时，关键节点具有以下一些特性，掌握好这些特性，有助于确定工作的时间参数。

a. 开始节点和完成节点均为关键节点的工作，不一定是关键工作。

b. 以关键节点为完成节点的工作，其总时差和自由时差必然相等。

c. 当两个关键节点间有多项工作，且工作间的非关键节点无其他内向箭线和外向箭线时，则两个关键节点间各项工作的总时差均相等。在这些工作中，除以关键节点为完成的节点的工作自由时差等于总时差外，其余工作的自由时差均为零。

d. 当两个关键节点间有多项工作，且工作间的非关键节点有外向箭线而无其他内向箭线时，则两个关键节点间各项工作的总时差不一定相等。在这些工作中，除以关键节点为完成的节点的工作自由时差等于总时差外，其余工作的自由时差均为零。

（2）图上计算法。图上计算法的原理和步骤与分析计算法相同，它是在网络图上直接进行计算的一种方法。此方法将分析计算法的过程省略不写，直接将计算所得的时间参数填入图中相应的位置上。

引用图 3.23 双代号网络计划，利用节点计算法中的公式，采用图上计算法中的二时标注法来计算，并把结果填入网络图中，就得出如图 3.28 所示。

3. 节点标号法

节点标号法是一种快速寻求网络计划计算工期和关键线路的方法。它利用按节点计算法的基本原理，对网络计划中的每一个节点进行标号，然后利用标号值确定网络计划的计算工期和关键线路。

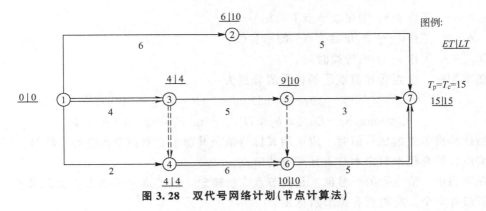

图 3.28 双代号网络计划(节点计算法)

即：从网络计划起点节点开始，自左向右对每个节点进行最早时间计算，将计算数值和确定该数值的紧前工序的节点编号，标注在相应节点位置上的括号内；从网络计划终点节点开始，自右向左按括号内节点依次向左寻求出关键线路；网络计划终点节点的标号值即为网络计划的计算工期。

节点标号法的具体确定方法与步骤如下。

(1) 首先计算网络计划的起始节点最早时间，设网络计划的起始节点①的最早可能时间为零，即 $b_1=0$，将零标注于始节点的上方。

(2) 计算中间任意节点 i 的标号值，即计算节点 i 的最早可能时间，将结果标注于节点上方括号内，任意中间节点的最早可能时间都等于该节点所有内向工作(即该节点前面所有的紧前工作)的开始节点 h 的标号值 b_h 与该工作的持续时间 D_{H-I} 的最大值，即：

$$b_h=\max(b_h+D_{h-i})$$

(3) 从右到左或从终节点向始节点，依次根据节点上的标号找出一条或多条线路即为关键线路，用双箭杆或粗实线标明。

下面仍以图 3.23 所示网络计划为例，说明节点标号法的计算过程。其计算结果如图 3.29 所示。

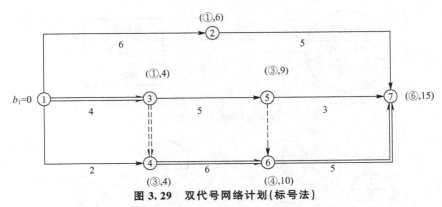

图 3.29 双代号网络计划(标号法)

① 网络计划起点节点的标号值为零。在本例中，节点①的标号值为零，即：

$$b_1=0$$

② 其他节点的标号值应根据公式(3-25)按节点编号从小到大的顺序逐个进行计算：

$$b_j=\max\{b_i+D_{i-j}\}$$

式中：b_j——工作 $i-j$ 的完成节点 j 的标号值；

$\quad\quad\quad b_i$——工作 $i-j$ 的开始节点 i 的标号值；

$\quad D_{i-j}$——工作 $i-j$ 的持续时间。

在本例中，节点③和节点④的标号值分别为：

$$b_3 = b_1 + D_{1-3} = 0 + 4 = 4$$

$$b_4 = \max\{b_1 + D_{1-4}, b_3 + D_{3-4}\} = \max\{0+2, 4+0\} = 4$$

当计算出节点的标号值后，应该用其标号值及其源节点对该节点进行双标号。所谓源节点，就是用来确定本节点标号值的节点。

在本例中，节点④的标号值 4 是由节点③所确定，故节点④的源节点就是节点③。如果源节点有多个，应将所有源节点标出。

③ 网络计划的计算工期就是网络计划终点节点的标号值。

在本例中，其计算工期就等于终点节点⑦的标号值 15。

④ 关键线路应从网络计划的终点节点开始，逆着箭线方向按源节点确定。

在本例中，从终点节点⑦开始，逆着箭线方向按源节点可以找出关键线路为①→③→④→⑥→⑦。

3.3 单代号网络图

单代号网络图是网络计划的另外一种表示方法，也是由节点、箭线和线路组成，但是，构成单代号网络图的基本符号的含义与双代号网络图不尽相同，它是用一个圆圈或方框代表一项工作，将工作的代号、工作名称、工作的持续时间写在圆圈或方框之内，箭线仅用来表示工作之间的逻辑关系和先后顺序，这种表示方法通常称为单代号的表示方法，如图 3.30(a)所示。用这种表示方法把一项计划中的工作按先后顺序和逻辑关系，从左到右绘制而成的图形，就叫做单代号网络图；用单代号网络图表示的计划叫做单代号网络计划，如图 3.30(b)所示。

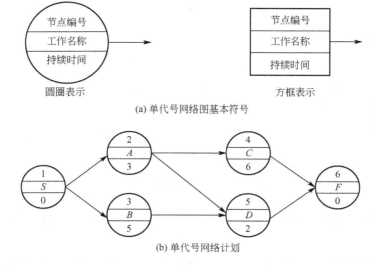

(a) 单代号网络图基本符号

(b) 单代号网络计划

图 3.30　单代号网络图

单代号网络图与双代号网络图特点比较如下。

（1）单代号网络图具有绘制简便，逻辑关系明确，并且表示逻辑关系时，可以不借助虚箭杆，因而绘制较双代号网络图简单。

（2）单代号网络图具有便于说明，容易被非专业人员所理解和易于修改修改优点。这对于推广和应用网络计划编制进度计划，进行全面管理是有益的。

（3）单代号网络图在表达进度计划时，不如双代号网络计划更形象，特别是在应用带有时间坐标的网络计划中。

（4）双代号网络图在应用电子计算机进行计算和优化过程更为简便，这是因为在双代号网络图中，用两个代号表示一项工作，可以直接反映紧前工作和紧后工作的关系。而单代号网络图就必须按工作列出紧前、紧后工作关系，这在计算机中，需要更多的存储单元。

由于单代号网络图和双代号网络图具有各自的优缺点，因此，不同情况下，其表现的繁简程度也不相同。

目前，单代号网络计划应用不是很广。今后，随着计算机在网络计划中的应用不断扩大，国内外对单代号网络计划会逐渐重视起来。这里，对单代号网络计划只进行简要介绍。

3.3.1 单代号网络图的基本要素

单代号网络图是由箭线、节点、线路3个基本要素组成。

1. 箭线

单代号网络图中，箭线表示紧邻工作之间的逻辑关系，工作间的逻辑关系包括工艺关系和组织关系，在网络图中均表现为工作之间的先后顺序。既不消耗时间，也不消耗资源，同双代号网络计划中虚箭线的含义。箭线的形状和方向可根据绘图需要而定，但箭线不可以为曲线，尽可能为水平或水平构成的折线，也可以是斜线。箭线水平投影的方向应自左向右，表示工作的行进方向。

2. 节点

单代号网络图中，每一个节点表示一项工作，宜用圆圈或矩形框表示。节点所表示的工作名称、持续时间和工作的代号等都应标注在节点内。节点既消耗时间，又消耗资源，同双代号网络计划中实箭线的含义。

3. 线路

单代号网络图的线路同双代号网络图的线路的含义是相同的。即从网络计划的起始节点到结束节点之间的若干条通道。各条线路应用该线路上的节点编号自小到大依次描述。

从网络计划的起始节点到结束节点之间持续时间最长的线路叫关键线路，其余线路统称为非关键线路。

3.3.2 单代号网络图的绘制方法

1. 正确表达各种逻辑关系

单代号网络图在绘制过程中，首先也要正确表达逻辑关系。

根据工程计划中，各工作在工艺上、组织上的先后顺序和逻辑关系，用单代号表达方式正确表达出来，见表3-6。

表3-6　单代号网络图逻辑关系

序号	工作之间的逻辑关系	单代号网络图中的表示方法
1	A 完成后进行 B	
2	A、B、C 同时进行	
3	A、B、C 同时结束	
4	A、B 均完成后进行 C	
5	A、B 均完成后进行 C、D	
6	A 完成后进行 C、B	
7	A 完成后进行 C、D，A、B 均完成后进行 D	

2. 单代号网络图的绘图规则

由于单代号网络图和双代号网络图所表达的计划内容是一致的，两者的区别仅在于绘图符号的不同或者说工作的表示方法不同而已。因此，绘制双代号网络图所遵循的绘图规则，对绘制单代号网络图同样适用。例如，必须正确表达各项工作间的逻辑关系；不允许出现循环回路；不允许出现编号相同的工作；不允许出现双向箭线或没有箭头的箭线；网络图只允许有一个起点节点和一个终点节点等。有所不同的是，当有多项开始和多项结束工作时，应在单代号网络图的两端分别设置一项虚工作，作为网络图的起点节点和终点节点，其他再无任何虚工作，如图3.30(b)中的开始节点就是一项虚工作。

具体绘制规则如下。

(1) 单代号网络图必须正确表述已定的逻辑关系。

(2) 单代号网络图中，严禁出现循环线路。

(3) 单代号网络图中，严禁出现双向箭头或无箭头的连线。

(4) 单代号网络图中，严禁出现没有箭尾节点的箭线和没有箭头节点的箭线。

(5) 绘制网络图时，箭线不宜交叉。当交叉不可避免时，可采用过桥法和指向法绘制。

（6）单代号网络图只应有一个起点节点和一个终点节点；当网络图中有多项起点节点或多项终点节点时，应在网络图的两端分别设置一项虚工作，作为该网络图的起点节点（S_t）和终点节点（F_{in}）。

3. 单代号网络图绘图示例

绘制单代号网络图比绘制双代号网络图容易得多，这里仅举一例说明单代号网络图的绘制方法。

【例 3.5】 已知各工作之间的逻辑关系见表 3-7，绘制单代号网络图的过程如图 3.31所示。

表 3-7　工作逻辑关系表

工作	A	B	C	D	E	G	H	I
紧前工作					A、B	B、C、D	C、D	E、G、H

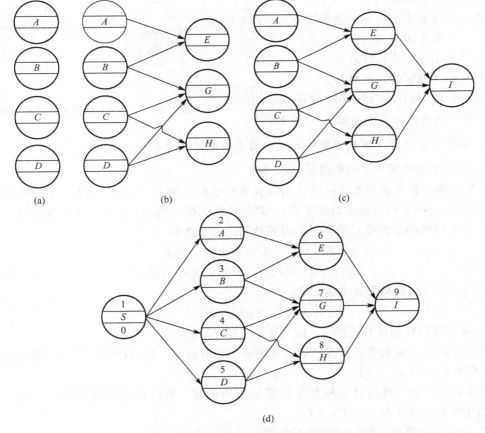

图 3.31　例 3.5 绘图过程

3.3.3　单代号网络图时间参数的计算

单代号网络计划时间参数的含义和计算原理与双代号网络计划相同。但由于单代号网络图是用节点表示工作，箭杆只表示工作间的逻辑关系，因此，计算时间参数时，并不像双代号网络图那样，要区分节点时间和工序时间。在单代号网络计划中，除标注出各项工作的六个时间参数外，还要在箭杆上方标注出相邻两个工作的时间间隔。时间间隔就是一项工作的最早完成时间与其紧后工作最早开始时间之间存在的差值，用 $LAG_{i,j}$ 表示。

单代号网络计划时间参数总共有六个，其内容包括：工作最早开始时间、工作最早完成时间、工作最迟完成时间、工作最迟开始时间、工作总时差、工作自由时差

单代号网络计划时间参数计算方法有：分析计算法、图上计算法、表上计算法、矩阵计算法等，这里只介绍前两种方法。

1. 单代号时间参数常用符号

D_i——工作 i 的持续时间。

ES_i——工作 i 的最早开始时间。

EF_i——工作 i 的最早结束时间。

LS_i——在总工期以确定的情况下，工作 i 的最迟开始时间。

LF_i——在总工期以确定的情况下，工作 i 的最迟完成时间。

TF_i——工作 i 的总时差。

FF_i——工作 i 的自由时差。

$LAG_{i,j}$——相邻两项工作 i 和 j 之间的时间间隔。

其时间参数的标注方法如图 3.32 所示。

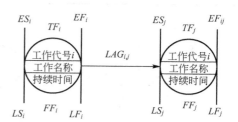

图 3.32 单代号网络图时间参数的标注

2. 分析计算法计算单代号网络计划时间参数的计算步骤

1）计算工作的最早开始和最早完成时间

计算之前，首先假定整个网络计划的最早开始时间为 0，然后，从左到右递推计算除起始节点外（起始节点为虚设的虚工作），其他任意工作 i 的最早开始时间，都等于它紧前工作 h 最早结束的最大值。最早开始时间计算公式表达如下：

$$ES_1 = 0 \quad （1 \text{ 节点为起始节点}） \qquad (3-12)$$

$$ES_i = \max(EF_h) \quad （i \text{ 节点为中间节点}） \qquad (3-13)$$

最早结束时间计算公式表达如下：

$$EF_1 = ES_i + D_i \qquad (3-14)$$

2）确定网络计划计算工期 T_C 以及计划工期 T_P

网络计划中，结束节点所表示的工作的最早完成时间，就是网络计划的计算工期，若 n 为终点节点，则 $T_C = EF_n$。

网络计划计划工期的确定按照下列情况分别确定：当已规定要求工期 T_r 时，$T_P \leqslant T_r$；当未规定要求工期时，$T_P = T_c$。

3）计算相邻两项工作的时间间隔 $LAG_{i,j}$

相邻两项工作的时间间隔 $LAG_{i,j}$ 的计算应符合下列规定。

第一：当终点节点为虚拟节点时，其时间间隔应为 $LAG_{i,n} = T_P - EF_i$。 $\qquad (3-15)$

第二：其他节点之间的时间间隔应为 $LAG_{i,j} = ES_j - EF_i$。 $\qquad (3-16)$

即工作 i 与其紧后工作的 j 的时间间隔就等于紧后工作的 j 的最早开始时间减去工作 i 的最早完成时间。

4）计算工作的总时差

计算工作总时差应符合下列规定。

第一：工作 i 的总时差 TF_i 应从网络计划的终点节点开始，逆着箭线方向依次逐项计算。

第二：终点节点所代表工作 n 的总时差 TF_n 值应为：

$$TF_n = T_P - EF_n \tag{3-17}$$

第三：其他工作总时差 TF_i 应为：

$$TF_i = \min\{TF_j + LAG_{i,j}\} \tag{3-18}$$

5）计算工作自由时差

计算工作自由时差 FF_i 应符合下列规定。

第一：终点节点所代表工作 n 的自由时差 FF_n 值应为：

$$FF_n = T_P - EF_n \tag{3-19}$$

即，若无紧后工作，工作的自由时差就等于计划工期减去该工作最早完成的时间

第二：其他工作自由时差 FF_i 应为：

$$FF_i = \min(ES_j - EF_i) = \min\{LAG_{i,j}\} \tag{3-20}$$

即若有紧后工作，工作的自由时差就等于紧后工作的 j 的最早开始时间，减去工作 i 的最早完成时间的最小值。

与双代号网络计划时间参数一样，自由时差仍为总时差的一部分，总时差为零，自由时差必然为零。

6）计算工作的最迟结束和最迟开始时间

工作 i 的最迟完成时间应从网络计划终点节点开始，逆着箭线方向依次逐项计算。

计算公式如下：

$$LF_n = T_C = T_P \quad （n \text{ 为结束节点，当计划工期等于计算工期时}） \tag{3-21}$$
$$LF_n = T_R = T_P \quad （n \text{ 为结束节点，当有要求工期且为计划工期时}） \tag{3-22}$$
$$LF_i = \min(LS_j) \quad （i \text{ 为中间节点表示的工作}） \tag{3-23}$$

有最迟结束时间，则工作的最迟开始时间就等于该工作的最迟结束时间减去它的持续时间，因此，计算公式为：

$$LS_i = LF_i - D_i \tag{3-24}$$

7）关键工作及关键线路的判定

总时差为最小的工作应为关键工作。从起点节点开始到终点节点均为关键工作，且所有工作的时间间隔均为零的线路应为关键线路。该线路在网络图上应用粗线、双线或彩色线标注。

3. 分析计算法计算单代号网络计划时间参数示例

下面以图 3.33 所示单代号网络计划为例，说明其时间参数的计算过程。计算结果如图 3.34 所示。

第一步：计算工作的最早开始时间和最早完成时间。

工作最早开始时间和最早完成时间的计算应从网络计划的起点节点开始，顺着箭线方向按节点编号从小到大的顺序依次进行。其计算步骤如下。

（1）网络计划起点节点所代表的工作，其最早开始时间未规定时取值为零。比如在本

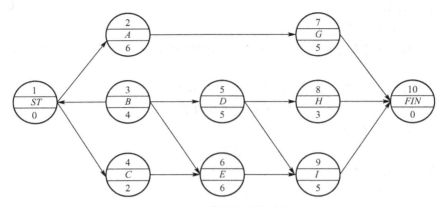

图 3.33 单代号网络计划

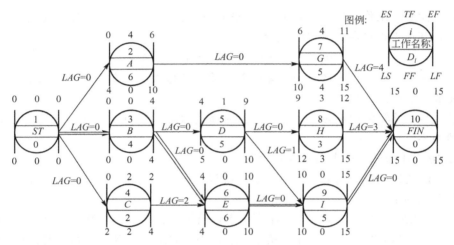

图 3.34 单代号网络计划(图上计算法)

例中，起点节点 ST 所代表的工作(虚拟工作)的最早开始时间为零，即：

$$ES_1 = 0$$

（2）工作的最早完成时间应等于本工作的最早开始时间与其持续时间之和，即：

$$EF_i = ES_i + D_i$$

式中：EF_i——工作 i 的最早完成时间；

ES_i——工作 i 的最早开始时间；

D_i——工作 i 的持续时间。

例如，在本例中，虚拟工作 ST 和工作 A 的最早完成时间分别为：

$$EF_1 = ES_1 + D_1 = 0 + 0 = 0$$

$$EF_2 = ES_2 + D_2 = 0 + 6 = 6$$

（3）其他工作的最早开始时间应等于其紧前工作最早完成时间的最大值，即：

$$ES_j = \max\{EF_i\}$$

式中：ES_j——工作 J 的最早开始时间；

EF_i——工作 j 的紧前工作 i 的最早完成时间。

比如在本例中，工作 E 和工作 G 的最早开始时间分别为：

$$ES_6 = \max\{EF_3, EF_4\} = \max\{4, 2\} = 4$$

$$ES_7 = EF_2 = 6$$

（4）网络计划的计算工期等于其终点节点所代表的工作的最早完成时间。比如在本例中，其计算工期为：

$$T_c = EF_{10} = 15$$

第二步：计算相邻两项工作之间的时间间隔。

相邻两项工作之间的时间间隔是指其紧后工作的最早开始时间与本工作最早完成时间的差值，即：

$$LAG_{i,j} = ES_j - EF_i$$

式中：$LAG_{i,j}$——工作 i 与其紧后工作 j 之间的时间间隔；

$\qquad ES_j$——工作 i 的紧后工作 j 的最早开始时间；

$\qquad EF_i$——工作 i 的最早完成时间。

比如在本例中，工作 A 与工作 G、工作 C 与工作 E 的时间间隔分别为：

$$LAG_{2,7} = ES_7 - EF_2 = 6 - 6 = 0$$

$$LAG_{4,6} = ES_6 - EF_4 = 4 - 2 = 2$$

第三步：确定网络计划的计划工期。

网络计划的计划工期，在本例中，假设未规定要求工期，则其计划工期就等于计算工期，即：

$$T_p = T_c = 15$$

第四步：计算工作的总时差。

工作总时差的计算应从网络计划的终点节点开始，逆着箭线方向按节点编号从大到小的顺序依次进行。

（1）网络计划终点节点 n 所代表的工作的总时差应等于计划工期与计算工期之差，即：

$$TF_n = T_p - T_c$$

当计划工期等于计算工期时，该工作的总时差为零。比如在本例中，终点节点⑩所代表的工作 FIN（虚拟工作）的总时差为：

$$TF_{10} = T_p - T_c = 15 - 15 = 0$$

（2）其他工作的总时差应等于本工作与其各紧后工作之间的时间间隔加该紧后工作的总时差所得之和的最小值，即：

$$TF_i = \min\{LAG_{i,j} + TF_j\}$$

式中：TF_i——工作 i 的总时差；

$LAG_{i,j}$——工作 i 与其紧后工作 j 之间的时间间隔；

TF_j——工作 i 的紧后工作 j 的总时差。

比如在本例中，工作 H 和工作 D 的总时差分别为：

$$TF_8 = LAG_{8,10} + TF_{10} = 3 + 0 = 3$$

$$TF_5 = \min\{LAG_{5,8} + TF_8, LAG_{5,9} + TF_9\} = \min\{0 + 3, 1 + 0\} = 1$$

第五步：计算工作的自由时差。

（1）网络计划终点节点 n 所代表的工作的自由时差等于计划工期与本工作的最早完成

时间之差，即：

$$FF_n = T_p - EF_n$$

式中：FF_n——终点节点 n 所代表的工作的自由时差；

$\quad\quad T_p$——网络计划的计划工期；

$\quad\quad EF_n$——终点节点 n 所代表的工作的最早完成时间（即计算工期）。

比如在本例中，终点节点⑩所代表的工作 FIN（虚拟工作）的自由时差为：

$$FF_{10} = T_p - EF_{10} = 15 - 15 = 0$$

（2）其他工作的自由时差等于本工作与其紧后工作之间时间间隔的最小值，即：

$$FF_i = \min\{LAG_{i,j}\}$$

比如在本例中，工作 D 和工作 G 的自由时差分别为：

$$FF_5 = \min\{LAG_{5,8}, LAG_{5,9}\} = \min\{0, 1\} = 0$$

$$FF_7 = LAG_{7,10} = 4$$

第六步：计算工作的最迟完成时间和最迟开始时间。

工作的最迟完成时间和最迟开始时间的计算可按以下两种方法进行：

1. 根据总时差计算

（1）工作的最迟完成时间等于本工作的最早完成时间与其总时差之和，即：

$$LF_i = EF_i + TF_i$$

比如在本例中，工作 D 和工作 G 的最迟完成时间分别为：

$$LF_5 = EF_5 + TF_5 = 9 + 1 = 10$$

$$LF_7 = EF_7 + TF_7 + 11 + 4 = 15$$

（2）工作的最迟开始时间等于本工作的最早开始时间与其总时差之和，即：

$$LS_i = ES_i + TF_i$$

比如在本例中，工作 D 和工作 G 的最迟开始时间分别为：

$$LS_5 = ES_5 + TF_5 = 4 + 1 = 5$$

$$LS_7 = ES_7 + TF_7 = 6 + 4 = 10$$

2. 根据计划工期计算

工作最迟完成时间和最迟开始时间的计算应从网络计划的终点节点开始，逆着箭线方向按节点编号从大到小的顺序依次进行。

（1）网络计划终点节点 n 所代表的工作的最迟完成时间等于该网络计划的计划工期，即：

$$LF_n = T_p$$

比如在本例中，终点节点⑩所代表的工作 FIN（虚拟工作）的最迟完成时间为：

$$LF_{10} = T_p = 15$$

（2）工作的最迟开始时间等于本工作的最迟完成时间与其持续时间之差，即：

$$LS_i = LF_i - D_i$$

比如在本例中，虚拟工作 FIN 和工作 G 的最迟开始时间分别为：

$$LS_{10} = LF_{10} - D_{10} = 15 - 0 = 15$$

$$LS_7 = LF_7 - D_7 = 15 - 5 = 10$$

（3）其他工作的最迟完成时间等于该工作各紧后工作最迟开始时间的最小值，即：

$$LF_i = \min\{LS_j\}$$

式中：LF_i——工作 i 的最迟完成时间；

LS_j——工作 i 的紧后工作 j 的最迟开始时间。

比如在本例中，工作 H 和工作 D 的最迟完成时间分别为：

$$LF_8 = LS_{10} = 15$$
$$LF_5 = \min\{LS_8，LS_9\}$$
$$= \min\{12，10\}$$
$$= 10$$

第七步：确定网络计划的关键线路。

（1）利用关键工作确定关键线路。如前所述，总时差最小的工作为关键工作。将这些关键工作相连，并保证相邻两项关键工作之间的时间间隔为零而构成的线路就是关键线路。

比如在本例中，由于工作 B、工作 E 和工作 J 的总时差均为零，故它们为关键工作。由网络计划的起点节点①和终点节点⑩与上述三项关键工作组成的线路上，相邻两项工作之间的时间间隔全部为零，故线路①→③→⑥→⑨→⑩为关键线路。

（2）利用相邻两项工作之间的时间间隔确定关键线路。从网络计划的终点节点开始，逆着箭线方向依次找出相邻两项工作之间时间间隔为零的线路就是关键线路。例如在本例中，逆着箭线方向可以直接找出关键线路①→③→⑥→⑨→⑩，因为在这条线路上，相邻两项工作之间的时间间隔均为零。

3.4 网络计划技术的应用

网络计划的应用根据工程对象不同可分为：分部工程网络计划；单位工程网络计划；群体工程网络计划。若根据综合应用原理不同，则可分为：时间坐标网络计划；单代号搭接网络计划；流水网络计划。

3.4.1 网络计划在不同工程对象中的应用

无论是分部工程或单位工程以及群体工程网络计划，其编制步骤如下。

（1）确定施工方案或施工方法。

（2）划分施工过程或单项工程。

（3）计算各施工过程或单项工程的劳动量、持续时间、机械台班。

（4）绘制网络图并调整。

（5）计算时间参数及优化。

1. 分部工程网络计划

在编制分部工程网络计划时，既要考虑各施工过程之间的工艺关系，又要考虑组织施工中它们之间的组织关系。只有考虑这些逻辑关系后，才能构成正确的施工网络计划。

2. 单位工程网络计划

编制单位工程网络计划时，首先，熟悉图纸，对工程对象进行分析了解建设要求和现场施工条件，选择施工方案，确定合理的施工顺序和主要施工方法，根据各施工过程之间的逻辑关系，绘制网络图；其次，分析各施工过程在网络图中的地位，通过计算时间参数，确定关键施工过程、关键线路和非关键工作的机动时间；最后，统筹考虑，调整计划，制订出最优的计划方案。

3.4.2 综合应用网络计划

1. 时标网络计划

1）概念

时标网络计划是指以时间坐标为尺度编制的网络计划。它综合应用横道图的时间坐标和网络计划的原理，吸取了两者长处，使其结合起来应用的一种网络计划方法。时间坐标的网络计划简称时标网络计划。前面讲到的是无时标网络，在无时标网络图中，工作持续时间由箭线下方标注的数字表明，而与箭线的长短无关。无坐标网络计划更改比较方便，但是由于没有时间坐标，看起来不直观、明了，现场指导施工不方便，不能一目了然地在图上直接看出各项工作的开始和结束时间以及工期。

2）时标网络计划的特点

① 时标网络计划中，箭线的水平投影长度直接代表该工作的持续时间。

② 时标网络计划中，可以直接显示各施工过程的开始时间、结束时间与计算工期等时间参数。

③ 在时标网络计划中，不容易发生闭合回路的错误。

④ 可以直接在时标网络计划的下方绘制资源动态曲线，从而进行劳动力、材料、机具等资源需要量。

⑤ 由于箭线长度受时间坐标的限制，因此，修改和调整不如无时标网络计划方便。

3）双代号时标网络计划绘制一般规定

① 双代号时标网络计划必须以水平时间坐标为尺度表示工作时间，时标时间单位应根据需要在编制网络计划之前确定，可以为时、天、周、月或季。

② 时标网络计划应以实箭线表示工作，以虚箭线表示虚工作，以波形线表示工作自由时差。

③ 时标网络计划中所有符号在时间坐标上的水平投影位置，都必须与其时间参数相对应。节点中心必须对准相应的时标位置。虚工作必须以垂直方向的虚箭线表示，有自由时差时加波形线表示。

2. 时标网络计划的分类和绘制方法

1）时标网络计划

根据节点参数的意义不同，可以分为早时标网络计划（将计划按最早时间绘制的网络计划）和迟时标网络计划（将计划按最迟时间绘制的网络计划）两种如图 3.35 和 3.36 所示。一般情况下，应按最早时间绘制。这样，可以使节点和虚工作尽量向左靠。

2）时标网络计划绘制方法

时标网络计划绘制方法有间接绘制法和直接绘制法两种。

（1）间接绘制法绘制时标网络计划。是先计算网络计划中节点的时间参数，然后根据时间参数，按草图在时间坐标上进行绘制的方法。按早时间绘制时标网络计划的方法和步

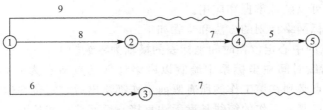

图 3.35 早时标网络图

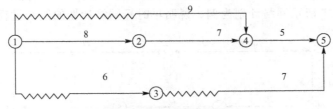

图 3.36 迟时标网络图

骤如下。

① 绘制无时标网络计划草图，计算节点最早可能时间 T_i，从而确定网络计划的计算工期 T_C。

② 根据计算工期 T_C，选定时间单位绘制坐标轴。时标可标注在时标网络图的顶部或底部，时标的长度单位必须注明。

③ 根据网络图中各节点的最早时间(也就是各节点后面工作的最早开始时间)，从起点节点开始将各节点按照节点最早可能时间，逐个定位在时间坐标的纵轴上。

④ 依次在各节点后面绘出箭线。

绘制时，应先画关键工作、关键线路，然后再画非关键工作。将箭线尽可能画成水平或水平竖直构成的折线，箭线的水平投影长度代表该工作的持续时间；如箭线画成斜线，则以其水平投影长度为其持续时间。如箭线长度不够与该工作的结束节点直接相连，则其余部分用水平波形线从箭线端部画至结束节点处。波形线的水平投影长度，代表为该工作的自由时差。

⑤ 用虚箭线连接原双代号网络图中节点间的虚箭杆。虚工作必须以垂直方向的虚箭线表示，有自由时差时加波形线表示。

⑥ 把时差为零的箭线从起点节点到终点节点连接起来，并用粗线或双箭线或彩色箭线表示，即形成时标网络计划的关键线路。

注意：时标网络计划中，从始节点到终节点不存在波形线路就是关键线路。

间接绘制法绘制迟时标网络计划的方法和步骤与绘制早时标网络计划的方法和步骤基本一致，稍有不同的是：绘制迟时标网络计划时，计算节点时间参数，不仅计算节点最早时间，而且，还要计算节点最迟时间；节点在时间坐标中的位置是按照节点最迟时间来标注的；在迟时标网络计划中，水平波线代表存在机动时间，但并不代表工作自由时差。

（2）直接法绘制时标网络计划。是不计算网络计划的时间参数，直接按草图在时间坐标上进行绘制的方法。该种方法应是在熟悉间接绘制法的基础上，对于时标网络计划有了较深理解之后，才可以熟练掌握和应用。

直接法绘制时标网络计划的方法和步骤如下。

① 将起点节点的中心定位在时间坐标表的横轴为零纵轴上。

② 按工作的持续时间在坐标系中绘制以网络计划起点节点为开始节点的工作箭杆。其他工作的开始节点必须在该工作的所有紧前工作都绘出后，定位在这些紧前工作最后完工的时间刻度线上；某些工作的箭线长度无法直接与后面节点相连时，用波形线补足，箭头画在波形线与节点相连处。

③ 用上述方法自左向右依次确定各节点位置，直至网络计划终点节点定位为止。网络计划的终点节点是在无紧后工序的工作全部绘出后，定位在最晚完成的时标纵轴上。

下面如图 3.37 所示网络计划为例，说明早时标网络计划的绘制过程。

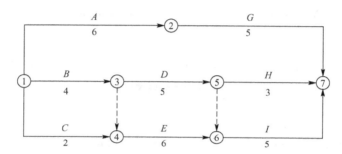

图 3.37　双代号网络图

① 将网络计划的起点节点定位在时标网络计划表的起始刻度线上。如图 3.38 所示节点①就是定位在时标网络计划表的起始刻度线"0"位置上。

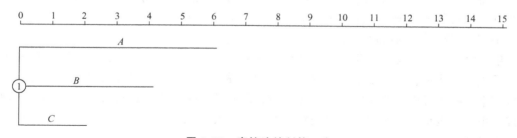

图 3.38　直接法绘制第一步

② 按工作的持续时间绘制以网络计划起点节点为开始节点的工作箭线。如图 3.38 所示分别绘出工作箭线 A、B 和 C。

③ 除网络计划的起点节点外，其他节点必须在所有以该节点为完成节点的工作箭线均绘出后，定位在这些工作箭线中最迟的箭线末端。当某些工作箭线的长度不足以到达该节点时，须用波形线补足，箭头画在与该节点的连接处。比如在本例中，节点②直接定位在工作箭线 A 的末端；节点③直接定位在工作箭线 B 的末端；节点④的位置需要在绘出虚箭线3—4 之后，定位在工作箭线 C 和虚箭线 3—4 中最迟的箭线末端，即坐标"4"的位置上。此时，工作箭线 C 的长度不足以到达节点④，因而用波形线补足，如图 3.39 所示。

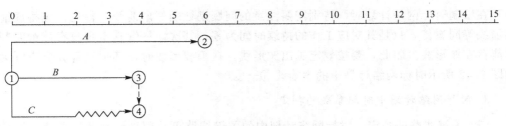

图 3.39　直接法绘制第二步

④ 当某个节点的位置确定之后，即可绘制以该节点为开始节点的工作箭线。比如在本例中，在图 3.38 基础之上，可以分别以节点②、节点③和节点④为开始节点绘制工作箭线 G、工作箭线 D 和工作箭线 E，如图 3.40 所示。

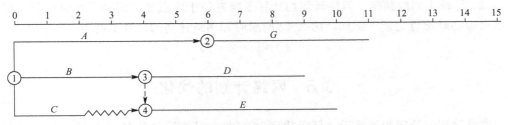

图 3.40　直接法绘制第三步

⑤ 利用上述方法从左至右依次确定其他各个节点的位置，直至绘出网络计划的终点节点。例如在本例中，在图 3.39 基础之上，可以分别确定节点⑤和节点⑥的位置，并在它们之后分别绘制工作箭线 H 和工作箭线 I，如图 3.41 所示。

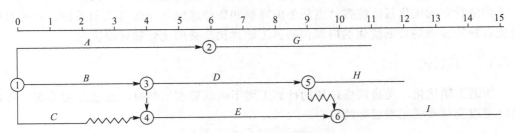

图 3.41　直接法绘制第四步

最后，根据工作箭线 G、工作箭线 H 和工作箭线 I 确定出终点节点的位置。本例所对应的时标网络计划如图 3.42 所示，图中双箭线表示的线路为关键线路。

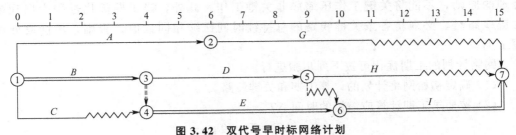

图 3.42　双代号早时标网络计划

在绘制时标网络计划时，特别需要注意的问题是处理好虚箭线。首先，应将虚箭线与实箭线等同看待，只是其对应工作的持续时间为零；其次，尽管它本身没有持续时间，但可能存在波形线。因此，要按规定画出波形线。在画波形线时，其垂直部分仍应画为虚线如图3.42所示时标网络计划中的虚箭线⑤→⑥。

3. 时标网络计划中时间参数的判定

(1) 关键线路的判定。时标网络计划中的关键线路可从网络计划的终点节点开始，逆着箭线方向进行判定。凡自始至终不出现波形线的线路即为关键线路。因为不出现波形线，就说明在这条线路上相邻两项工作之间的时间间隔全部为零，也就是在计算工期等于计划工期的前提下，这些工作的总时差和自由时差全部为零。例如，在图3.42所示时标网络计划中，线路①→③→④→⑥→⑦即为关键线路。

(2) 计算工期的判定。网络计划的计算工期应等于终点节点所对应的时标值与起点节点所对应的时标值之差。例如，图3.42所示时标网络计划的计算工期为：

$$T_c = 15 - 0 = 15$$

3.5 网络计划的优化

网络计划经绘制和计算后，可得出最初方案。网络计划的最初方案只是一种可行方案，不一定是合乎规定要求的方案或最优的方案。为此，还必须进行网络计划的优化。

网络计划的优化，是在满足既定约束条件下，按选定目标，通过不断改进网络计划寻求满意方案的过程。其目的就是通过改善网络计划在现有的资源条件下，均衡、合理的使用资源，使工程根据要求按期完工，以较小的消耗取得最大的经济效益。

网络计划的优化目标应按计划任务的需要和条件选定，一般有工期目标、费用目标和资源目标等。网络计划优化的内容包括：工期优化、费用优化和资源优化。

3.5.1 工期优化

所谓工期优化，是指网络计划的计算工期不满足要求工期时，通过压缩关键工作的持续时间以满足要求工期目标的过程。

1. 工期优化方法

网络计划工期优化的基本方法是在不改变网络计划中各项工作之间逻辑关系的前提下，通过压缩关键工作的持续时间来达到优化目标。在工期优化过程中，按照经济合理的原则，不能将关键工作压缩成非关键工作。此外，当工期优化过程中出现多条关键线路时，必须将各条关键线路的总持续时间压缩相同数值；否则，不能有效地缩短工期。

网络计划的工期优化可按下列步骤进行。

(1) 确定初始网络计划的计算工期和关键线路。

(2) 按要求工期计算应缩短的时间 ΔT。

$$\Delta T = T_c - T_r$$

式中：T_c——网络计划的计算工期；

T_r——要求工期。

（3）选择应缩短持续时间的关键工作。选择压缩对象时宜在关键工作中考虑下列因素。

① 缩短持续时间对质量和安全影响不大的工作。

② 有充足备用资源的工作。

③ 缩短持续时间所需增加的费用最少的工作。

（4）将所选定的关键工作的持续时间压缩至最短，并重新确定计算工期和关键线路。若被压缩的工作变成非关键工作，则应延长其持续时间，使之仍为关键工作。

（5）当计算工期仍超过要求工期时，则重复上述（2）～（4），直至计算工期满足要求工期或计算工期已不能再缩短为止。

（6）当所有关键工作的持续时间都已达到其能缩短的极限而寻求不到继续缩短工期的方案，但网络计划的计算工期仍不能满足要求工期时，应对网络计划的原技术方案、组织方案进行调整，或对要求工期重新审定。

2. 工期优化示例

已知某工程双代号网络计划如图 3.43 所示，图中箭线下方括号外数字为工作的正常持续时间，括号内数字为最短持续时间；箭线上方括号内数字为优选系数，该系数综合考虑质量、安全和费用增加情况而确定。选择关键工作压缩其持续时间时，应选择优选系数最小的关键工作。若需要同时压缩多个关键工作的持续时间时，则它们的优选系数之和（组合优选系数）最小者应优先作为压缩对象。现假设要求工期为 15，试对其进行工期优化。

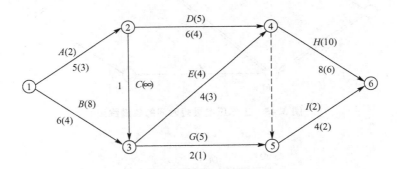

图 3.43　初始网络计划

【解】　该网络计划的工期优化可按以下步骤进行。

（1）根据各项工作的正常持续时间，用标号法确定网络计划的计算工期和关键线路，如图 3.44 所示。此时关键线路为①→②→④→⑥。

（2）计算应缩短的时间：

$$\Delta T = T_c - T_r = 19 - 15 = 4$$

（3）由于此时关键工作为工作 A、工作 D 和工作 H，而其中工作 A 的优选系数最小，故应将工作 A 作为优先压缩对象。

（4）将关键工作 A 的持续时间压缩至最短持续时间 3，利用标号法确定新的计算工期和关键线路，如图 3.45 所示。此时，关键工作 A 被压缩成非关键工作，故将其持续时间 3

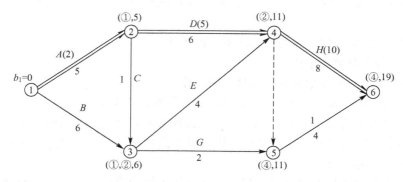

图 3.44 初始网络计划中的关键线路

延长为4，使之成为关键工作。工作 A 恢复为关键工作之后，网络计划中出现两条关键线路，即：①→②→④→⑥和①→③→④→⑥，如图 3.46 所示。

（5）由于此时计算工期为18，仍大于要求工期，故需继续压缩。需要缩短的时间：

$$\Delta T_1 = 18 - 15 = 3。$$

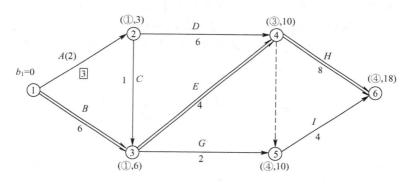

图 3.45 工作压缩最短时间的关键线路

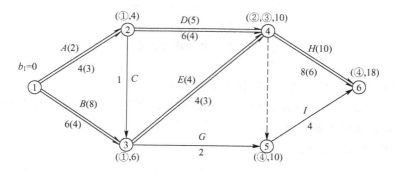

图 3.46 第一次压缩后的网络计划

在图 3.45 所示网络计划中，有以下 5 个压缩方案：①同时压缩工作 A 和工作 B，组合优选系数为：$2 + 8 = 10$；②同时压缩工作 A 和工作 E，组合优选系数为：$2 + 4 = 6$；③同时压缩工作 B 和工作 D，组合优选系数为：$8 + 5 = 13$；④同时压缩工作 D 和工作 E，组合优选系数为：$5+4=9$；⑤压缩工作 H，优选系数为 10。

在上述压缩方案中，由于工作 A 和工作 E 的组合优选系数最小，故应选择同时压缩工作 A 和工作 E 的方案。将这两项工作的持续时间各压缩 l（压缩至最短），再用标号法确定计算工期和关键线路，如图 3.46 所示。此时，关键线路仍为两条，即：①→②→④→⑥和①→③→④→⑥。

如图 3.47 所示中关键工作 A 和 E 的持续时间已达最短，不能再压缩，它们的优选系数变为无穷大。

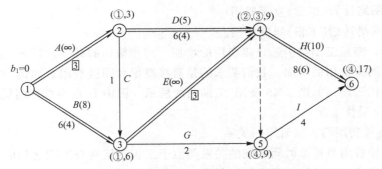

图 3.47 第二次压缩后的网络计划

（6）由于此时计算工期为 17，仍大于要求工期，故需继续压缩。需要缩短的时间：$\Delta T_2=17-15=2$。在图 3.46 所示网络计划中，由于关键工作 A 和 E 已不能再压缩，故此时只有两个压缩方案。

① 同时压缩工作 B 和工作 D，组合优选系数为：$8+5=13$。

② 压缩工作 H，优选系数为 10。

在上述压缩方案中，由于工作 H 的优选系数最小，故应选择压缩工作 H 的方案。将工作 H 的持续时间缩短 2，再用标号法确定计算工期和关键线路，如图 3.48 所示。此时，计算工期为 15，已等于要求工期，故图 3.48 所示网络计划即为优化方案。

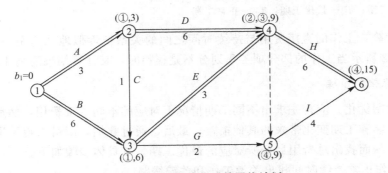

图 3.48 工期优化后的网络计划

3.5.2 费用优化

费用优化一般是指费用-工期优化。在网络计划中，工期与费用的均衡是一个重要的问题，如何使计划以较短的工期和最少的费用完成，就必须研究时间和费用的关系，以寻求与最低费用相对应的最优工期方案或者按要求工期寻求最低费用的优化压缩方案。为了能从多种方案中找出总成本最低的方案，必须首先分析费用和时间之间的关系。

1. 费用与工期的关系

1) 总费用与工期的关系

网络计划的总费用，有时也称为工程的总成本，由直接费和间接费组成，即

$$C = C_1 + C_2 \tag{3-25}$$

式中：C——网络计划的总费用或总成本；

$\quad$ C_1——网络计划（工程）直接费用；

$\quad$ C_2——网络计划（工程）间接费用。

一般来说，缩短工期会引起直接费用的增加，间接费用的减少；延长工期会引起直接费用的减少，间接费用的增加。我们要求的是直接费用和间接费用总和最小，即总费用最小的工期为最优工期，如图 3.49 费用-工期曲线所示。图中 B 点为总费用最低的点，相应的工期 T_0 就是最优工期。

2) 工程直接费用与持续时间的关系

工作的直接费用与持续时间之间的关系类似于工程直接费与工期之间的关系，工作的直接费用随着持续时间的缩短而增加，如图 3.50 曲线 1 所示。

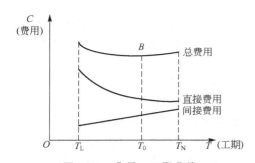

图 3.49　费用—工期曲线

T_L—最短工期；T_0—最优工期；T_N—正常工期

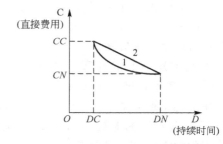

图 3.50　直接费用—持续时间曲线

为简化计算，工作的直接费用与持续时间之间的关系被近似地认为是一条直线关系。如图 3.50 线 2 所示当工作的部分项工程划分不是很粗时，其计算结果还是比较精确的。

2. 费用优化的步骤

要进行费用优化，应首先求出不同工期情况下对应的不同直接费用，然后考虑相应的间接费用的影响和工期变化带来的其他损益，最后，通过叠加，即可求得不同工期对应的不同总费用，从而找出总费用最低所对应的最优工期。其具体步骤如下。

（1）按工作正常持续时间找出关键工作和关键线路。

（2）计算各项工作的直接费用率。

工作的持续时间每缩短单位时间而增加的直接费称为直接费用率。

（1）对双代号网络计划。

$$\Delta C_{i-j} = \frac{CC_{i-j} - CN_{i-j}}{DN_{i-j} - DC_{i-j}} \tag{3-26}$$

式中：ΔC_{i-j}——工作 $i-j$ 的直接费用率；

CC_{i-j}——将工作 $i-j$ 持续时间缩短为最短持续时间后，完成该工作所需的直接费用；

CN_{i-j}——在正常条件下完成工作 $i-j$ 所需的直接费用；

DN_{i-j}——工作 $i-j$ 的正常持续时间；

DC_{i-j}——工作 $i-j$ 的最短持续时间。

工作的直接费用率越大，说明将该工作的持续时间缩短一个时间单位，所需增加的直接费用就越多；反之，将该工作的持续时间缩短一个时间单位，所需增加的直接费用就越少。

因此，在压缩关键工作的持续时间以达到缩短工期的目的时，应将直接费用率最小的关键工作作为压缩对象。

（2）对单代号网络计划。

$$\Delta C_i = \frac{CC_i - CN_i}{DN_i - DC_i} \qquad (3-27)$$

式中：ΔC_i——工作 i 的费用率；

CC_i——将工作 i 持续时间缩短为最短持续时间后，完成该工作所需的直接费用；

CN_i——在正常条件下完成工作 i 所需的直接费用；

DN_i——工作 i 的正常持续时间；

DC_i——工作 i 的最短持续时间。

（3）在网络计划中找出费用率（或组合费用率）最低的一项关键工作或一组关键工作，作为缩短持续时间的对象。

（4）缩短找出的关键工作或一组关键工作的持续时间，其缩短值必须符合不能把关键工作压缩成非关键工作和缩短后其持续时间不小于最短持续时间的原则。

（5）计算相应增加的总费用。

（6）考虑工期变化带来的间接费用及其他损益，在此基础上计算总费用。

（7）重复步骤（3）～（6），直到总费用最低为止。

3. 费用优化的示例

现举例说明费用优化的方法和步骤。

某工程的网络计划如图 3.51 所示。箭线上方括号外为正常时间情况下的正常直接费用，括号内为最短时间情况下的极限费用，箭线下方括号外为工作的正常持续时间，括号内为最短持续时间。假定平均每天的间接费用（综合管理费）为 100 元，试对其进行费用优化（图上数据单位为：元）。

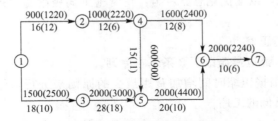

图 3.51 某工程网络计划图

【解】 第一步：根据原网络计划已知数据，列表计算各工作的直接费用率，见表 3-8。

表 3-8 时间—费用数据表

工作名称 (代号：$i-j$)	正常工期		极限工期		正常与极限时间差 $C_{i-j}^c - C_{i-j}^N$	极限与正常费用差 $C_{i-j}^c - C_{i-j}^N$	费用率 ΔC_{i-j}	压缩排序
	正常时间 D_{i-j}^N	正常费用 C_{i-j}^N	极限时间 D_{i-j}^c	极限费用 C_{i-j}^c				
A(1—2)	16	900	12	1220	4	320	80	3
B(1—3)	18	1500	10	2500	8	1000	125	5
E(2—4)	12	1000	6	2200	6	1200	200	6
C(3—5)	28	2000	18	3000	10	1000	100	4
D(4—5)	15	600	11	900	4	300	75	2
F(4—6)	12	1600	8	2400	4	800	200	6
G(5—6)	20	2000	10	4400	10	2400	240	7
H(6—7)	10	2000	6	2240	4	240	60	1
	$\sum 11600$		$\sum 18860$					

第二步：利用节点标号法分别计算各工作在正常持续时间和最短持续时间下网络计划的计算工期，并确定其关键线路，如图 3.52 和 3.53 所示。

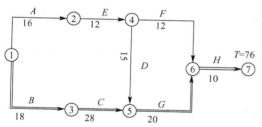

图 3.52 各工作正常施工情况下的网络计划

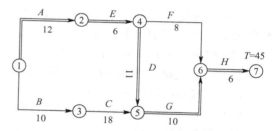

图 3.53 各工作极限（最短）施工情况下的网络计划

从图 3.52 可以看出，正常持续时间情况下，该网络计划的计算工期为 $TN=76$ 天，关键线路为 ①→③→⑤→⑥→⑦，正常时间直接费用为 11600 元。

从图 3.53 可以看出，各工作在极限施工时间情况下，该网络计划的计算工期为 $TC=45$ 天，关键线路为 ①→②→④→⑤→⑥→⑦，极限时间直接费用为 18860 元。

从以上结果可以看出，正常工期和极限工期相差 $76-45=31$ 天，费用相差 $18860-11600=7260$ 元。因此，以下优化思路就为：正常施工向极限施工逐步转化，直到转化为极限施工情况。

第三步：进行工期压缩。

每次压缩过程中，都应遵循以下 3 条基本原则。

① 每次压缩都应根据压缩时间增加费用最少的原则来进行，即每次压缩都应压缩位于关键线路上费用率最低的工序。

② 各压缩过程的压缩时间 $\Delta t_{i-j} = \min \begin{cases} DN_{i-j} - Dc_{i-j} \\ \text{并列工序或线路之差。} \end{cases}$

③ 若压缩前，网络计划存在多条关键线路，在压缩过程中，应将多条关键线路同时

压缩。

每次压缩之后，都应重新计算压缩后的新网络计划的计算工期、关键线路以及此时的网络计划的直接费用。

进行工期压缩这一步，往往要通过许多次循环压缩，才可以将网络计划由最初的正常施工状态压缩至极限施工状态。

在本题中，即

压缩一：

由图 3.52 各工作正常施工情况下的网络计划可以看出：

关键工作为 B、C、G、H：①→③→⑤→⑥→⑦，在表 3-8 可以看出，这四项工作中，费用率最低的是 H，⑥→⑦工作，且费用率 $\Delta C6-7=60$ 元/天，压缩时间 $\Delta t6-7=DN_{i-j}-Dc_{i-j}=10-6=4$ 天（无并列工序）。

因此压缩 H 工作 4 天，第一次压缩后的网络计划如图 3.54 所示，压缩后结果为：

工期

$$T_1=76-4=72（天）$$

直接费

$$C_1=11600+4\times60=11840（元）$$

间接费

$$C_{间}=72\times100=7200（元）$$

关键线路没有发生改变。

压缩二：

从图 3.54 可以看到，关键工作仍为 B、C、G、H：①→③→⑤→⑥→⑦，四项工作中，费用率最低的是 H，⑥→⑦，但该工作的时间已达到最短时间，不可以再压缩，所以考虑 B、C、G 三项工作。

经比较，C：③→⑤工作费用率最低，费用率为 $\Delta C_{3-5}=100$ 元/天，压缩时间（根据压缩第二条原则）和表 3-8 有：

各压缩过程的压缩时间 $\Delta t_{i-j}=\min\begin{cases}DN_{i-j}-Dc_{i-j}=10\ 天 \\ 并列工序或线路之差=3\ 天\end{cases}$

因此工作 C 只能压缩 3 天。

第二次压缩后的网络计划如图 3.55 所示，压缩后结果为：

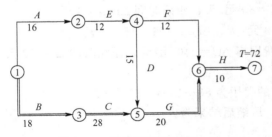

图 3.54 优化网络图（循环一）

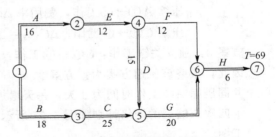

图 3.55 优化网络图（循环二）

工期

$$T_2=72-3=69（天）$$

直接费

$$C_2 = C_1 + 3 \times 100 = 11840 + 300 = 12140(元)$$

关键线路没有发生变化，但增加了一条，如图 3.55 所示。

压缩三：

从图 3.55 可以看到，关键线路已变为两条：B、C、G、H：①→③→⑤→⑥→⑦和 A、E、D、G、H：①→②→④→⑤→⑥→⑦。

根据压缩第三条原则，存在多条关键线路时，多条关键线路要同时压缩。

由于 H 工作已经压完，其余工作为多条关键线路并存，

在 A、E、D 关键线路中，D 费用率最小，因此与另一关键线路 B、C 组合，列出如下组合方案：

方案 1：$\begin{cases} 压缩 D④→⑤工作，费用率 \Delta C_{4-5}=75 元/天，压缩时间 \Delta t_{4-5}=15-11=4 天 \\ 压缩 C③→⑤工作，\Delta C_{3-5}=100 元/天，\Delta t_{3-5}=25-18=7 天 \end{cases}$

方案 2：$\begin{cases} 压缩 D④→⑤工作，费用率 \Delta C_{4-5}=75 元/天，压缩时间 \Delta t_{4-5}=15-11=4 天 \\ 压缩 B①→③工作，\Delta C_{1-3}=125 元/天，\Delta t_{1-3}=18-10=8 天 \end{cases}$

方案 3：独立关键工作：$G⑤→⑥$工作：费用率 $\Delta C=240 元/天$，压缩时间 $\Delta t=10 天$。

因此，最终该压缩方案为：方案 1。

共同压缩 CD 工作时间为 4 天，每天增加的费用为 $75+100=175 元/天$

第三次压缩后的网络计划如图 3.56 所示，压缩后结果为：

工期

$$T_3 = 69-4 = 56(天)$$

直接费

$$C_3 = C_2 + 4 \times 175 = 12840(元)$$

关键线路不变。

压缩四：

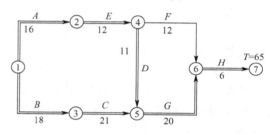

图 3.56　优化网络图(循环三)

从图 3.56 可以看到，关键线路仍为两条：A、E、D、G、H：①→②→④→⑤→⑥→⑦ B、C、G、H：①→③→⑤→⑥→⑦在并列工序中，D 工作已经不能再压。因此选取 AED 线路中的费率次小的工作 A。其方案组合为：

方案 1：$\begin{cases} 压缩 A①→②工作，费用率 \Delta C=80 元/天，压缩时间 \Delta t_{1-2}=4 天 \\ 压缩 B①→③工作，\Delta C=125 元/天，\Delta t_{1-3}=18-10=8 天 \end{cases}$

方案 2：$\begin{cases} 压缩 A①→②工作，费用率 \Delta C=80 元/天，压缩时间 \Delta t_{1-2}=4 天 \\ 压缩 C③→⑤工作，\Delta C_{3-5}=100 元/天，\Delta t_{3-5}=21-18=3 天 \end{cases}$

方案 3：独立关键工作：$G⑤→⑥$工作：费用率 $\Delta C=240 元/天$，压缩时间 $\Delta t=10 天$

因此，最终该压缩方案为：方案 2。

共同压缩 AC 工作时间为 3 天，每天增加的费用为 $80+100=180 元/天$。

第四次压缩后的网络计划如图 3.57 所示，压缩后结果为：

工期

$$T_3 = 65-3 = 62(天)$$

直接费

$$C_4 = C_3 + 3 \times 180 = 13380(元)$$

关键线路不变。

压缩五：

从图 3.57 可以看到，关键线路仍为两条：$BCGH$①→③→⑤→⑥→⑦；$AEDGH$①→②→④→⑤→⑥→⑦。

在并列工序中，C、D 工作已经不能再压。根据上述同样压缩思路，其压缩组合方案为：

方案 1：$\begin{cases} \text{压缩 } A①→②\text{工作，费用率 } \Delta C_{1-2}=80 \text{ 元/天，压缩时间 } \Delta t_{1-2}=13-12=1 \text{ 天} \\ \text{压缩 } B①→③\text{工作，} \Delta C_{1-3}=125 \text{ 元/天，} \Delta t_{1-3}=18-10=8 \text{ 天} \end{cases}$

方案 2：$\begin{cases} \text{压缩 } E②→④\text{工作，费用率 } \Delta C_{2-4}=200 \text{ 元/天，压缩时间 } \Delta t=12-6=6 \text{ 天} \\ \text{压缩 } B①→③\text{工作，} \Delta C_{1-3}=125 \text{ 元/天，} \Delta t_{1-3}=18-10=8 \text{ 天} \end{cases}$

方案 3：独立关键工作：G⑤→⑥工作；费用率 $\Delta C=240$ 元/天，压缩时间 $\Delta t=10$ 天

最终经过比较，选择方案 1；共同压缩 AB 工作时间为 1 天，每天增加费用为 $125+80=205$ 元/天。

第五次压缩后的网络计划如图 3.58 所示。压缩后结果为：

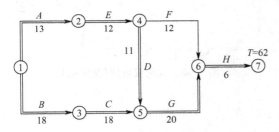

图 3.57　优化网络图(循环四)

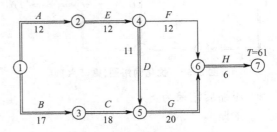

图 3.58　优化网络图(循环五)

工期

$$T_5=62-1=61(\text{天})$$

直接费

$$C_5=C_4+1\times205=13380+1\times205=13585(\text{元})$$

压缩六：

从图 3.58 可以看到，关键线路仍为两条：$BCGH$①→③→⑤→⑥→⑦；$AEDGH$①→②→④→⑤→⑥→⑦。

在并列工序中，AD、C 工作已经不能再压。根据上述同样压缩思路，其压缩组合方案为：

方案 1：$\begin{cases} \text{压缩 } E②→④\text{工作，费用率 } \Delta C_{2-4}=200 \text{ 元/天，压缩时间 } \Delta t=12-6=6 \text{ 天} \\ \text{压缩 } B①→③\text{工作，} \Delta C_{1-3}=125 \text{ 元/天，} \Delta t_{1-3}=17-10=7 \text{ 天} \end{cases}$

方案 2：独立关键工作：G⑤→⑥工作；费用率 $\Delta C=240$ 元/天，压缩时间 $\Delta t=10$ 天

最终经过比较，选择方案 2；独立压缩 G 工作时间为 10 天，每天增加费用为 240 元/天。

第六次压缩后的网络计划如图 3.59 所示。

压缩后结果为：

工期

$$T_6=61-10=51(\text{天})$$

直接费

$$C_6 = C_5 + 10 \times 240 = 13585 + 1 \times 205 = 15985(元)$$

压缩七：

从图 3.59 可以看到，关键线路仍为两条：$BCGH$①→③→⑤→⑥→⑦；$AEDGH$①→②→④→⑤→⑥→⑦。

在关键工序中，AD、C、GH 工作已经不能再压。根据上述同样压缩思路，其压缩方案为：

$$\begin{cases} 压缩 E②→④工作，费用率 \Delta C_{2-4} = 200 元/天，压缩时间 \Delta t = 12-6=6 天 \\ 压缩 B①→③工作，\Delta C_{1-3} = 125 元/天，\Delta t_{1-3} = 17-10=7 天 \end{cases}$$

共同压缩 EB 工作时间为 6 天，每天增加费用为 $125+200=325$ 元/天。

第七次压缩后的网络计划如图 3.60 所示。

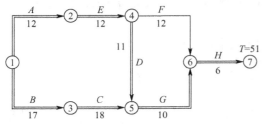

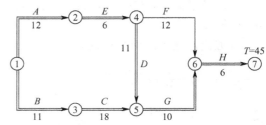

图 3.59　优化网络图(循环六)　　　　图 3.60　优化网络图(循环七)

压缩后结果为：

工期

$$T_7 = 51-6 = 45(天)$$

直接费

$$C_7 = C_6 + 6 \times 325 = 15985 + 6 \times 325 = 17935(元)$$

从图 3.60 可以看出，工作 B①→③极限时间为 10 天，仍可以继续压缩，但通过该压缩，只能是使原关键线路①→③→⑤→⑥→⑦变为非关键线路，并且增加了费用，工期却无任何改变。因此无需继续压缩。

第四步：列表计算总费用。将优化后的每一循环的结果汇总列表，并将直接费与间接费叠加，确定工程费用曲线，如图 3.61 所示。求出最低费用及相对应的最优工期。

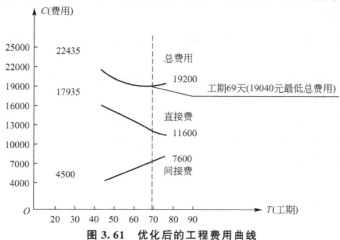

图 3.61　优化后的工程费用曲线

将上述工期—费用的计算结果汇总于表 3-9 中，从表 3-9 中可知，本工程的最优工期为 69 天，与此相对应的工程总费用为 19040 元（最低费用）。

表 3-9　费用优化结果　　　　　　　　　单位：元

方案	工期（天）	直接费	间接费	总费用	最优方案
正常施工方案	76	11600	7600	19200	
第Ⅰ压缩后的方案	72	11840	7200	19040	
第Ⅱ压缩后的方案	69	12140	6900	19040	√
第Ⅲ压缩后的方案	65	12840	6500	19340	
第Ⅳ压缩后的方案	62	13380	6200	19580	
第Ⅴ压缩后的方案	61	13585	6100	19685	
第Ⅵ压缩后的方案	51	15985	5100	21085	
第Ⅶ压缩后的方案	45	17935	4500	22435	
极限施工方案	45	18860	4500	23360	

3.5.3　资源优化

资源是指为完成任务所需的人力、材料、机械设备及资金等的通称。虽然说，完成一项任务所需的资源量基本上是不变的，不可能通过资源的优化将其减少，但在许多情况下，由于受多种因素的制约，在一定时间内所能提供的各种资源量总是有一定限度的。即使资源能满足供应，有可能出现资源在一定时间内供应过分集中而造成现场拥挤，使管理工作变得复杂，而且还会增加二次搬运费和暂设工程量，造成工程的直接费用和间接费用的增加等不必要的经济损失。因此，就需要根据工期要求和资源的供需情况对网络计划进行调整，通过改变某些工作的开始和完成时间，使资源按时间的分布符合优化目标。

通常资源优化有两种不同的目标：一种是在资源供应有限制的条件下，寻求工期最短的计划方案，称为"资源有限，工期最短"的优化；另一种是在工期不变的情况下，力求资源消耗均衡，称为"工期固定，资源均衡"的优化。

3.6　网络计划的控制

利用网络计划对工程进度进行控制是网络计划技术的主要功能之一。任何一项计划在实施过程中，都会遇到各种各样的客观因素的影响，如工程变更或施工机械及材料未及时进场等都可能影响进度。因此，计划不变是相对的，改变才是绝对的。为了对计划进行有效的控制，就必须在计划执行过程中，进行定期检查和调整，这是使计划实现预期目标的基本保证。

3.6.1　网络计划的检查

1. 计划检查的周期及内容

网络计划检查应定期进行。检查周期的长短可根据计划工期的长短和管理的需要决定，一般可以天、周、月、季度的等为周期。在计划执行过程中，突遇意外情况时，可进行应急检查，也可在必要时做特别检查。

网络计划检查的内容如下。

（1）关键工作的进度。

（2）非关键工作的进度及尚可利用的时差。

（3）实际进度对各项工作之间逻辑关系的影响。

（4）费用资料分析。

2. 计划检查的方法

检查计划时，首先必须收集网络计划的实际执行情况，并做记录。针对无时标网络计划，可通过计算工序的时间参数，再与实际执行情况作一比较，直接在图上用文字、数字、适当符号或列表记录计划实际执行情况。

当采用时标网络计划时，应绘制实际进度前锋线记录计划实际执行情况。

（1）进度前锋线的概念。是指在原时标网络计划上，从检查时刻的时标出发，用点画线依次将各工作实际进展位置点连接而成的折线。

实际进度前锋线应自上而下地从计划检查的时间刻度出发，用直线段依次连接各项工作的实际进度前锋点，最后达到计划检查的时间刻度为止，形成折线。前锋线可用彩色线标画；不同检查时刻的相邻前锋线可采用不同颜色标画。利用已画出的实际进度前锋线，可以分析计划的执行情况以及发展趋势，对未来的进度情况作出预测判断，找出偏离计划目标的原因及可供挖掘的潜力所在。

（2）进度前锋线的绘制。一般从时标网络计划图上方时间坐标的检查日期开始绘制，依次连接相邻工作的实际进展位置点，最后与时标网络计划图下方坐标的检查日期相连接。

（3）进度前锋线的作用。在进度检查过程中形象的表明工程的实际进度状况，为调整进度计划提供正确的结果。

若进度前锋点在计划的左侧，说明实际进度比计划拖延；若进度前锋点在计划的右侧，说明实际进度比计划提前；若实际进度前点与检查时刻的时间坐标相同，说明实际进度与计划进度一致。

【**例 3.8**】 某园林分项工程，早时标网络图如图 3.62 所示。

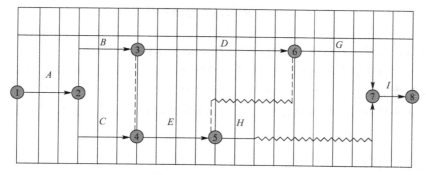

图 3.62 早时标网络图

在实际项目的施工中，我们在第 9 天未进行工程实施进度检查，发现：

B 工作已做完；

D 工作已经做了 4 天；

C 工作已经做了 2 天；

画出进度前锋线，并判断实际工期为多少天？工期是提前还是拖后了？

【解】 （1）根据时标网络图以及检查结果，绘制进度前锋线，如图 3.63 所示。

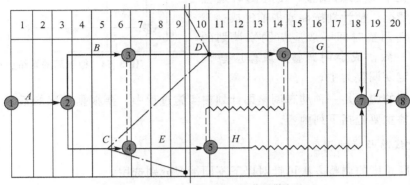

第9天末: B工作已做完
D工作已经做了4天
C工作已经做了2天

图 3.63 带有进度前锋线的早时标网络图

（2）填写网络计划检查结果分析表，见表 3－10。

表 3－10 网络计划检查结果分析表

工作名称	原计划还需作业天数	实际还需作业天数	现有机动差	原 TF	现有 TF	结果
工作 D	5	4	1	0	1	变为非关键工作
工作 C	−3	1	−4	4	0	变为关键工作
工作 E	1	5	−4	4	0	变为关键工作

判断结论：工期没有变化，关键线路发生变化（$T=20$ 天）。

注明：① 原计划还需作业天数＝本工作持续时间－检查时刻计划完成的时间。

② 实际还需作业天数＝本工作持续时间－检查时刻实际已经完成的时间。

③ 现有机动差＝原计划还需作业天数－实际还需作业天数。

④ 工作原有总时差（TF）＝该工作后面各条线路中各工作自由时差累计之和的最小值＋该工作自己的自由时差。

⑤ 现有总时差＝机动差＋原有总时差。

⑥ 结果判断：如果"工作现有总时差"≥0 时，说明该工作正常施工，不影响工期；如果"工作现有总时差"＜0 时，说明该工作影响工期。

在判断原计划还需作业天数时，原计划已经完成的工作离检查时刻垂直纵轴线的距离即为原计划还需作业天数；用负值标注（一般在左侧），未完工距离（实际还需作业天数）为正值。例如工作 C 中，原计划还需作业天数＝－3 天。

（3）绘制检查后的网络计划如图 3.64 所示。

3.6.2 网络计划的调整

对网络计划进行检查之后，通过对检查结果的分析，可以看出，各工作对于进度计划工期的影响。此时，根据工程实际情况，对网络计划进行适当的调整，使之随时适应变化后的新情况，使计划按期或提前完成。

网络计划调整时间一般应与网络计划的检查时间相一致，或定期调整，或作应急调整，一般以定期调整为主。

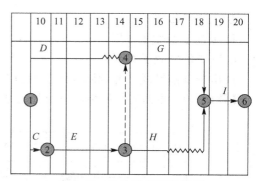

图 3.64　检查后的网络计划

网络计划的调整是一种动态调整即计划在实施过程中，要根据情况的不断变化进行及时调整，调整主要包括下列内容。

1. 关键线路长度的调整

关键线路长度的调整方法可针对以下不同情况分别选用。

（1）对关键线路的实际进度比计划进度提前的情况，当不拟定提前工期时，应选择资源占用量大或直接费用高的后续关键工作，适当延长其持续时间从而降低资源强度或费用；当拟定要提前完成计划时，则应将未完成的部分作为一个新的计划，重新确定关键工作的持续时间，并按新计划实施。

（2）对关键线路的实际进度比计划进度延误的情况，应在未完成的关键工作中，选择资源强度小或费用低的，缩短其持续时间，并把计划的未完成部分作为一个新的计划，按工期优化的方法进行调整。

2. 非关键工作时差的调整

非关键工作时差的调整应在其时差范围内进行。每次调整均必须重新计算时间参数，观察该调整对计划全局的影响。调整方法可采用下列方法。

（1）将工作在其最早开始时间与最迟完成时间范围内移动。

（2）延长工作持续时间。

（3）缩短工作持续时间。

3. 增减工作项目

增减工作项目时应符合下列规定。

（1）不打乱原网络计划的逻辑关系，只对局部逻辑关系进行调整。

（2）重新计算时间参数，分析对原网络计划的影响。当对工期有影响时，应采取措施，保证计划工期不变。

4. 调整逻辑关系

逻辑关系的调整只有当实际情况要求改变施工方法或组织方法时才可进行。调整时应避免影响原定计划工期和其他工作顺利进行。

5. 重新估计某些工作持续时间

当发现某些工作的原持续时间有误或实现条件不充分时，应重新估算其持续时间，并

重新计算时间参数。

6. 对资源的投入做相应调整

当资源供应发生异常时，应采用资源优化方法对计划进行调整或采取应急措施，使其对工期的影响最小。

网络计划的调整，可定期或根据计划检查结果在必要时进行。

以上例题中，检查结果发现，关键工作发生变化，但工期不受影响如图 3.65 所示。

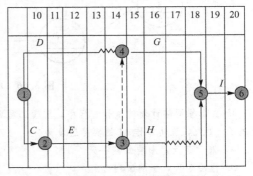

图 3.65　调整后的网络计划

最后需要强调的是，网络计划是一种动态控制，是主动控制和被动控制相结合的控制。所谓主动控制，也叫做事前控制，就是预先分析影响计划目标实现的各种不利因素，提前拟订和采取各项预防性措施，以使计划目标得以实现。被动控制，也叫做事后控制，就是在网络计划实施过程中，随时检查进度，分析偏差，进行调整，然后按调整后的网络计划指导施工。

两种控制，即主动控制和被动控制，对计划管理人员来说，缺一不可。它们都是使计划按期完工的必须采用的控制方式。

本 章 小 结

本章主要讲述了横道计划与网络计划的区别和联系，网络计划的分类、优化；双代号网络计划的绘图规则、绘制方法和基本应用；双代号网络计划的相关概念、时间参数计算以及早时标网络计划应用。单代号网络计划概念，单代号网络计划绘制方法、时间参数计算；时标网络的应用以及网络计划的控制。在能力上讲述了如何识读并绘制一般单位工程、分部工程的双代号网络计划。以及对于简单的网络计划进行检查与调整。

习 题

一、选择题

1. 网络计划的计划工期的确定要求有（　　）。

A. 计划工期等于计算工期

B. 计划工期不会超过要求工期

C. 当规定了要求工期时，则 $T_p \leqslant T_r$，当未规定要求工期时，则 $T_p = T_c$

D. 当规定了计算工期时，则 $T_p = T_c$，当未规定计算工期时，则 $T_p = T_r$

2. 已知下列单代号网络计划如图 3.66 所示，该计划中关键工作和 B 工作的自由时差为（　　）。

A. B 工作的自由时差为 0 　　　　　　　　B. B 工作的自由时差为 2

C. A 为关键工作   D. B 为关键工作

E. E 为关键工作

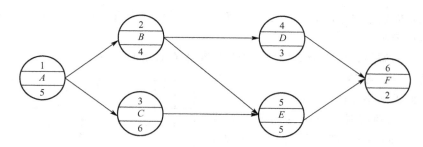

图 3.66　单代号网络计划

3. 在工程网络计划的执行过程中，监理工程师检查进度时，只发现工作 M 的总时差由原来的 3 天变成了 -1 天，说明工作 M 的实际进度为（　　）天。

A. 拖后 3 天，影响工期一天   B. 拖后一天，影响工期一天

C. 拖后 3 天，影响工期 2 天   D. 拖后 2 天，影响工期一天

4. 在工程网络计划执行过程中，当某项工作的自由时差刚好全部被利用时，将会影响（　　）。

A. 紧后工作的最早开始时间   B. 后续工作的最早开始时间

C. 本工作的最早完成时间   D. 今后工作的最迟完成时间

5. 在某工程双代号网络计划中，工作 M 的最早开始时间是第 15 天，其持续时间为 7 天。该工作有两项紧后工作，它们的最早开始时间分别为第 27 天和第 30 天，最迟开始时间分别为第 28 天和第 33 天，则工作 M 的总时差和自由时差为（　　）天。

A. 均为 5   B. 分别为 6 和 5

C. 均为 6   D. 分别为 11 和 6

6. 在某工程双代号网络计划中，工作 N 的最早开始时间是第 20 天，最迟开始时间是第 25 天，其持续时间为 9 天。该工作有两项紧后工作，它们的最早开始时间分别为第 32 天和第 34 天，则工作 N 的总时差和自由时差为（　　）天。

A. 3 和 0   B. 分别为 3 和 2

C. 5 和 0   D. 分别为 5 和 3

7. 在单代号网络计划中，H 工作的紧后工作有 I 和 J，总时差分别为 3 天和 4 天，工作 H、I 之间间隔时间为 8 天，工作 H、J 之间间隔时间为 6 天，则工作 H 的总时差为（　　）。

A. 6 天   B. 8 天   C. 10 天   D. 11 天

8. 在工程网络计划中，判别关键工作的条件是该工作（　　）。

A. 总时差最小

B. 自由时差最小

C. 最迟完成时间和最早完成时间的差值最小

D. 当计算工期等于计划工期（$T_p = T_c$）时，总时差为 0

E. 最迟开始时间与最早开始时间的差值最小

9. 在双代号网络计划中，关键工作是（　　）。

A. 总时差最小   B. 在关键线路上

C. 持续时间最长的线路   D. 自由时差为零

E. 在网络计划的执行过程中，可以转变为非关键工作

10. 在工程网络计划中，关键工作是指（　　）的工作。

A. 双代号时标网络计划中箭线上无波形线

B. 与其紧后工作之间的时间间隔为零

C. 最早开始时间与最迟时间相差最小

D. 双代号网络计划中两端节点均为关键节点

11. 在工程网络计划中，关键线路是指( )。

A. 双代号网络计划中工作持续时间之和最长的线路

B. 双代号网络计划中自始至终关键工作的连线

C. 双代号网络计划中从终点逆着箭线关键工作的连线

D. 双代号时标网络中从终点逆着箭线无波形线的线路

12. 下列说法正确的是( )。

A. 单代号网络计划中关键线路上的节点为关键工作

B. 双代号网络计划中关键工作两端的节点必为关键工作

C. 双代号网络计划中关键节点之间的工作必为关键工作

D. 全部为关键工作组成的连线为关键线路

E. 虚工作不能为关键工作

F. 关键线路上的工作为关键工作

G. 工程网络计划中诸工作持续时间之和最长的线路为关键线路

13. 已知某工程双代号网络计划的计算工期 T_C 为 150 天，T_P 也为 150 天，则关键线路上( )。

A. 相邻工作之间的时间间隔为零　　　　B. 工作的自由时差为零

C. 工作的总时差为零　　　　　　　　　D. 节点的最早时间与最迟时间相等

二、简答题

1. 什么是谓网络图？什么是工作？工作和虚工作有何不同？

2. 什么是工艺关系和组织关系？试举例说明。

3. 简述网络图的绘制规则。

4. 什么是工作的总时差和自由时差？关键线路和关键工作的确定方法有哪些？

5. 双代号时标网络计划的特点有哪些？

6. 工期优化和费用优化的区别是什么？

7. 在费用优化过程中，如果拟缩短持续时间的关键工作（或关键工作组合）的直接费用率（或组合直接费用率）大于工程间接费用率时，即可判定此时已达优化点，为什么？

8. 什么是资源优化？在"资源有限，工期最短"的优化中，当工期增量 ΔT 为负值时，说明什么？

9. 什么是搭接网络计划？试举例说明工作之间的各种搭接关系。

10. 多级网络计划系统的特点和编制原则是什么？

三、计算题

1. 已知工作之间的逻辑关系见表 3-11～表 3-13，试分别绘制双代号网络图和单代号网络图。

表 3-11　绘制双代号网络图和单代号网络图(1)

工作	A	B	C	D	E	G	H
紧前工作	C、D	E、H	—	—	—	D、H	—

表 3-12　绘制双代号网络图和单代号网络图(2)

工作	A	B	C	D	E	G
紧前工作	—	—	—	—	B、C、D	A、B、C

表 3-13　绘制双代号网络图和单代号网络图(3)

工作	A	B	C	D	E	G	H	I	J
紧前工作	E	H、A	J、G	H、I、A	—	H、A	—	—	E

2. 某网络计划的有关资料见表 3-14，试绘制双代号网络计划，并在图中标出各项工作的六个时间参数。最后，用双箭线标明关键线路。

表 3-14　绘制双代号网络计划

工作	A	B	C	D	E	F	G	H	I	J	K
持续时间	22	10	13	8	15	17	15	6	11	12	20
紧前工作	—	—	B、E	A、C、H	—	B、E	E	F、G	F、G	A、C、I、H	F、G

3. 某网络计划的有关资料见表 3-15，试绘制双代号网络计划，在图中标出各个节点的最早时间和最迟时间，并据此判定各项工作的六个主要时间参数。最后，用双箭线标明关键线路。

表 3-15　双代号网络

工作	A	B	C	D	E	G	H	I	J	K
持续时间	2	3	4	5	6	3	4	7	2	3
紧前工作		A	A	A	B	C、D	D	B	E、H、G	G

4. 某网络计划的有关资料见表 3-16，试绘制单代号网络计划，并在图中标出各项工作的六个时间参数及相邻两项工作之间的时间间隔。最后，用双箭线标明关键线路。

表 3-16　单代号网络

工作	A	B	C	D	E	G
持续时间	12	10	5	7	6	4
紧前工作				B	B	C、D

5. 某网络计划的有关资料见表 13-17，试绘制双代号时标网络计划，并判定各项工作的六个时间参数和关键线路。

表 3-17　双代号时标网络

工作	A	B	C	D	E	G	H	I	J	K
持续时间	2	3	5	2	3	3	2	3	6	2
紧前工作		A	A	B	B	D	G	E、G	C、E、G	H、J

6. 已知网络计划如图 3.67 所示，箭线下方括号外数字为工作的正常持续时间，括号内数字为工作的最短持续时间；箭线上方括号内数字为优选系数。要求工期为 12，试对其进行工期优化。

7. 已知网络计划如图 3.68 所示，箭线下方括号外数字为工作的正常持续时间，括号内数字为工作的最短持续时间；箭线上方括号外数字为正常持续时间时的直接费，括号内数字为最短持续时间时的直接费。费用单位为千元，时间单位为天。如果工程间接费率为 0.8 千元/天，则最低工程费用时的工期为多少天？

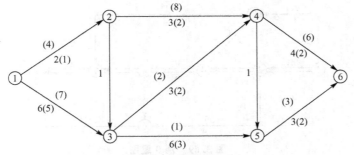

图 3.67 网络计划图

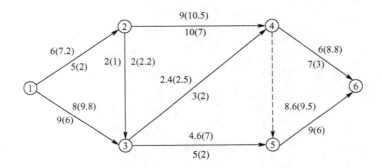

图 3.68 网络计划图

8. 某网络计划各工作的时间费用关系见表 3-18，试求：

(1) 各工作的费用率。

(2) 若该网络计划的间接费率为 200 元/天，则对该网络计划进行费用优化，求出最优工期。

(3) 绘制该网络计划的工期—直接费曲线、工期—间接费曲线以及工期—总费用曲线。

表 3-18 时间—费用关系表

工作名称	紧前工作	正常时间	正常费用	极限时间	极限费用
A	—	4	600	2	1000
B	—	6	800	3	1400
C	A	8	500	3	1200
D	B、C	7	600	2	1200

9. 在下列工程网络计划中，甲乙双方合同约定 8 月 15 日开工。工程施工中发生如下事件（图 3.69）：

(1) 由于设计方案错误，致使工作 D 推迟 2 天，乙方人员配合用工 5 个工日，窝工 6 个工日。

(2) 8 月 21 日至 8 月 22 日，因供电中断停工 2 天，造成人员窝工 16 个工日。

(3) 因设计变更，工作 E 工程量由招标文件中的 300m³ 增至 350m³。

(4) 在工作 D、E 均完成后，甲方指令增加一项临时工作 K，经核准，完成该工作需要 1 天时间，机械 1 台班，人工 10 个工日。

问：①原计划工期为多少天？②现在总工期变为多少天？③乙方可向甲方索赔多少个工日？（要求写出分析步骤，画出实际的早时标网络图4）。

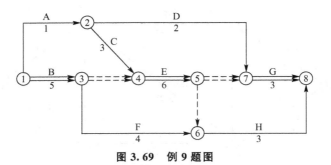

图 3.69 例 9 题图

第4章

园林施工组织总设计

教学目标

本章主要概述了施工组织总设计的编制原理、依据、程序，详细介绍了施工组织总设计的内容，通过本章的学习，使学生了解施工组织总设计的编制原则、依据，熟悉施工组织总设计的编制程序及内容，并能够根据相关的资料编写具有一定深度的施工组织总设计。

教学要求

能力目标	知识要点	权重
掌握施工组织总设计概念	施工组织总设计的定义、作用、内容等	10%
了解施工组织总设计编写	施工组织总设计编写的依据、原则和内容	5%
了解掌握工程概况内容	工程项目的主要情况、主要施工条件	5%
熟悉施工部署	施工部署的概念，主要考虑的内容	10%
掌握主要施工方法	主要施工方法的要求及主要内容	15%
熟悉施工总进度计划	施工总进度计划概念、步骤	10%
掌握施工准备	施工准备的定义、作用及主要内容	15%
了解资源配置计划	劳动力配置计划和物资配置计划内容	5%
掌握施工总平面图的概念	施工总平面图定义、内容	15%
熟悉施工总平面图的设计	施工总平面图的资料、设计要求及步骤	10%

章节导读

在建国初期，我国对建筑工程实行全面计划管理，其中施工组织设计是计划管理制度的重要组成内容。施工组织设计虽然产生于计划经济管理体制下，但在实际的应用当中，对规范施工管理起到了相当重要的作用。在西方国家一般称为施工计划或工程项目管理计划。目前，它已成为施工招投标和组织施工必不可少的重要文件。

 知识点滴

施工组织设计制度产生的背景

施工组织设计产生于计划经济年代，是施工企业对施工项目进行技术管理的纲领性文件。我国在建国初期，实施计划经济体制下的国家基本建设计划管理模式。从宏观管理上，国家基本建设项目按照国民经济发展的五年计划和分年度计划，分为预备项目、在建项目和竣工项目3类。在这种计划经济体制下，建设项目从立项开始，就要考虑和研究建设施工和管理问题，也就是要对建设项目的施工活动，作出规划（或计划），使其具有计划指导性、纲领性或实施性的要求，并按照规定的行政程序进行审批，具有权威性和指令性。

随着我国进一步实行改革开放政策，市场经济的建立，建筑市场依照国际惯例，工程施工的发包和承包实行工程招标投标制和合同管理制，工程的管理实行业主责任制、项目经理责任制和工程建设监理制等。新制度的施行，以及建筑技术的飞速发展、项目管理模式的不断现代化，工程施工环境和技术环境的变化，使施工组织设计的地位和作用发生了根本性变化，也对施工组织设计提出了新的要求。

4.1 园林施工组织总设计概述

 引言

施工组织设计是以施工项目为对象编制的，用以指导施工的技术、经济和管理的综合性文件。施工组织设计按编制对象分为施工组织总设计、单位工程施工组织设计和施工方案。

4.1.1 施工组织总设计及其作用

施工组织总设计是以若干单位工程组成的群体工程或特大型项目为主要对象编制的施工组织设计，对整个项目的施工过程起统筹规划、重点控制的作用。

园林施工组织总设计是以整个园林建设项目为编制对象，根据初步设计或扩大初步设计图纸以及其他有关资料和现场施工条件而编制，对整个建设项目进行全盘规划，用以指导全场性的施工准备工作和组织全局性施工的综合性技术经济文件。

园林施工组织总设计在工程项目的初步设计或扩大初步设计批准，明确承包范围后，由建设总承包单位或大型工程项目经理部的总工程师主持，会同建设单位、设计单位和分包单位的负责工程师共同编制，由总承包单位技术负责人审批。其作用主要如下。

（1）为确定设计方案的施工可行性和经济合理性提供依据。

（2）为建设单位编制工程基本建设计划提供依据。

（3）为建设项目或建筑群体工程施工阶段做出全局性的战略部署。

（4）为施工单位编制工程项目生产计划和单位工程的施工组织设计提供依据。

（5）保证及时、有效地进行施工准备工作，为组织资源、技术供应提供依据。

（6）规划园林工程建设生产和生活基地的建设。

4.1.2　施工组织总设计的编制依据

为保证施工组织总设计能更好地发挥在施工过程中的指导作用，能够结合工程实际，提高编制质量，园林施工组织总设计的编制依据主要如下。

1. 园林建设项目计划文件

包括建设项目可行性研究报告、国家批准的固定资产投资计划、单位工程项目一览表、分期分批投产的要求、投资额、建设项目所在地区主管部门的用地批准文件、施工单位主管上级下达的施工任务书等。

2. 设计文件及有关资料

包括初步设计或扩大初步（技术）设计批准文件，设计图纸和说明书，建设项目总概算、修正总概算或设计总概算等。

3. 工程建设政策、法规和规范资料

即有关现行的政策法规、技术规范、规程（规定）、工程定额等。

4. 合同文件

即建设单位与施工单位所签订的工程承包合同、招投标文件，工程所需材料、设备的订货合同以及引进材料、设备的供货合同等。

5. 建设地区原始调查资料

包括建设地区基础资料，建设地区工程勘察和技术经济调查资料，如有关地形、地质、水文、气象、资源供应、运输能力等。

6. 类似建设项目经验资料

包括类似建设项目的施工组织设计和有关总结资料及有关的参考数据等。

4.1.3　施工组织总设计编制的原则及其程序

施工组织总设计的编制应符合下列原则。

（1）符合施工合同或招标文件中有关工程进度、质量、安全、环境保护、造价等方面的要求。

（2）积极开发、使用新技术和新工艺，推广应用新材料和新设备。

（3）坚持科学的施工程序和合理的施工顺序，采用流水施工和网络计划等方法，科学配置资源，合理布置现场，采取季节性施工措施，实现均衡施工，达到合理的经济技术指标。

（4）采取科学的技术和管理措施，推广建筑节能和绿色施工。

　特别提示

对于分期分批施工的项目，必须注意每期交工的项目可以独立发挥效用，主要的项目及相关的附属设施要同时完工，完工后即可交付使用。

施工组织总设计的编制程序如图 4.1 所示。

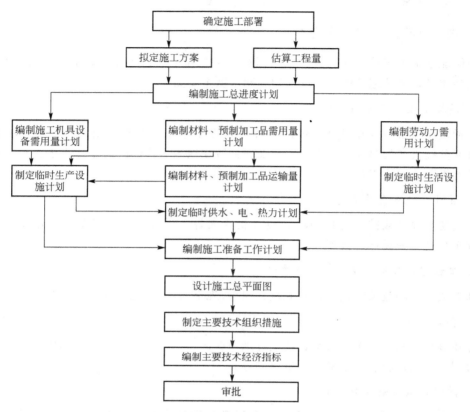

图 4.1　施工组织总设计的编制程序

4.1.4　施工组织总设计的内容

施工组织总设计应包括编制依据、工程概况、施工总部署、施工总进度计划、总体施工准备与主要资源配置计划、主要施工方法、施工现场总平面布置等基本内容。将在后面的几节中详细介绍。

特别提示

根据项目的性质、规模、建筑结构的特点、施工的复杂程度和施工条件的不同，施工组织总设计的内容也各不相同

4.2　工程概况

引言

工程概况就是对工程情况进行总的说明和分析，应包括建设项目的主要情况和主要施工条件等。在编制工程概况时，要尽可能地简明扼要，重点突出，为了清晰易读，一般宜采用图表说明。

4.2.1　工程项目主要情况

工程项目主要情况应包括以下内容。

（1）项目名称、性质、地理位置和建设规模。项目性质可分为工业和民用两大类，应简要介绍项目的使用功能；建设规模可包括项目的占地总面积，投资规模（产量）、分期分批建设范围等。

（2）项目的建设、勘察、设计和监理等相关单位的情况。主要包括项目的建设、勘察、设计、总承包和分包单位、监理单位名称及组织状况。

（3）项目设计概况。主要包括建筑面积、建筑高度、建筑层数、结构形式、建筑结构及装饰用料、建筑抗震设防烈度、安装工程和机电设备的配置等情况。

（4）项目承包范围及主要分包工程范围。

（5）施工合同或招标文件对项目施工的重点要求。

（6）其他应说明的情况。

4.2.2　项目主要施工条件

项目主要施工条件应包括以下内容。

（1）项目建设地点气象状况。简要介绍项目建设地点的气温、雨、雪、风和雷电等气象变化情况以及冬、雨期的期限和冬季土的冻结深度等情况。

（2）项目施工区域地形和工程水文地质状况。简要介绍项目施工区域地形变化和绝对标高，地质构造、土的性质和类别、地基土的承载力，河流流量和水质、最高洪水和枯水期水位，地下水位的高低变化，含水层的厚度、流向、流量和水质等情况。

（3）项目施工区域地上、地下管线及相邻的地上、地下建（构）筑物情况。

（4）与项目施工有关的道路、河流等状况。

（5）当地建筑材料、设备供应和交通运输等服务能力状况。简要介绍建设项目的主要材料、特殊材料和生产工艺设备供应条件及交通运输条件。

（6）当地供电、供水、供热和通信能力状况。根据当地供电供水、供热和通信情况，按照施工需求描述相关资源提供能力及解决方案。

（7）其他与施工有关的主要因素。

根据对上述情况的综合分析，从而提出施工组织总设计需要解决的重大问题。

4.2.3　应用案例

以下为某园林工程的工程概况。

1. 工程的主要情况

（1）工程性质及内容。本工程为于××市××区，居住区一期小区园林绿化工程，园林绿化面积：××m²，道路及停车场铺装面积××m²，工程是由××有限责任公司投资建设。

工程含以下内容：绿化种植、道路铺装、建筑小品、给排水管线、园林照明、弱电管线、管井工程及工程竣工后两年内及时提供为保证种植物正常生长而发生的浇灌、培植、剪草、修剪树木、给植物定时喷药、替换死去及不健康植物等工作。

（2）工程特点。在本工程中，庭院铺装工程、园林小品工程与绿化施工，楼前、楼后区域分散，基层、面层均有不同的作法，外观效果要求高，并与市政外线施工交叉作业，工期紧，任务重。

进场后在较短的时间内完成场地平整工作。积极配合市政外线工程施工，集中力量做好施工准备，不等不靠，创造工作面，抢工期，保质量。

（3）工程目标。本工程的总工期为 120d，工程质量要求达到国家施工验收规定优良标准；无死亡事故。

（4）建设单位：××景区建设办公室。

设计单位：××设计院。

监理单位：××工程建设监理有限公司。

2．施工条件

（1）施工现场已具备施工条件，施工用水、用电引出至施工地点。

（2）工程材料提前落实，各种构件提前加工的委托专业厂家加工制作，工程开工后期分批运至现场。

（3）根据施工进度，施工机械、运输车辆随用随上。

（4）劳动力依据工程进度平衡调配。

（5）施工场地属于北回归线以南的亚热带季风气候带。

4.3　施工部署及主要施工方法

引言

在施工组织总设计中，施工部署的作用就是对整个项目做出统筹规划和全面安排，并提出工程施工中一些重大战略问题的解决方案。施工部署和主要施工方法是施工组织总设计的中心环节。

施工部署是用文字来阐述基建施工对整个建设的设想，因此是带有全局性的战略意图，为施工组织总设计的核心。主要施工方法是对一些单位（子单位）工程和主要分部（分项）工程所采用的施工制定合理的方案。

4.3.1　施工部署

施工部署是对项目实施过程做出的统筹规划和全面安排，包括项目施工主要目标、施工顺序及空间组织、施工组织安排等。施工部署是施工组织设计的纲领性内容，施工进度计划、施工准备与资源配置计划、施工方法、施工现场平面布置和主要施工管理计划等施工组织设计的组成内容都应该围绕施工部署的原则编制。

特别提示

施工部署要在充分了解工程情况、施工条件和建设要求的基础上制定。

施工部署的正确与否，是直接决定建设项目的进度、质量和成本三大目标能否顺利实

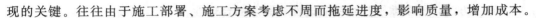

现的关键。往往由于施工部署、施工方案考虑不周而拖延进度，影响质量，增加成本。

施工组织总设计中的施工总进度计划、施工总平面图以及各种供应计划等都是按照施工部署的设想，通过一定的计算，用图表的方式表达出来的。也就是说，施工总进度计划是施工部署在时间上的体现，而施工总平面图则是施工部署在空间方面的体现。

施工部署中应根据建设工程的性质、规模和客观条件的不同，从以下几个方面考虑。

1. 施工组织总设计应对项目总体施工做出宏观部署

1) 确定项目施工总目标，包括进度、质量、安全、环境和成本目标。

明确建设项目的总成本、总工期和总质量等级，以及每个单项工程的施工成本、工期和工程质量等级要求，安全文明施工和现场施工环境的要求。这是总施工部署的前提，施工计划的制订和优化，就是以建设项目的总目标为依据的。

2) 根据项目施工总目标的要求，确定项目分阶段（期）交付的计划

建设项目通常是由若干个相对独立的投产或交付使用的子系统组成，如大型工业项目有主体生产系统、辅助生产系统和附属生产系统之分；住宅小区有居住建筑、服务性建筑和附属性建筑之分。可以根据项目施工总目标的要求，将建设项目划分为分期（分批）投产或交付使用的独立交工系统。保证工期的前提下，实行分期分批建设，既可使各具体项目迅速建成，尽早投入使用，又可在全局上实现施工的连续性和均衡性，减少暂设工程数量，降低工程成本。

为了充分发挥工程建设投资的效果，对于大中型建设项目，一般在保证工期的前提下，根据生产工艺、建设单位的要求，结合工程规模的大小，施工的难易程度，资金与技术资源的情况，由建设单位和施工单位共同研究确定，进行分期分批的建设。对于小型的建设项目或大型建设项目中的某个系统，由于工期较短或工艺要求，可采用一次性建设。

3) 确定项目分阶段（期）施工的合理顺序及空间组织

根据上述确定的项目分阶段（期）交付计划，合理地确定每个单位工程的开竣工时间，划分各参与施工单位的工作任务，明确各单位之间分工与协作的关系，确定综合的和专业化的施工组织，保证先后投产或交付使用的系统都能够正常运行。

要统筹安排各类项目施工，保证重点，兼顾其他，确保工程项目按期完成。工程项目的施工顺序一般是按照先地下、后地上，先深后浅，先干线后支线的原则进行安排的，如先铺设管线，再铺道路。同时还要考虑季节对施工的影响，如土方工程要避开雨季，种植工程尽可能选择春秋季节等。

一般优先考虑的项目如下。

(1) 按生产工艺要求，需先期投入使用或起主导作用的工程项目。

(2) 工程量大，施工难度大，需要工期长的项目。

(3) 运输系统、动力系统等。

(4) 供施工使用的工程项目，如各类加工厂、为施工服务的临时设施。

(5) 先期需要使用的设施。

2. 对于项目施工的重点和难点应进行简要分析

对于工程中的工程量大、施工难度大、工期长、在整个建设项目中起关键作用的单位工程项目以及影响全局的特殊分项工程，要拟定其施工方案。其目的是为了进行技术和资源的准备工作，同时也是为了施工进程的顺利和现场的合理布局，主要包括以下内容。

（1）施工方法，要求兼顾技术的先进性和紧急的合理性。

（2）工程量，对资源的合理安排。

（3）施工工艺流程，要求兼顾各工种各施工段的合理搭接。

（4）施工机械设备，能使主导机械满足工程需要，又能发挥其效能，使各大型机械在各工程上进行综合流水作业。

3. 总承包单位应明确项目管理组织机构形式，并宜采用框图的形式表示

项目管理组织机构形式应根据施工项目的规模、复杂程度、专业特点、人员素质和地域范围确定。大中型项目一般设置矩阵式项目管理组织，远离企业管理层的大中型项目一般设置事业部式项目管理组织，小型项目一般设置直线职能式项目管理组织。

明确建设施工项目的机构、体制，建立施工现场统一的指挥系统及其职能部门，确定综合的和专业化的施工组织、划分施工阶段，划分各参与施工单位的任务，明确各单位分期分批的主次项目和穿插项目。如某绿化工程项目采用直线职能式管理组织机构，其项目施工管理组织结构如图 4.2 所示。

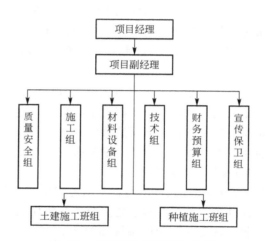

图 4.2　项目施工管理组织结构

4. 部署项目施工中开发和使用的新技术、新工艺等

根据现有的施工技术水平和管理水平，对项目施工中开发和使用的新技术、新工艺应做出规划并采取可行的技术、管理措施来满足工期和质量等要求。编制新技术、新材料、新工艺、新结构等的试制试验计划和职工技术培训计划。

5. 对主要分包项目施工单位的资质和能力应提出明确要求

4.3.2　主要施工方法

施工组织总设计要制定一些单位（子单位）工程和主要分部（分项）工程所采用的施工方法，这些工程通常是建筑工程中工程量大、施工难度大、工期长，对整个项目的完成起关键作用的建（构）筑物以及影响全局的主要分部（分项）工程。尤其对脚手架工程、起重吊装工程、临时用水用电工程、季节性施工等专项工程所采用的施工方法应进行简要说明。在施工组织总设计中，施工方案一般是由总承包单位编制的。由于施工组织总设计是指导施工的全局性的文件，因此包含重大单项工程的主要施工方案以及技术关键，可作为单位工程以及分部分项工程施工方案编制的依据。

制定主要工程项目施工方法的目的是为了进行技术和资源的准备工作，同时也为了施工进程的顺利开展和现场的合理布置，对施工方法的确定要兼顾技术工艺的先进性和可操作性以及经济上的合理性。

1. 制定施工方法的要求

在确定施工方法的时候应结合建设项目的特点和当地施工习惯，尽可能地采用先进的、可行的工业化、机械化的施工方法。

1）工业化施工

按照工厂预制和现场预制相结合的方针，逐步提高建筑工业化程度的原则，因地制宜，妥善安排钢筋混凝土构件生产及其制品加工、混凝土搅拌、金属构件加工、机械修理和砂石等的生产与堆放。经分析比较选定预制方法，并编制预制构件的加工计划。

2）机械化施工

要充分利用现有的机械设备，努力扩大机械化施工的范围，制定可配套和改造更新的规划，增添新型高效能的机械，坚持大中小型机械相结合的原则，以提高机械化施工的生产效率。在安排和选用机械时，应注意以下几点。

（1）主导施工机械的型号和性能要既能满足施工的需要，又能发挥其生产效率。

（2）辅助配套施工机械的性能和生产效率要与主导施工机械相适应。

（3）尽可能使机械在几个项目中进行流水施工，以减少机械的装、拆、运的时间。

（4）在工程量大而集中时，应选用大型固定的机械；在施工面大而分散时，应选用移动灵活的机械。

2. 施工方法的主要内容

现代化施工方法的选择与优化必须以施工质量、进度和成本的控制为主要目标。根据项目施工图纸、项目承包合同和施工部署要求，分别选择主要景区、景点的绿化、建筑物和构筑物的施工方案。施工方法的基本内容包括施工流向、施工顺序、施工方法和施工机械的选择、施工措施。

其中施工流向是指施工活动在空间的展开与进程；施工顺序是指分部工程（或专业工程）以及分项工程（或工序）在时间上张开的先后顺序；施工方法和施工机械的选择要受结构形式和建筑的特征制约；施工措施是指在施工时所采取的技术指导思想、施工方法以及重要的技术措施等。

4.4　施工总进度计划

 引言

一个建设项目往往是由若干个单项工程或单位工程组成，各个部分又是彼此联系、不可分割的整体，只有按照工程程序，协调施工、相互配合，依据总体规划和统筹安排的原则，编制合理的施工总进度计划，才能保证工程的顺利进行。

施工总进度计划，是根据施工总部署中建设工程分期分批投产顺序以及施工方案，将每一个系统的各项工程分别列出，在各系统工程控制的期限内、进行各项工程的具体安排。

施工总进度计划应依据施工合同、施工进度目标、有关技术经济资料，并按照总体施工部署确定的施工顺序和空间组织等进行编制。

施工总进度计划的作用在于确定各个系统及其主要工种工程、准备工程和全工地性工程的施工期限及其开工和竣工的日期，从而确定建筑工地上劳动力、材料、成品、半成品的需要和调配，建筑机构附属企业的生产能力，建筑职工居住房屋的面积，仓库和堆场的面积，供水、供电的数量等。正确地编制施工总进度计划，是保证各个系统以及整个建设项目如期交付使用，充分发挥投资效果，降低建筑工程成本的重要条件。施工总进度计划的内容应包括：编制说明，施工总进度计划表（图），分期（分批）实施工程的开、竣工日期、工期一览表等。施工总进度计划一般按下述步骤进行。

4.4.1 列出施工项目名称、划分施工区段

在编制施工总进度计划时，通常按照工程量、分期分批投产顺序或交付使用的顺序列出主要施工项目的名称，附属项目、配套设施和临时设施等也可相应的列出。

为了合理组织施工，缩短工期，常常将工程项目划分为若干个施工区段，一般是按单项工程或若干个单位工程合并成一个施工段，各施工段之间互相搭接、互不干扰，各施工区段内组织有节奏的流水施工。工业建设项目一般已交工系统作为一个施工区段，民用建筑按地域范围和道路界线来划分施工区段。施工区段不以划分过多，应突出主要项目，一些附属、辅助工程可以合并。

4.4.2 计算工程量、编制施工项目一览表

在施工区段划分的基础上，计算各单位工程的主要实物工程量。计算工程量的目的，是为了拟定施工方案，选用主要的施工、运输和安装机械，初步规划各主要工程的流水施工方法，计划工人和干部的人数，计算各类物资的需要量，估算个项目完成时间。因此工程量只需粗略地计算即可满足要求。常用的定额资料如下。

（1）万元、十万元投资工程量，劳动力及材料消耗扩大指标。

（2）概算指标和综合预算定额。

（3）标准设计和已建房屋、构筑物的资料。

除房屋外，有时还必须确定主要的全工地性工程的工程量，如道路的长度、地下管线的长度、场地平整面积等。这些工程量可从建筑总平面图求得。

计算出工程量后，填入统一的工程施工项目一览表中，见表4-1。

表4-1 工程项目一览表

工程分类	工程项目名称	结构类型	建筑面积	幢数	概算投资	主要实物工程量			
						场地平整	土方工程	砖石工程	钢筋混凝土工程
			1000m²	个	万元	1000m²	1000m³	1000m³	1000m³
全工地性工程									

（续）

工程分类	工程项目名称	结构类型	建筑面积	幢数	概算投资	主要实物工程量			
						场地平整	土方工程	砖石工程	钢筋混凝土工程
			$1000m^2$	个	万元	$1000m^2$	$1000m^3$	$1000m^3$	$1000m^3$
主体项目									
辅助项目									
永久住宅									
临时建筑									
合计									

4.4.3　确定各单位工程（或单个建筑物）的施工期限

单位工程的工期可参阅工期定额（指标）予以确定。工程定额是根据我国各部门多年来的经验，经分析汇总而成的。单位工程的施工期限与建筑类型、结构特征、施工方法、施工技术和管理水平，以及现场的施工条件等因素有关，故确定工期时应予综合考虑。

4.4.4　确定各单位工程（或单个建筑物）开竣工时间和相互搭接关系

在施工部署中已确定了总的施工程序和各系统的控制期限及搭接时间，但对每一建筑物何时开工、何时竣工尚未确定。通过对主要单项工程工期的分析，确定每个单项工程的施工期限后，就可以进一步安排各工程的搭接时间。主要考虑下面的因素。

（1）同一时期的开工项目不宜过多，以免人力物力的分散。

（2）尽量使劳动力和技术物资消耗量在全工程上均衡。

（3）做到土建施工、设备安装和试生产之间在时间的综合安排上以及每个项目和整个建设项目的安排上比较合理。

（4）确定一些次要工程作为后备项目，用以调剂主要项目的施工进度。

4.4.5　编制总进度计划

施工总进度计划可以用横道图表达，也可以用网络计划表达。由于施工总进度计划只是起控制作用，因此不必做得很细。

一般建筑施工总进度计划宜优先采用网络计划，网络计划应按国家现行标准《网络计划技术》GB/T 13400.1～3 及行业标准《工程网络计划技术规程》JGJ/T 121 的要求编制。园林建设项目常用横道图表达。

4.4.6　应用案例

×××花园景观绿化工程总进度计划横道图，见表 4-2。

表 4-2　××花园景观绿化工程总进度计划

序号	工程项目	持续时间(天)	开工时间 2011 年 05 月 12 日																
			3	6	9	12	15	18	21	24	27	30	33	36	39	42	45	48	51	54
1	施工准备	3																		
2	土方工程	19																		
3	喷灌工程	12																		
4	乔木种植	15																		
5	灌木种植	15																		
6	草坪播种	15																		
7	竣工清理	6																		

4.4.7　总进度计划的调整与修正

施工总进度计划绘制完成后，需要检查各单位工程的施工时间和施工顺序是否合理，总工期是否满足规定要求，劳动力、材料及设备供应是否均衡等。

将同一时期的各项工程的工作量加在一起，画出建设项目资源需要量动态曲线，来调整和修正一些单位工程的施工速度和开工时间，尽量使各个时期的资源需求量达到均衡。

同时在工程实施的过程中，应随施工的进展，及时地调整施工进度计划。如果是跨年度的项目，还应根据国家的年度基本建设投资或建设单位的投资情况，加以调整。

施工进度计划的实现离不开管理上和技术上的具体措施。另外，在工程施工进度计划执行过程中，由于各方面条件的变化经常使实际进度脱离原计划，这就需要施工管理者随时掌握工程施工进度，检查和分析进度计划的实施情况，及时进行必要的调整，保证施工进度总目标的完成。

4.5　施工准备及资源配置计划

引言

工程项目的施工准备是施工前对组织、技术、资金、劳动力、物质、生活等方面做好各项准备工资，来保证整个工程项目有计划、有准备、连续、均衡、有节奏地进行。

4.5.1　施工准备

施工准备是为拟建工程的施工创造必要的技术、物质条件，统筹安排施工力量和部署施工现场，确保工程施工顺利进行，是建设程序的重要环节，并且贯穿整个施工过程的始终。

施工准备的任务就是了解相关的法律依据，掌握工程特点和有关要求，熟悉施工条件，合理部署施工力量，从技术、物质、人力和组织等方面为施工创造一切必要的条件，以保证工程的顺利开工和连续进行，并预测可能发生的问题，提出相应的预防措施。

总体施工准备应包括技术准备、现场准备和资金准备等。应根据施工开展顺序和主要

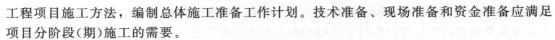

工程项目施工方法，编制总体施工准备工作计划。技术准备、现场准备和资金准备应满足项目分阶段（期）施工的需要。

技术准备是施工准备的核心，包括施工过程所需技术资料的准备、施工方案编制计划、试验检验及设备调试工作计划等；现场准备包括现场生产、生活等临时设施，如临时生产、生活用房、临时道路、材料堆放场，临时用水、用电和供热、供气等的计划；资金准备应根据施工总进度计划编制资金使用计划。

它的主要内容如下。

（1）根据建筑总平面图，安排现场区域内的测量控制网，设置永久性测量标志，为放线定位做好准备。

（2）安排好土地征用、居民迁移和现场障碍物的拆除工作。

（3）制定好场内外运输、施工用主干道、水、电、气来源及其引入方案和施工安排，编制场地平整方案和全场性排水、防洪设施的规划和施工安排。

（4）安排好生产和生活福利设施的建设。

（5）安排绿化材料、建筑材料、构配件、加工品等各种材料的货源和运输、储存方式。

（6）编制新技术、新材料、新工艺、新结构的试制试验计划。

（7）制定职工上岗前技术培训计划。

（8）制定冬、雨季施工的技术组织措施。

（9）编制施工组织总设计，制定有关的施工技术措施。

全场性施工准备工作计划的表格形式见表4-3。

表4-3 主要施工准备计划表

序号	施工准备项目及简要内容	负责单位	涉及单位	负责人	起止时间		备注

综上所述，各项施工准备工作不是分离的、孤立的，而是互为补充、相互配合的。为了提高施工准备工作的质量，加快施工准备工作的速度，必须加强建设单位、设计单位、施工单位和监理单位之间的协调工作，建立健全施工准备工作的责任制度和检查制度，使施工准备工作有领导、有组织、有计划和分期分批地进行，贯穿施工全过程的始终。

4.5.2 资源配置计划

施工资源是指为完成施工项目所需要的人力、物资等生产要素。主要是指工程施工过程中所必须投入的各类资源，包括劳动力、建筑材料和设备、周转材料、施工机具等。施工资源具有有用性和可选择性等特征。主要资源配置计划应包括劳动力配置计划和物资配置计划等。

1. 劳动力配置计划

劳动力配置计划是确定暂设工程规模和组织劳动力进场的依据。劳动力配置计划应按照各工程项目工程量，并根据总进度计划，参照概（预）算定额或者有关资料确定。目前施工企业在管理体制上已普遍实行管理层和劳务作业层的两层分离，合理的劳动力配置计划可减少劳务作业人员不必要的进、退场或避免窝工状态，进而节约施工成本。劳动力配置计划应包括下列内容。

（1）确定各施工阶段（期）的总用工量。

（2）根据施工总进度计划确定各施工阶段（期）的劳动力配置计划。

劳动力配置计划见表4-4。

表4-4　劳动力配置计划

序号	工种名称	劳动量（工日）	施工高峰需用人数	××年		××年		现有人数	多余（＋）或不足（－）
	综合								

2. 物资配置计划

物资配置计划应根据总体施工部署和施工总进度计划确定主要物资的计划总量及进、退场时间。物资配置计划是组织建筑工程施工所需各种物资进、退场的依据，科学合理的物资配置计划既可保证工程建设的顺利进行，又可降低工程成本。

物资配置计划应包括下列内容。

（1）根据施工总进度计划确定主要工程材料和设备的配置计划。

（2）根据总体施工部署和施工总进度计划确定主要施工周转材料和施工机具的配置计划。

材料配置计划是根据各工程的工程量和总进度计划表，查概算指标等有关资料得的各单位工程所需的材料的需要量编制而成的，是组织材料和预制品加工、订货、运输、确定储存方式的依据，见表4-5和表4-6。

表4-5　主要材料及构配件需要量计划表

序号	类别	材料名称	单位	全工地性工程			生活设施		其他暂设工程	需要量							
							永久性	临时性		××年（季）				××年（月）			
										Ⅰ	Ⅱ	Ⅲ	Ⅳ	1	2	3	…
1	主要材料																
2	构建类																
3	半成品类																

表 4-6　主要绿化材料需要量计划表

序号	植物名称	单位	数量	规格				进场时间	备注
				胸径(cm)	高度(m)	蓬径	土球尺寸		

施工机械设备配置计划是按照施工部署、主要建筑物施工方案的要求，根据工程量和机械产量定额计算出。至于辅助机械，可根据定额或概算指标求得。施工机具需要量计划除为组织机械设备供应需要外，还可作为施工用电量、选择变压器容量等的计算依据，见表 4-7。

表 4-7　施工机械设备需要量计划表

序号	机械名称	规格型号	数量	电动机功率	产地	制造年份	生产能力	需要量						
								××年(季)				××年(月)		
								Ⅰ	Ⅱ	Ⅲ	Ⅳ	1	2	3

4.6　施工总平面图设计

引言

施工现场就是园林产品的组装厂，由于园林工程和施工场地的千差万别，使得施工现场平面布置因人、因地而异。施工现场平面布置是指在施工用地范围内，对各项生产、生活设施及其他辅助设施等进行规划和布置。合理布置施工现场，对保证工程施工顺利进行具有重要意义，施工现场平面布置应遵循方便、经济、高效、安全、环保和节能的原则。

施工总平面图表示全工地在施工期间所需各项设施和永久性建筑(已建的和拟建的)之间在空间上的合理布局。它是在拟建项目施工场地范围内，按照施工部署和施工总进度计划的要求，对施工现场的道路交通、材料仓库或堆场、现场加工厂、临时房屋、临时水电管线等做出合理的规划与布置。其作用是用来正确处理全工地在施工期间所需各项设施和永久建筑物之间的空间关系，指导现场施工部署的行动方案，对于指导现场进行有组织有计划的文明施工具有重大的意义。施工过程是一个变化的过程，工地上的实际情况随时在变，因此施工总平面图也应随之做必要的修改。

4.6.1　设计施工总平面图所需的资料

（1）设计资料。包括建筑总平面图、竖向设计、地形图、区域规划图，建设项目范围内的一切已有的和拟建的地下管网位置等。

（2）建设地区的自然条件和技术经济条件。

（3）施工部署、主要项目施工方法和施工总进度计划。

（4）各种材料、构件、半成品、施工机械设备的需要量计划、供货与运输方式。

（5）各种生产、生活用临时房屋的类别、数量等。

4.6.2 施工总平面设计的原则

施工总平面设计的总原则是：平面紧凑合理，方便施工流程，运输方便流畅，降低临时设施费用，便于生产生活，保护生态环境，保证安全可靠。其具体内容如下。

1. 平面布置科学合理，施工场地占用面积少

在保证施工顺利进行的前提下，尽量少占、缓占农田，根据建设工程分期分批施工的情况，可考虑分阶段征用土地。要尽量利用荒地，少占良田，使平面布置紧凑合理。

2. 合理组织运输，减少二次搬运

材料和半成品等仓库的位置尽量布置在使用地点附近，以减少工地内部的搬运，保证运输方便通畅，减少运输费用。这也是衡量施工总平面图好坏的重要标准。

3. 施工区域的划分和场地的临时占用

应符合总体施工部署和施工流程的要求，减少相互干扰，合理划分施工区域和存放区域，减少各工程之间和各专业工种之间的相互干扰，充分调配人力 、物理和场地，保持施工均衡、连续、有序。

4. 充分利用既有建（构）筑物和既有设施为项目施工服务降低临时设施的建造费用

在满足施工顺利进行的前提下，尽量利用可供施工使用的设施和拟建永久性建筑设施，临时建筑尽量采用拆移式结构，以减少临时工程的费用。

5. 临时设施应方便生产和生活，办公区、生活区和生产区宜分离设置

办公区、生产区与生活区应适当分开，避免相互干扰，各种生产生活设施应便于使用，方便工人的生产和生活，使工人往返现场的时间最少。

6. 符合节能、环保、安全和消防等要求

遵守节能、环境保护条例的要求，保护施工现场和周围的环境，如能保留的树木应尽量保留，对文物及有价值的物品应采取保护措施，避免污染环境，尤其是周围的水源不应造成污染。遵循劳动保护、技术安全和防火要求，尤其要避免出现人身安全事故。

7. 遵守当地主管部门和建设单位关于施工现场安全文明施工的相关规定

遵守国家、施工所在地政府的相关规定，垃圾、废土、废料、废水不随便乱堆、乱放、乱泄等，做到文明施工。

4.6.3 施工总平面图设计的内容

施工总平面布置应按照项目分期（分批）施工计划进行布置，并绘制总平面置图。一些特殊的内容，如现场临时用总电、临时用水布置等。

施工总平面布置图应包括下列内容。

（1）项目施工用地范围内的地形状况。

（2）全部拟建的建（构）筑物和其他基础设施的位置。

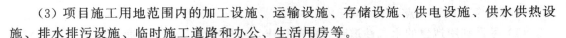

（3）项目施工用地范围内的加工设施、运输设施、存储设施、供电设施、供水供热设施、排水排污设施、临时施工道路和办公、生活用房等。

（4）施工现场必备的安全、消防、保卫和环境保护等设施。

（5）相邻的地上、地下既有建（构）筑物及相关环境。

特别提示

当总平面布置图不能清晰表示时，可单独绘制平面布置图。

4.6.4　施工总平面图设计的要求

施工总平面图应按照规定的图例绘制，图幅一般可选用1～2号大小的图样，比例尺一般为1：2000～1：1000。平面布置图绘制应有比例关系，各种临设应标注外围尺寸，并应有文字说明。现场所有设施、用房应由总平面布置图表述，避免采用文字叙述的方式。

施工总平面布置图应符合下列要求。

（1）根据项目总体施工部署，绘制现场不同施工阶段（期）的总平面布置图。

（2）施工总平面布置图的绘制应符合国家相关标准要求并附必要说明。

4.6.5　施工总平面图的设计步骤

1. 运输线的路布置

设计全工地性的施工总平面图，首先应解决大宗材料进入工地的运输方式。一般材料主要采用铁路运输、水路运输和公路运输三种运输方式，应根据不同的运输方式综合考虑。

一般场地都有永久性道路，可提前修建为工程服务，但要确定好起点和进场的位置，考虑转弯半径和坡度的限制，有利于施工场地的利用。

2. 仓库和堆场的布置

通常考虑设置在运输方便、位置适中、运距较短且安全防火的地方，同时还应区别不同材料、设备的运输方式来设置。一般的，仓库和堆场的布置应接近使用地点，装卸时间长的仓库应远离路边，苗木假植地因靠近水源及道路旁，油库、氧气库等布置在相对僻静、安全的地方。

3. 加工厂的布置

加工厂一般包括混凝土搅拌站、构件预制厂、钢筋加工厂、木材加工厂、金属结构加工厂等。各家工厂的布置应以方便生产、安全防火、环境保护和运输费用最少为原则。通常加工厂宜集中布置在工地边缘处，并将其与相应仓库或堆场布置在同一地区，既方便管理简化供应工作，又降低铺设道路管线的费用。如锯材、成材、粗细木工加工车间和成品堆场要按工艺流程布置，一般应设在施工区的下风向边缘区。

4. 内部运输道路的布置

根据各加工厂、仓库及各施工对象的相对位置，对货物周转运行图进行反复研究，区分主要道路和次要道路，进行道路的整体规划，以保证运输畅通，车辆行驶安全，降低成本。具体应考虑以下几点。

(1) 尽量利用拟建的永久性道路。提前修建，或先修路基，铺设简易路面，项目完成后再铺设路面。

(2) 场内道路要把仓库、加工厂、仓库堆场和施工点贯穿起来。临时道路应根据运输的情况，运输工具的不同，采用不同的结构。一般临时性的道路为土路、砂石或焦渣路，道路的末端要设置回车场。

(3) 保证运输的畅通。道路应设置两个以上的进出口，避免与铁路交叉，一般场内主干道应设置成环形，主干道为双车道，宽度不小于 6m，次干道为单车道，宽度不小于 3m。

(4) 合理规划拟建道路与地下管网的施工顺序。在修建拟建永久性道路时，应考虑道路下面的地下管网，避免重复开挖，一次到位，降低成本。

5. 消防要求

根据防火要求，应设立消防站，一般设置在易燃建筑物（木材、仓库等）附近，要有通畅的出口和消防通道，宽度不能小于 6m，与拟建房屋的距离不得大于 25m，不得小于 5m。沿道路布置消火栓时，其间距不得大于 120m，和路边的距离不得大于 2m。

6. 临时设施的布置

在工程建设施工期间，必须为施工人员修建一定数量的供行政管理和生活福利使用的建筑，临时建筑的设计，应遵循经济、适用、装拆方便的原则，并根据当地的气候条件、工期长短确定建筑结构形式。

(1) 各种行政和生活用房应尽量利用建设单位的生活基地或现场附近的其他永久性建筑，不足部分再考虑另行修建，修建时尽可能利用活动房屋。

(2) 全工地行政管理用房宜设在现场入口处，以方便接待外来人员。现场施工办公室应靠近施工地点。

(3) 职工宿舍和文化生活福利用房，一般设在场外，距工地 500～1000m 为宜，并避免设在低洼潮湿、有灰尘和有害健康的地带。对于生活福利设施，如商店、小卖部等应设在生活区或职工上下班路过的地方。

(4) 食堂一般布置在生活区，或工地与生活区之间。

7. 水电管线和动力设施的布置

应尽可能利用已有的和提前修建的永久线路，这是最经济的方案。若必须设置临时线路，则应去最短线路。

(1) 临时变电站应设在高压线进入工地处，避免高压线穿过工地。

(2) 临时水池、水塔应设在用水中心和地势较高处。管网一般沿道路布置，供电线路避免与其他管道设在同一侧，主要供水、供电管线采用环状布置。

(3) 过冬的临时水管须埋在冰冻线以下或采取保温设施。

(4) 排水沟沿道路布置，纵坡不小于 0.2%，过路处须设涵管，在山地建设时应有防洪设施。

(5) 消防站一般布置在工地的出入口附近，并沿道路设置消防栓。消防栓间距不大于 120m，距拟建房屋不小于 5m，不大于 25m，距路边不大于 2m。

（6）各种管道布置的最小净距应符合规范的规定。

（7）在出入口设置门岗，工地四周设立若干瞭望台。

总之，各项设施的布置都应相互结合，统一考虑，协调配合，经全面综合考虑，选择最佳方案，绘制施工总平面图。

4.6.6　施工总平面图的科学管理

施工总平面图能保证合理使用场地，保证施工现场的交通、给排水、电力通讯畅通；保证有良好的施工秩序；保证按时按质完成施工生产任务，文明施工。因此，对于施工总平面图要严格管理，保证施工总平面图对施工的指导作用。可采取以下措施进行管理。

（1）建立统一的管理制度，明确管理任务，分层管理，责任到人。

（2）管理好临时设施、水电、道路位置、材料仓库堆场，做好各项临时设施的维护。

（3）严格按施工总平面图堆放材料机具，不乱占地、擅自动迁建筑物或水电线路，做到文明施工。

（4）实行施工总平面的动态管理，定期检查和督促，修正不合理的部分，奖优罚劣，协调各方的关系。

本　章　小　结

本章主要概述了施工组织总设计的编制原理、依据、程序，详细介绍了编制施工组织总设计的内容，具体内容包括：施工组织总设计的作用、内容及其编制；工程概况的具体内容；施工部署的作用及内容；主要施工方法的要求和内容；施工总进度计划的作用、步骤；施工准备的任务和内容；资源配置计划的主要内容；施工总平面图的作用、内容、设计要求和步骤，以及科学管理。

通过本章的学习，使学生了解施工组织总设计的编制原则、依据，熟悉施工组织总设计的设计编制的程序及内容，能够根据相关的资料编写具有一定深度的施工组织总设计。

习　　题

一、名词解释

施工组织总设计　　工程概况　　施工部署　　施工总进度计划　　施工准备　　施工资源　　施工现场

二、选择题

1. 施工组织总设计一般由（　　）主持编制。

A. 设计单位　　　　　　　　　　　　　B. 总承包单位

C. 可研报告编制单位　　　　　　　　　D. 单项工程施工单位

2. 在施工组织总设计的施工总进度计划中，需要确定（　　）竣工时间和相互衔接关系。

A. 单位工程　　　　　　　　　　　　　B. 分部工程

C. 分项工程　　　　　　　　　　　　　D. 特殊施工工序

3. 施工总进度计划是施工部署在(　　)上的体现。

A. 空间　　　　　　　　　　　　　　　B. 物质

C. 质量　　　　　　　　　　　　　　　D. 时间

4. 施工准备的核心是(　　)。

A. 现场准备　　　　　　　　　　　　　B. 技术准备

C. 资金准备　　　　　　　　　　　　　D. 劳动力准备

5. 施工总平面图设计的第一步是要确定(　　)。

A. 运输路线　　　　　　　　　　　　　B. 仓库和堆场

C. 临时道路　　　　　　　　　　　　　D. 水电管网

三、填空题

1. 施工组织总设计应包括_____、_____、_____、_____、总体施工准备与主要资源配置计划、_____和_____等基本内容。

2. 施工部署的正确与否，是直接影响建设项目的_____、_____和_____ 3 大目标能否顺利实现的关键。

3. 工程项目的施工顺序一般是按照_____、_____、_____、_____的原则进行安排的。

4. 项目管理组织机构形式应根据施工项目的_____、_____、_____、和_____确定。

5. 正确地编制施工总进度计划，是保证各个系统以及整个建设项目_____，充分发挥_____效果，降低_____的重要条件。

6. 劳动力配置计划应按照_____，并根据_____，参照概(预)算定额或者有关资料确定。

7. 施工总平面图的作用是用来正确处理全工地在施工期间所需_____和_____之间的空间关系，指导现场_____的行动方案，对于指导现场进行有组织有计划的文明施工具有重大的意义。

四、简答题

1. 施工组织总设计有哪些作用？

2. 施工组织总设计的编制依据有哪些？主要有哪些内容？

3. 简述施工组织总设计的编制程序。

4. 项目工程概况主要施工条件包括哪些？

5. 施工部署的主要内容有哪些？

6. 施工总进度计划有哪些作用？

7. 施工准备的主要内容包括哪些？

8. 施工总平面图设计的原则是什么？

五、实训题

根据园林工程施工图，招标文件、施工合同、市政定额等资料，在指导老师的辅导下，独立编制完整的园林工程施工组织设计。

1. 简要说明工程特点。

2. 工程施工特点。

3. 施工部署和主要施工方法。

(1) 熟悉施工图样，划分施工段和施工层。

（2）分解施工过程，确定工程项目名称和施工顺序。

（3）选择施工方法和施工机械，确定施工方案。

（4）熟悉图纸列项并计算工程量，确定劳动力分配或机械台班数及计算工程项目持续时间。

（5）绘制施工横道图，并按进度控制目标进行调整和优化。

4．编制园林工程施工组织设计。

第5章

园林工程单位工程
施工组织设计

教学目标

通过对单位工程施工组织设计的基础知识和编制内容的学习，了解单位工程施工组织设计的基本概念、编制依据与原则、编制程序与内容；掌握单位工程施工程序及施工顺序、施工起点及流向确定方法；掌握施工方法及施工机械选择及各项技术组织措施的制定方法；掌握单位工程施工进度计划及资源需要量计划的编制方法；掌握单位工程施工平面图的设计方法。

教学要求

能力目标	知识要点	权重
了解单位工程施工组织设计的编制基础知识	单位工程施工组织设计的编制依据、编制内容、编制程序	5%
掌握工程概况的编制	工程特点、建设地点特征、施工条件	10%
掌握施工方案的编制	施工顺序的确定；施工方法及施工机械的选择；	30%
掌握施工进度计划的编制	施工进度计划的编制依据、程序、步骤和方法	20%
掌握施工准备工作计划与各种资源需要量计划的编制	施工准备工作计划；各种资源需要量计划	10%
掌握施工平面图的绘制	施工平面图设计的内容、步骤和要点	20%
熟悉施工技术措施与主要经济技术指标	施工技术措施、主要经济技术指标	5%

章节导读

当我们承包某单位工程后，在组织施工之前，有一项重要工作需要做，那就是编制单位工程施工组织设计，施工组织设计就是对工程建设项目在整个施工全过程的构思设想和具体的安排。好的单位工程施工组织设计能使工程建设达到速度快、质量好、效益高，使整个工程在施工中获得相对的最优效果。

知识点滴

单位工程施工组织设计的管理

1. 编制、审批和交底

（1）编制与审批。单位工程施工组织设计由项目技术负责人编制，项目负责人组织，项目经理部全体管理人员参加，企业主管部门审核，企业技术负责人或其授权人审批。

（2）交底。单位工程施工组织设计经上级承包单位技术负责人或其授权人审批后，应在工程开工前由项目负责人组织，对项目部全体管理人员及主要分包单位进行交底并做好交底记录。

2. 群体工程

群体工程应编制施工组织总设计，并及时编制单位工程施工组织设计。

3. 过程检查与验收

（1）过程检查通常划分为地基基础、主体结构、装饰装修3个阶段。

（2）过程检查由企业技术负责人或相关部门负责人主持并提出修改意见。

4. 修改与补充

单位工程施工过程中，当其施工条件、总体施工部署、重大设计变更或主要施工方法发生变化时，项目负责人或项目技术负责人应组织相关人员对单位工程施工组织设计进行修改和补充，报送原审核人审核，原审批人审批，并进行相关交底。

5. 发放与归档

单位工程施工组织设计审批后报送监理方及建设方，发放企业主管部门、项目相关部门、主要分包单位。

5.1　概　　述

引言

在进行施工组织设计编制之前，必须了解编制的对象，应该参考哪些相关文件，如何进行，这些都是本节要介绍的内容。

单位工程施工组织设计一般由施工单位的工程项目主管工程师负责编制，并根据工程项目的大小，报公司总工程师审批或备案。它必须在工程开工前编制完成，以作为工程施工技术资料准备的重要内容和关键成果，并应经该工程监理单位的总监理工程师批准方可实施。

5.1.1　园林单位工程施工组织设计的原则

1. 园林工程招标文件及施工合同

包括园林工程的范围和内容，工程开、竣工日期，工程质量保修期及保养条件，工程造价，工程价款的支付、结算及交工验收办法，设计文件及概算和技术资料的提供日期，材料和设备的供应和进场期限，双方相互协作事项，违约责任等。

2. 园林工程全部图纸资料

包括单位工程园林工程的全部施工图纸、会审记录、标准图和图纸相关说明等有关设计资料。对于较复杂的园林工程，须了解水、电等管线等图纸资料。

3. 园林工程施工组织总设计

园林单位工程是总体项目的一个组成部分，若它是整个园林项目中的一个项目，该单位工程施工组织设计则必须按照建设项目园林工程施工组织总设计的有关内容、各项指标和进度要求进行编制，不得与总设计要求相矛盾。

4. 工程施工的预算文件及定额

应有详细的分部、分项工程量，必要时应有分段或分部位的工程量及预算定额。

5. 施工现场条件

包括自然条件和施工现场条件。自然条件主要考虑特殊季节如雨季和冬天对施工条件的影响，同时注意温度、湿度和风向对绿化种植工程施工的影响。施工现场条件主要包括地形与地貌、场地的占用、现场交通运输道路、周围环境等。

6. 相关单位的需求和可提供的资源

园林单位工程包括多方面的协作，在施工组织设计总要考虑各方面的需求与可提供的资源。须了解设计单位、建设单位的意图与需求；建设单位可以提供的条件，包括水电临时设施等；施工单位可以各种资源的设置情况。

7. 国家、行业相关政策、规范、标准

国家、行业及建设地区现行的有关建设法律、法规、技术标准、质量标准、操作规程、施工验收规范等文件。特别是对新材料、新结构、新技术、新工艺的方面的规范和技术标准。

5.1.2 园林单位工程施工组织设计的内容

根据工程性质、规模、结构特点技术繁简程度的不同，单位工程施工组织设计的内容和深广度要求也应不同。对于简单工程，一般只需要编制施工方案，并附加施工进度和施工平面图。常见的单位工程园林工程施工组织设计的内容应包括工程概况、施工方案、施工进度计划、施工准备工作及各项资源需要量计划、施工平面图、消防安全文明施工及施工技术质量保证措施、成品保护措施等。根据工程的复杂程度，有些项目可以合并或简单编写。总之，单位工程施工组织设计的内容必须要具体、实用，简明扼要，有针对性，使其真正能起到指导现场施工的作用。

特别提示

单位工程施工组织设计可以参考类似园林工程的施工组织设计。

5.1.3 园林单位工程施工组织编制的程序

单位工程施工组织设计的编制程序，是指单位工程施工组织设计各个组成部分形成的先后次序以及相互之间的制约关系。园林单位工程施工组织编制的程序如图 5.1 所示。

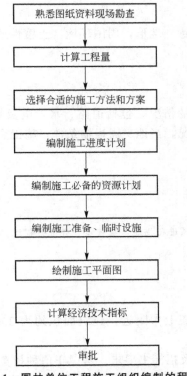

图 5.1 园林单位工程施工组织编制的程序

5.2 工 程 概 况

引言

施工组织设计的第一部分是工程概况，工程概况包括拟建工程的性质、规模，建筑、结构特点、建设条件、施工条件，建设单位的要求等做一个简要的介绍。这样做可使编制者对症下药，也让使用者心中有数，同时使审批者对工程有概略认识。

5.2.1 工程特点

1. 工程建设概况

工程建设概况应说明拟建工程的建设单位，工程名称、性质、规模、用途、资金来源及投资额，工期要求，设计单位、监理单位、施工单位，施工图纸情况，主管部门有关文件及要求，组织施工的指导思想和具体原则要求等。

2. 工程设计概况

主要包括园林设计特点，重点工程的设计特色及对施工的要求。

3. 工程施工特点

概括指出单位工程的施工特点和施工中的关键问题，以便在选择施工方案、组织资源供应，技术力量配备以及施工准备上采取有效措施，保证施工顺利进行。

5.2.2 建设地特征

主要说明园林工程的位置、地形，周围环境，土壤性质检测，地下水位、气温，冬雨季施工等。

5.2.3 施工条件

主要说明园林工程现场的情况，包括道路、水、电及场地平整情况，现场临时设施、场地使用范围及四周环境情况，当地交通运输条件，施工企业生产资料的准备情况和技术管理水平。

特别提示

上述方面的内容可以分项逐项进行描述，也可以合并进行描述。

5.2.4 案例

1. 案例一

学林雅园位于沙坪坝重庆七中附近，建筑面积约为 $3000 m^2$。包括园林，广场，舞台等项目的施工。

根据土建主体工程进度及招标书要求，考虑正值种植黄金季节，该部分工程分两大块同时进行，施工两大班轮休。其中广场铺装及浅水池为施工主线，绿化换土种植为辅线，园林景观工程确保在 4 月 6 日全部完成。

园林景观工程内部大致为：广场、通路、花钟、装饰挡土墙，景观树、大门、浅水池、绿化等，因任务重，分工细，质量品位高，工期极短，要求施工单位科学施工组织，规模化，高效化，这正符合我公司正规化，规模化及施工过程一体化的现代管理模式，也给我们提供了选择挑战，迎接挑战，树立公司知名品牌的大好时机。

本工程设计新颖，品位较高，戏水池体现出小区"楼不在高，有水则灵"的总观，增添了"活"气；特色广场、景观树、特色大门时尚灯饰又使小区尽透了现代气息；草坪铺垫，不规则色带植物或花灌乔木色块衬托，风情各异，景观植物点缀其中，尽现优雅别致。我公司承包环境绿化方式，深感责任重大，牢记"细部不细前功尽弃"的警名，苦练内功，规矩方圆，奉献精品，我们相信，通过我们的双手，为重庆山城焕发青春增添一道炫丽的亮景。

2. 案例二

1）工程概况。

茅山道教文化广场位于江苏省句容市茅山风景区入口处，占地近 $50000 m^2$。内有假山、园路、小桥、小溪、铺装、亭、廊等设施，属茅山风景区新增重点配套设施，由南京花苑环境设计工程有限公司设计，江苏山水园林建设有限公司施工。工程开挖土方 $12000 m^3$；假山用黄石堆砌，计划用石料 3000t 以上；园路 $1500 m^2$；小桥 5 座；中心广场铺装 $1200 m^2$；

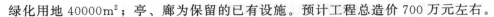

绿化用地 40000m²；亭、廊为保留的已有设施。预计工程总造价 700 万元左右。

2）工程特点

① 工期紧。因旅游需要，该工程合同工期为 81d，2008 年 6 月 7 日开工，8 月 26 日竣工。茅山风景区地处苏南地区，6 月中下旬至 7 月上中旬为梅雨季节，将严重影响工程进度。

② 平行工作多。因工期紧，多个分部工程同时开工，工作面相对狭小，施工人员相互干扰大，不利于进度控制。

③ 环境要求高。因工程地处风景区，游人多，既要确保游人及施工人员的安全，又要确保环境清洁卫生。对场地物品的堆放、施工人员文明施工、周边环境保护等要求高，相对也影响到工程的进度。

5.3 施 工 方 案

引言

施工方案是施工组织设计的核心内容，是直接指导单位工程的施工活动，也是施工进度安排和资源需求计划的基础，本节就重点介绍施工方案相关知识。

施工方案的选择是施工单位在工程概况及特点分析的基础上，结合自身的人力、材料、机械、资金和可采用的施工方法等生产因素进行相应的优化组合，全面、具体地布置施工任务，再对拟建工程可能采用的几个方案进行技术经济的对比分析，选择最佳方案。主要内容包括安排施工流向和施工顺序，确定施工方法和施工机械，制定保证成本、质量、安全的技术组织措施等。

5.3.1 确定施工起点及流向

施工起点及流向（多流水施工）是指单位工程在平面或空间上开始施工的部位及其流动方向，主要取决于合同规定、保证质量和缩短工期等要求。一般来说，园林施工主要是定出分段施工在平面上的施工流向，如果有多层及高层园林建筑，除了要定出每一层在平面上的流向外，还要定出分层施工的流向。在确定施工流向时，一般应考虑以下几个因素。

（1）满足施工方法、施工机械和施工技术的要求。

（2）分部分项工程施工的繁简程度。一般对技术复杂、施工进度较慢、工期较长的工段或部位应先施工。

（3）建设单位的要求，对要求急的应先施工。如在小区园林工程工程中一般先进行道路、喷泉施工完毕后进行园林绿化施工，在马上开盘的情况下，可能要求先进行园林绿化工程施工。

（4）施工流水在平面或空间开展时，要符合工程质量与安全需求。

5.3.2 施工顺序

施工顺序是指各分项工程或工序之间施工的先后顺序。施工顺序受自然条件和物质条件的制约，选择合理的施工顺序是确定施工方案、编制施工进度计划时应首先考虑的问题，它对于施工组织能否顺利进行，对于保证工程的进度、工程的质量，都有十分重要的作用。施工顺序的科学合理，能够使施工过程在时间和空间上得到合理的安排。虽然施工顺序随工程性质、施工条件不同而变化，但经过合理安排还是可以找到可供遵循的共同规律。考虑施工顺序时应注意以下几点。

1. 施工顺序应遵循的基本原则

1）遵守"先准备后施工"、"先地下后地上"的一般原则

（1）"先准备后施工"是指单位工程开工前必须做好一系列准备工作，具备开工条件后还应写出开工报告，经上级审查批准后才能开工。这样能保证开工后应能够连续施工，以免造成混乱和浪费。

特别提示

这里施工准备不仅指建设项目开工前，应完成全场性的准备工作，如平整场地、路通、水通、电通等；还包括同样各单位工程（或单项工程）和各分部分项工程，开工前其相应的准备工作必须完成。施工准备工作实际上贯穿整个施工全过程。

（2）"先地下后地上"是指地上工程开始之前，尽量把管道、线路等地下设施、土方工程和基础工程完成或基本完成，以免对地上部分施工产生干扰，提供良好的施工场地。

2）园林建筑施工

它宜"先主体后围护"、"先结构后装修"、"先土建后设备"

（1）"先主体后围护"主要是指框架建筑等先进行主体结构，后围护结构的程序和安排。

（2）"先结构后装修"是就一般情况而言。有时为了缩短工期，也可以部分搭接施工。

（3）"先土建后设备"是指对建筑来说，一般宜先进行土建施工，再进行水暖煤电卫等建筑设备的施工。但它们之间更多的是穿插配合的关系，尤其在装修阶段，应处理好各工种之间协作配合的关系。

3）合理安排园林绿化工程程序

园林绿化工程对时间的要求比较高，尤其是大树种植工程适宜的季节是春和秋季，在夏季施工施工技术难度大，后期养护管理要求高，成活率不高，会增加成本。尽量将园林绿化工程安排在适宜的季节进行。

2. 施工顺序的基本要求

（1）必须符合施工工艺的要求。某些施工工艺之间存在客观规律和相互制约关系，在施工顺序安排中必须满足其工艺要求。如基础工程未做完，其上部结构就不能进行，垫层需在土方开挖后才能施工；种植工程中土坑没有挖好不能进行植物的种植。

（2）必须与施工方法和所用的施工机械协调一致。在假山工程施工中采用 GRC 假山和堆石假山所采用的施工方法和施工机械就存在一定差异。

（3）必须考虑施工组织的要求。当施工顺序有几种施工方案时，应从施工组织上进行分析、比较，选择便于施工组织和开展的方案。如草坪工程可以在乔木种植之前进行，也可以安排在乔木种植之后进行。从施工组织方面考虑，采用后面方案施工比较方便，给乔木的吊运留下足够空间；采用前面方案施工比较困难，在乔木的种植中容易破坏草坪。

（4）必须考虑施工质量的要求。在安排施工顺序时，要以保证和提高工程质量为前提，影响工程质量时，要重新安排施工顺序或采取必要的技术措施。如建筑屋面防水层施工，必须等找平层干燥后才能进行，否则将影响防水工程的质量，特别是柔性防水层的施工。

（5）必须考虑当地的气候条件。如在夏季来临之前，应尽量完成乔木的种植工程；冬期和雨期到来之前，应尽量先做基础工程。

3. 施工顺序的案例

某城市道路绿化工程施工程序如图 5.2 所示。

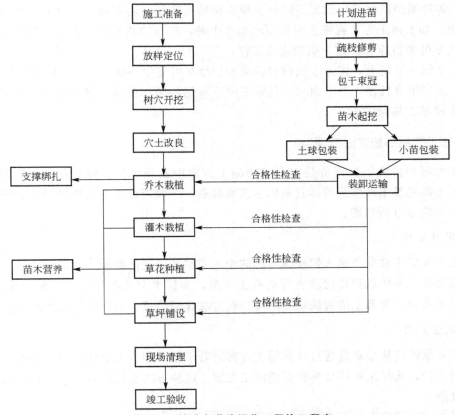

图 5.2　某城市道路绿化工程施工程序

5.3.3　施工方法和施工机械的选择

选择施工方法和施工机械是施工方案中的关键问题，它直接影响施工质量、进度、安全以及工程成本，因此在编制施工组织设计时必须加以重视。

1. 施工方法的选择

施工方法应根据工程类别，对不同的分部分项工程采用不同的施工方法。对于工程量大的，施工工艺复杂的或采用新技术、新工艺的工程项目，应有施工详图，施工方法详细，特别是对不熟悉的或特殊的施工细节的施工方法都应作重点要求。对于常见的工程项目或者采用常规的方法进行施工，施工方法可以简化。如在园林绿化工程中大树种植施工方法应该详细，对于一般草坪的铺设可以简单。

2. 施工机械的选择

施工机具是园林工程施工中质量和工效的基本保证。现代化的园林工程施工具有较高的综合性，因此园林工程施工施工机具具有多样性。在施工中不仅用到建筑施工中常见的垂直运输、挖土机和设备安装，还会设计一些中小型机械，如型材切割机、修剪机等。在选择施工机具时，要从以下几个方面进行考虑。

（1）选择施工机械时，应首先根据工程特点，选择适宜主导工程的施工机械。如大型土方工程时，应该根据土壤类别、施工现场条件、开挖深度来选择挖土机类型和型号。

（2）各种辅助机械或运输工具应与主导机械的生产能力协调配套，以充分发挥主导机械的效率。如上述土方工程施工中采用汽车运土时，汽车的载重量应为挖土机斗容量的整数倍，汽车的数量应保证挖土机的连续工作。

（3）在同一工地上，应力求机械的种类和型号尽可能少一些，以利于机械管理。

（4）适当租借机械，对于园林工程施工中不常见的园林机械，宜采用租借方式，以满足园林工程施工临时需求。

5.3.4 施工方案的技术经济评价

施工方案的技术经济评价是在众多的施工方案中选择出快、好、省、安全的施工方案。施工方案的技术经济评价涉及的因素多而复杂，一般来说施工方案的技术经济评价有定性分析和定量分析两种。

1. 定性分析

施工方案的定性分析是人们根据自己的个人实践和一般的经验，对若干个施工方案进行优缺点比较，从中选择出比较合理的施工方案。如技术上是否可行、安全上是否可靠、经济上是否合理、资源上能否满足要求等。此方法比较简单，但主观随意性较大。

2. 定量分析

施工方案的定量分析是通过计算施工方案的若干相同的、主要的技术经济指标，进行综合分析比较，选择出各项指标较好的施工方案。这种方法比较客观，但指标的确定和计算比较复杂。

主要的评价指标有以下几种。

（1）工期指标。当要求工程尽快完成以便尽早投入生产或使用时，选择施工方案就要在确保工程质量、安全和成本较低的条件下，优先考虑缩短工期，在钢筋混凝土工程主体施工时，往往采用增加模板的套数来缩短主体工程的施工工期。

（2）机械化程度指标。在考虑施工方案时应尽量提高施工机械化程度，降低工人的劳动强度。积极扩大机械化施工的范围，把机械化施工程度的高低，作为衡量施工方案优劣的重要指标

$$施工机械化程度＝机械完成的实物工程量×100\%/全部实物工程量 \qquad (5-1)$$

（3）主要材料消耗指标。反映若干施工方案的主要材料节约情况。

（4）降低成本指标。它综合反映工程项目或分部分项工程由于采用不同的施工方案而产生不同的经济效果。其指标可以用降低成本额和降低成本率来表示。

$$降低成本额＝预算成本－计划成本 \qquad (5-2)$$

$$降低成本率＝降低成本额×100％/预算成本 \qquad (5-3)$$

5.3.5 施工方案的案例

某高速公路管理处绿化施工方案

1. 施工布置

由于本工程为园林绿化工程，为方便设备材料调配及施工管理，我们拟将本工程分为整地、铺种植土、栽乔木或灌木、铺草皮4个分项工程，组织专业的施工队伍进行施工。

2. 施工顺序

本工程为生活区园林绿化工程，建筑主体工程已完工，除部分地段的工程防护及部分管线安装工程项目协调外，基本无需考虑其他项目协调的因素，因此，只需考虑本工程范围内先后施工次序，根据工程的实际情况，确定施工构成和施工工艺框如图5.3所示。

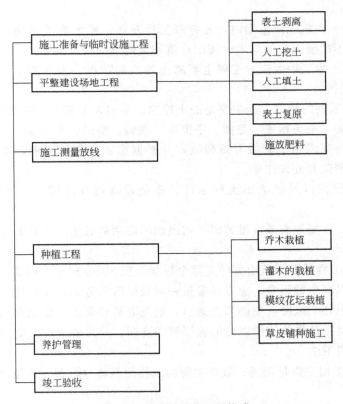

图 5.3　工程的分项工程构成

3. 施工方法

1) 施工现场准备

(1) 施工前经监理工程师批准，并办理种植施工面验收合格后的移交手续。

(2) 施工前对施工进行清理，清除影响工程作业的建筑垃圾、杂草等杂物。

(3) 对于土质较差的土方，在维持原设计标高的前提下，为保证苗木成活率及成型效果，需进行客土，客土数量及方式按照设计施工。

（4）对于设计文件中注明需要开挖铺设营养土的，按设计要求铺设表土。

2）施工程序和方法

本工程项目土方工程采用人工挖掘，机械运输；绿化采用机械运输人工栽植的施工方法进行施工。根据对施工现场形状与规模、机械供应、材料供应、工期预算、施工顺序等有关的条件进行研究之后，对各个分项工程的施工程序和方法如下。

（1）施工放样。

① 布置方格网。施工场地清理平整后根据施工总平面图上方格网的布置和设计图纸上指定的相对标高参照点，用经纬仪、水准仪、钢尺进行网点的测设，本工程的方格网为5m×5m。在各方格网点上做控制桩，并测出各标桩的自然地形、标高，作为计算挖、填土方量和施工控制的依据。

② 施工放线。本工程的园路、管线、种植的定位、放线工作根据已布置的方格网点的主轴线精确引测到各个控制点上。

（2）土方施工。

① 清理场地。在施工地范围内，凡有碍工程开展，或影响工程稳定的地面物和地下物都应清理，如不需要保留的树木，废旧建筑物或地下的构筑物等。

② 土方施工。本工程的土方工程主要渣土外运和种植。土方施工一般可分挖方、运土、填土 3 个阶段。

a. 挖方。该工程的挖方工程主要是渣土挖掘。采用人工挖土、机械外运。

主要机具：尖、平头铁锹、受锤、手推车、铁镐、钢尺、小线等。

土方开挖前，摸清地下管线等障碍物，并根据施工方案的要求，将施工区域内的地上、地下障碍物清除和处理完毕。

根据基础和土质以及现场出土等条件，要合理确定开挖顺序，然后分段分层平均开挖。

开挖的土方，在场地有条件堆放时，留足回填需用的好土，多余的土方一次运至弃土处，避免二次搬运。

b. 运土。该工程需要回填土方的是整个绿化面积 30cm 种植土回填。竖向设计一般都力求土方平衡，以减少搬运量。土方运输是一项较艰巨的劳动，我们用机械运土并组织好运输路线，采用回环式道路，明确卸土地点，避免混乱和窝工。运土车辆设专人指挥，使卸土位置准确，避免乱堆乱卸给以后的施工带来麻烦。外运渣土时，防灰尘、撒露，不影响院内及院外道路卫生。

c. 填土。本工程主要是花架、景观架等构筑物的基坑(槽)和管沟以及绿化面内种植土客土回填。

填土前将基坑(槽)底或地坪上的垃圾等杂物清理干净。

检验回填土的质量有无杂物，粒径是否符合规定，以及回填土的含水量是否在控制的范围内。

回填土分层铺摊，每层铺土厚度根据土质、密实度要求和机具性能确定。一般蛙式打夯机每层铺土厚度为 200～250mm，人工打夯不大于 200mm。每层铺摊后，随之耙平。

基坑(槽)的回填土要进行夯实，每层至少夯打 3 遍。打夯应一夯压半夯，夯夯相接，行行相连，纵横交叉。

回填管沟时，为防止管道中心线位移或损坏管道，用人工先在管子两侧填土夯实，并由管道两侧同时进行。

填土全部完成后，进行表面拉线找平，凡超过标准高程的地方，及时依线铲平；凡低于标准高程的地方，补土夯实。

（3）绿化工程。

① 苗木来源。苗源按图纸所规定的规格在公司苗木基地选苗，如公司苗木基地缺少某些品种时，则就在附近的苗圃选购，选购的苗木严格检疫。

② 确保苗木质量。选苗时除了根据设计提出的对规格和树形的要求外，还要选择长势苗壮、无病虫害、无机械损伤、树形端正、根系发达的苗木。出圃苗木安排专人检查，做到四不出圃，即：品种不对、规格不符、质量不合格、有病虫害不出圃。育苗期中没经过移栽的留床老苗最好不用，其移栽成活率比较低，移栽成活后多年生长势都很弱，绿化效果不好。苗木选定后，要挂牌或在根基部位划出明显标记，以免挖错。

a. 乔木和灌木的选择。

（a）树木发育正常，苗干粗直，生长茂盛，上下均匀，顶芽良好，根系发达，根幅大、主根短而直，苗茎壮。

（b）单株植物原土栽植，土球直径为根径的 8～12 倍，草袋牢固包装，树冠捆扎良好，以防折断。

（c）裸根植物，将根部浸入调制的泥浆中，粘满泥浆后取出，衬以青苔或草类，用竹筐或草袋包装。

（d）无节疤、无晒伤、擦伤、冻害及其他外损伤。

（e）植物外表健壮，长势良好，能经受适当的顶部与根部修剪。

（f）乔木干形挺直，树枝发育好，依其自然习惯对称生长，无直径在 2cm 以上的伤疤和截枝。

b. 草本植物。选择乡土植物，耐寒力强、容易生长、蔓延面大、根系发达、茎低矮、有匍匐茎、耐旱、抗逆性强，长期效果好。

③ 定点放线。严格按图纸设计进行放样定点，测出苗木栽植位置和株行距。

行道树树穴采用整形式放线法：先将路面的中心作为依据，用皮尺，按设计的株距，每隔 10 株钉一木桩作为定点位和栽植的依据。

中间弧线的放线方法为：可以从弧的开始到末尾与路牙垂直的直线。在此直线上，按设计要求的树与路牙的距离定点，把这些点连接起来就成为近似弧线，在此线上再按株距要求定出各点来。

对完成放样式工作的区域再次进行图样校核后，报请建设、监理单位签认合格后，作为正式种植面。

对样图关键点位立柱，保证交叉作业破坏后的复样。

④ 掘苗。掘苗处土壤干燥，在掘苗前 3 天灌一次水，使土壤含水量不低于 17%。

常绿树或灌木掘苗前用草绳将树冠围拢。挖掘的苗木根系或土球直径按园林绿化施工技术规范实施。掘苗后，装车前进行粗略修剪，剪去冗长枝和病虫枝。

⑤ 种植穴、槽的挖掘。挖掘前，了解地下管线和隐蔽埋设情况。种植穴、槽的大小，视苗木根系、土球直径和土壤情况而定。穴槽必须垂直下挖，上口下底相等，挖掘时表土与底土分别堆放。挖完后，先填表土，再填底土。如穴槽内土质差或瓦砾垃圾多，及时换新土。要施入认真腐熟的有机肥做基肥，其上铺一层 5cm 以上的土壤，使苗木根系不直接

触及肥料。

⑥ 装车、运苗、卸车、假植。苗木在装卸时，轻吊轻放，不损伤苗木和造成散球。

土球苗木装车时，按车辆行驶方向，将土球向前、树冠向后码放整齐；花灌木和低于2m的带土球苗木可直立装车。

裸根苗木长途运输时，覆盖并保持根系湿润。装车时按顺序码放整齐；装车后将树干绑牢，并加垫层以防磨损树干。

凡是苗木运到后几天以内不能及时栽种的，都要进行假植。要按苗木种类、规格分区假植，假值后要浇水，假植区的土质不宜泥泞，地面不能积水。

⑦ 栽植。

a. 常绿乔木的栽植。

（a）定植前的修剪。本工程中的大乔木，如香樟、大桂花等定植前必须经过修剪，其主要目的是减少水分的散发，保证树势平衡，以保证树木成活。除要剪去枯病枝、受伤枝，对于这些树种可进行强修剪，树冠可剪去 1/2 以上，这样可减轻根系负担，维持树木体内水分平衡，也使树木栽后稳定，不致招风摇动。树木定植前还要对根系进行适当修剪，主要是将断根、劈裂根、病虫根和过长的根剪去。修剪时剪口应平而光滑，并及时涂抹防腐剂以防过分蒸发、干旱、冻伤及病虫危害。

（b）定植方法。将苗木的土球或根兜放入种植穴内，使其居中；再将树干立起，扶正，使其保持垂直；然后分层回填种植土，填土后将树根稍向上提一提，使根群舒展开，每填一层土就要把将土插紧实，直到填满穴坑，并使土面能够盖住树木的根颈部位，初步栽好后还应检查一下树干是否仍保持垂直，树冠有无偏斜；若有所偏斜，就要再加扶正。

（c）定植后的养护管理。乔木在栽植后应支撑，以防浇水后大风吹倒苗木。树木定值后 24h 内必须浇上第一遍水，水要浇透，使泥土充分吸收水分，根系与土紧密结合，以利根系发育。

树木栽植后应时常注意树干四周泥土是否下沉或开裂，如有这种情况应及时加土填平踩实。

b. 灌木的栽植。

（a）定植前的修剪。灌木的修剪和以上所述乔木的修剪原理基本一致，只是灌木的修剪要保持其自然树形，短截时应保持外低内高。

（b）定植办法及定植后养护管理。灌木的定植方法和定植后养护管理与上述乔木定植原理基本一致。

c. 铺种草坪。

（a）场地准备。为了使草坪保持优良的质量，减少管理费用，应尽可能使土层厚度达到 40cm 左右；清除地面野草、垃圾、废弃物及 30～40cm 厚土层内的土灰等酸碱过大的渣土；平整后撒施基肥，然后普遍进行一次耕翻。土壤疏松、通气良好有利于草坪植物的根系发育，也便于播种或栽草；在耕翻过程中若发现局部地段土质欠佳或混杂的杂土过多，则应换土。虽然换土的工作量很大，但必要时须彻底进行，否则会造成草坪生长极不一致，影响草坪质量。

（b）排水及灌溉系统。最后平整地面时要结合考虑地面排水问题，不能有低凹处，以避免积水。草坪利用缓坡来排水，中部稍高，逐渐向四周或边缘倾斜。

（c）草坪铺植。本工程草坪采用马尼拉草铺种。选定生长势强，密度高，而且有足够

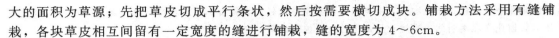

大的面积为草源；先把草皮切成平行条状，然后按需要横切成块。铺栽方法采用有缝铺栽，各块草皮相互间留有一定宽度的缝进行铺栽，缝的宽度为 4～6cm。

（d）草坪的养护管理。种植施工完成后，一般经过 1～2 周的养护就可长成丰满的草坪。草坪长成后，还要进行经常性的养护管理，才能保证草坪景观长久地持续下去。草坪的养护管理工作主要如下。

灌溉：灌水的时间和量要根据生长季节、降水量等来确定。

施肥：在建造草坪时施基肥，草坪建成后在生长季需施追肥。第一次在返青后，可起促进生长的作用；第二次在仲春。天气转热后，停止追肥。

修剪：修剪是草坪养护的重点，而且是费工最多的工作。修剪能控制草坪高度，促进分蘖，增加叶片密度，抑制杂草生长，使草坪平整美观。一般的草坪一年最少修剪 4～5 次，修剪时高度要求越低，修剪次数就越多。

除杂草：防、除草的最根本的方法是合理的水肥管理，促进目的草的生长势，增强与杂草的竞争能力、并通过多次修剪，抑制杂草的发生。一旦发生杂草侵害，除用人工"挑除"外，还可用化学除草剂。

⑧ 化工程的养护与管理。本工程公司将进行一年的养护管理，从工程竣工验收到移交的养护期间我公司将派驻 3～4 个人长期在工地负责养护。主要工作内容为：灌水、排水、除草、中耕、施肥、修剪整形、病虫害防治、防风防寒等。

a. 灌水与排水。苗木栽植后为了保持地上、地下部分水分平衡，促发新根，保证成活，要经常灌溉，使土壤处于湿润状态，在 5～6 月气温升高、天气干旱时，还需向树冠和枝干喷水保湿，此项工作于清晨或傍晚进行。灌水次数因种类、地工和土质而异；灌水量因不同树种而不同，灌水时做到灌透，浇灌到栽植层，但又不可过量，灌水量以土壤中达到田间持水量的 60%～80% 最合适。绿地排水按照设计的要求做自然坡度排水或开设排水沟。

b. 肥。保证无因水肥管理不当造成的弱势株和干枯株。在春季发叶、发梢、扩大冠幅之际大量施入氮肥或氮为主的肥料，花芽分化时期许多施以磷为主的肥，秋季加施磷肥、钾肥，停止使用氮肥，使植株能按时结束生长，安全越冬。

c. 地除杂。在绿地内无明显杂草杂物，建植一年内每 100 绿地草丛杂草 <500 株，正常落叶每三天清扫一次；无裸露地。

d. 虫防治。花草苗木移栽后易感染病虫，必须做到有的放矢，防患于未然。常见树木花草病害有树脂病、流胶病、炭疽病等，可用 50% 多菌灵或代森锰锌 1000～1500 倍液喷雾；常见的虫害很多，如春鹃（粉虱）：80% 敌敌畏 1000～1500 倍液喷杀，每三天喷一次，连喷数次，红继木（金龟子、红蜘蛛）："菌酯类" 1000～1500 倍液喷杀，每两天喷一次，连喷数次。

e. 剪整形。灌木及草坪类生长旺季一个月修剪三次，淡季一个月一次；乔木类四个月定型修剪一次。修剪要求边角整齐，线条流畅，树形美观。整形修剪可常年进行，如结合抹芽、摘心、除蘖、剪枝等，但大规模整形修剪在休眠期进行，以免伤流过多，影响树势。

5.4 施工进度计划

 引言

现代园林工程项目往往工期要求非常紧迫，通常会出现加班和赶工的情况，如果不是正常有序的施工，难免会出现施工质量和施工安全问题，甚至会引起成本的增加，这种情况也给施工方带来的很大的压力。因此合理编制施工进度计划是进行进度控制的第一步。

单位工程施工进度计划是施工组织设计的重要组成部分，也是编制月、季度施工作业计划及各项资源需要量计划的依据。施工进度计划是在确定了施工方案的基础上，根据规定工期和各种资源的供应条件，按照施工过程的合理施工顺序及组织施工的原则进行制定的。它反映了施工方案在时间上的安排，是控制工程施工进度和工程竣工期限等各项施工活动的实施计划。通常采用横道图或网络计划图作为表现形式。

5.4.1 概述

1. 施工进度计划的作用

（1）指导施工。确保施工进度和施工任务如期完成。

（2）确定各主要分部分项工程名称及其施工顺序，确定各施工过程需要的延续时间、它们互相之间的衔接、穿插、平行搭接、协作配合等关系。

（3）编制各种生产资料计划的依据。包括确定为完成任务所必需的劳动工种和总劳动量、各种机械、各种技术物资资源的需要量及资金计划的编制。

（4）工期索赔的重要依据。

2. 施工进度计划的分类

单位工程施工进度计划根据施工项目划分的粗细程度可分为控制性施工进度计划和指导性施工进度计划两类。

1）单位工程控制性施工进度计划

这种控制性施工计划是以分部工程作为施工项目划分对象，控制各分部工程的施工时间及它们之间互相配合、搭接关系的一种进度计划。它主要适用于工程结构比较复杂、规模较大、工期较长而需要跨年度施工的工程，如大型公园。还适用于规模不是很大或者结构不算复杂，但由于施工各种资源（劳动力、材料、机械等）不落实，或者由于工程建筑、结构等可能发生变化以及其他各种情况。

2）单位工程指导性施工进度计划

这种指导性施工进度计划是以分项工程或施工过程为施工项目划分对象，具体确定各个主要施工过程施工所需要的时间以及相互之间搭接、配合的关系。它适用于任务具体而明确、施工条件落实、各项资源供应正常、施工工期不太长的工程。

编制控制性施工进度计划的单位工程，当各分部工程或施工条件基本落实以后，在施工之前也应编制指导性施工计划。这时，可按各施工阶段分别具体的、比较详细的进行编制。

3. 施工进度计划的编制依据

（1）经过审批的建筑总平面图及工程全套施工图、地形图及水文、地质、气象等资料。

（2）施工组织总设计对本单位工程的有关规定。

（3）建设单位或上级规定的开竣工日期。

（4）单位工程的施工方案，如施工程序、施工段划分、施工方法、技术组织措施等。

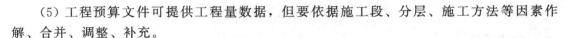

（5）工程预算文件可提供工程量数据，但要依据施工段、分层、施工方法等因素作解、合并、调整、补充。

（6）劳动定额及机械台班定额。

（7）施工企业的劳动资源能力。

（8）其他有关的要求和资料，如工程合同等。

5.4.2 施工进度计划的表示方法

施工进度计划的表示形式有多种，最常用的是横道图和网络图两种。

5.4.3 施工进度计划的编制

根据施工进度计划的程序，现将其编制的主要步骤和方法介绍如下。

1. 划分施工项目

编制施工进度计划时，首先应按照图纸和施工顺序，将拟建单位工程的各个施工过程列出，并结合施工方法、施工条件、劳动组织等因素，加以适当调整，使之成为编制施工进度计划所需的施工项目。施工项目是包括一定工作内容的施工过程，它是施工进度计划的基本组成单元。

在划分施工项目时，应注意以下几个问题。

1）考虑施工项目划分的粗细程度

对控制性施工进度计划，项目划分得粗一些，通常只列出分部工程，而对指导性施工进度计划，项目的划分要细一些，应明确到分项工程或更具体，以满足指导施工作业的要求。施工项目划分的粗细程度一般应根据进度计划的需要来决定。

2）结合所选择的施工方案

不同施工方案，其施工工艺要求不同，施工项目的划分存在差异。如园凳的施工，若采用现场砌筑，施工项目按照砌筑施工工艺来确定；若采用预制后直接安装，施工项目按照安装施工工艺来确定。

3）适当合并施工项目

适当简化进度计划的内容，避免施工项目划分过细、重点不突出。因此，可考虑将某些穿插性分项工程合并到主要分项工程中去，如挖土可并入基础工程；而对于在同一时间内由同一施工班组施工的过程可以合并，如景亭中的钢架油漆、钢支撑油漆等可合并为钢构件油漆一个施工过程；对于次要的、零星的分项工程，可合并为"其他工程"一项列入。

4）明确施工的类型

根据施工过程对工程进度的影响程度可分为三类。第一类为资源驱动的施工过程，这类施工过程直接在拟建工程进行作业、占用时间、资源，对工程的完成与否起着决定性的作用，它在条件允许的情况下，可以缩短或延长工期。第二类为辅助性施工过程，它一般不占用拟建工程的工作面，虽需要一定的时间和消耗一定的资源，但不占用工期，可不列入施工计划以内，如材料运输、场外构件加工或预制等。第三类施工过程直接在拟建工程进行作业，但它的工期不以人的意志为转移，随着客观条件的变化而变化，它应根据具体情况列入施工计划，如混凝土的养护。

特别提示

水、电、建筑小品等安装工程不必细分具体内容，由各专业施工队自行编制计划并负责组织施工，而在单位工程施工进度计划中只要反映出这些工程与园林工程的配合关系即可。

施工过程划分和确定之后，理清各施工项目之间的逻辑联系，一般按照施工工艺的顺序确定。再将确定的各分部分项工程名称填入施工进度计划表中。其名称可参考现行的施工定额手册上的项目名称。

2. 计算工程量

工程量计算是一般应根据施工图纸、有关计算规则及相应的施工方法进行。但是如果在工程项目的前期工作如设计概算、施工图预算、施工预算中已经进行了工程量计算，在单位工程施工进度计划中不必再重复计算，只需直接套用施工预算的工程量，或根据施工预算中的工程量总数，按各施工层和施工段在施工图中所占的比例加以划分即可，因为进度计划中的工程量，仅用来计算各种资源需用量，不作为计算工资或工程结算的依据，故不必精确计算。

特别提示

计算工程量应注意

各分部分项工程的工程量计算单位应与采用的施工定额中相应项目的单位一致，以便计算劳动量及材料需要量时可直接套用定额，不再进行换算。

工程量计算应结合选定的施工方法和安全技术要求，使计算所得工程量与施工实际情况相符合。

3. 套用施工定额，确定劳动量和机械台班量

根据所划分的施工项目和施工方法，套用施工定额（当地实际采用的劳动定额及机械台班定额或当地生产工人实际劳动生产效率），结合当时当地的具体情况加以确定劳动量和机械台班量。（施工单位可在现行定额的基础上，结合本单位的实际情况，制定扩大的施工定额，作为计算生产资源需要量的依据）。

特别提示

套用国家或地方的定额，必须注意结合本单位工人的技术等级、实际施工操作水平、施工机械情况和施工现场条件等因素，确定完成定额的实际水平，使计算出来的劳动量、机械台班量符合实际需要，为准确编制施工进度计划打下基础。有些采用新技术、新材料、新工艺或特殊施工方法的项目，施工定额中尚未编入，这时可参考类似项目的定额、经验资料，或按实际情况确定。

（1）劳动量与机械台班数的确定一般按公式（5.4）计算：

$$P_i = \frac{Q_i}{S_i} = QH_i$$

（5－4）

式中：P_i——某分部分项工程所需的机械台班数量（台班）或劳动量（工日）；

Q_i——工程量（m^3、m^2、m……）；

S_i——产量定额（m^3/工日、m^2/工日、m/工日……）；

H_i——采用时间定额（工日/m^3、工日/m^2、工日/m、工日/t……）。

【例 5.1】 已知某路面铺装进行花岗岩石材板地面铺设，其工程量为 $524.8m^2$，时间定额为 63.24 工日/$100m^2$，计算完成该路面工程所需劳动量。

【解】 按式（5-4）有：

$$P = QH = 524.8 \times 0.6324 = 332（工日）$$

若每工日产量定额为 $2.25m^2$/工日，则完成楼地面铺花岗岩石材板工程所需劳动量公式（5.4）计算为：

$$P = Q/S = 524.8 \div 2.25 = 233（工日）$$

（2）当施工项目由两个或两个以上的施工过程或内容合并组成时，其总劳动量可按公式（5-5）进行计算：

$$P_总 = \sum P_i = P_1 + P_2 + P_3 \cdots P_n \tag{5-5}$$

【例 5.2】 乔木种植工程中，樟树（$D=8cm$）种植量 100 株，广玉兰（$D=12cm$）200 株，其时间定额分别为 0.12 工日/株和 0.23 工日/株，试计算完成该细部工程所需总劳动量。

【解】

$$P_樟 = 100 \times 0.12 = 12（工日）$$

$$P_广 = 200 \times 0.23 = 46（工日）$$

$$P_总 = P_樟 + P_广 = 12 + 46 = 58（工日）$$

（3）当合并的施工过程由同一工种的施工过程或内容组成，但是施工做法、材料等不相同时，可按公式（5-6）求其加权平均定额来确定劳动量或机械台班量。

$$\overline{S}_i = \frac{\sum Q_i}{\sum P_i} = \frac{Q_1 + Q_2 + \cdots + Q_n}{P_1 + P_2 + \cdots + P_n} \tag{5-6}$$

$$= Q_1 H_1 + Q_2 H_2 + \cdots + Q_n H_n$$

式中：　　$\overline{S}_i$——某施工项目的加权平均产量定额（m^3/工日、m，/工日、m/工日、kg/工日）；

$\sum Q_i$——总的工程量（计量单位要统一）；

$\sum P_1$——总的劳动量（工日）；

$Q_1，Q_2，Q_3 \cdots，Q_n$——同一工种但施工做法不同的各个施工过程的工程量；

$S_1，S_2，S_3 \cdots S_n$——与 $Q_1，Q_2，Q_3 \cdots，Q_n$ 相对应的产量定额。

【例 5.3】 在某公园道路铺装施工中，铺设卵石时采用干铺法，铺设大理石时采用湿铺法，其工程量分别为 $520m^2$ 和 $1828m^2$，所采用的时间定额分别是 0.35 工日/m^2、0.23 工日/m^2，试计算其加权平均产量定额。

【解】 根据公式（5-6）有：

$$\overline{S}_i = (520 + 1828) \div (520 \times 0.35 + 1828 \times 0.23) = 3.89（m^2/工日）$$

（4）对于水、电、暖、卫等设备安装工程，一般不需计算劳动量和机械台班量，只考虑其与园林工程进度上的配合。

（5）对于"其他工程"项目所需劳动量，可根据其内容和数量，并结合施工现场的具体情况以占劳动量的百分比（一般为 $10\%\sim20\%$）计算。

　　施工定额，是施工企业（建筑安装企业）为组织生产和加强管理在企业内部使用的一种定额，属于企业生产定额的性质。它是建筑安装工人在合理的劳动组织或工人小组在正常施工条件下，为完成单位合格产品，所需劳动、机械、材料消耗的数量标准。它由劳动定额、机械定额和材料定额三个相对独立的部分组成。施工定额是施工企业内部经济核算的依据，也是编制预算定额的基础。

　　施工定额有两种形式，即时间定额和产量定额。时间定额是指某种专业、某种技术等级的工人小组或个人在合理的技术组织条件下，完成单位合格的建筑产品所必须地工作时间，一般用符号 H_i 表示，它的单位有：工日/m³、工日/m²、工日/m、工日/t 等。因为时间定额是以劳动工日数为单位，便于综合计算，故在劳动量统计中用得比较普遍。产量定额是指在合理的技术组织条件下，某种专业、某种技术等级的工人小组或个人在单位时间内所应完成合格的建筑产品的数量，一般用符号 S_i 表示，它的单位有：m³/工日、m²/工日、m/工日等。因为产量定额是以建筑产品的数量来表示，具有形象化的特点，故在分配施工任务时用得比较普遍。时间定额和产量定额是互为倒数的关系。

　　4. 确定施工过程持续时间的计算

　　施工过程持续时间的确定方法有 3 种：经验估算法、定额计算法和倒排计划法。

　　1）经验估算法

　　经验估算法也称三时估算法，即先估计出完成该施工过程的最乐观时间、最悲观时间和最可能时间三种施工时间，再根据公式（5-7）计算出该施工过程的延续时间。这种方法适用于新结构、新技术、新工艺、新材料等无定额可循的施工过程。

$$D=\frac{A+4B+C}{6} \tag{5-7}$$

式中：A——最乐观的时间估算（最短的时间）；

　　　　B——最可能的时间估算（最正常的时间）；

　　　　C——最悲观的时间估算（最长的时间）。

　　2）定额计算法

　　这种方法是根据施工过程需要的劳动量或机械台班量，以及配备的劳动人数或机械台数，确定施工过程持续时间。其计算如公式（5-8）：

$$t=\frac{P}{R \times b} \tag{5-8}$$

式中：t——某分部分项工程的施工天数；

　　　　P——某分部分项工程所需的机械台班数量（台班）或劳动量（工日）；

　　　　R——每班安排在某分部分项工程上的施工机械台数或劳动人数；

　　　　b——每天工作班数。

　　在确定施工过程的持续时间时，某些主要施工过程由于工作面限制，工人人数不能太多，而一班制又将影响工期时，可以采用两班制，尽量不采用三班制；大型机械的主要施工过程，为了充分发挥机械能力，有必要采用两班制，一般不采用三班制。

3）倒排计划法

这种方法是根据施工的工期要求，先确定施工过程的延续时间及工作班制，再确定施工班组人数（R）或机械台数（R 机械）。计算公式式（5-9）：

$$R = \frac{P}{Nt} \tag{5-9}$$

式中：R——某施工过程所配备的劳动人数或机械数量；

　　　P——某施工过程所需的劳动量或机械台班量；

　　　t——某施工过程施工持续时间；

　　　N——每天采用的工作班制。

如果按上述两式计算出来的结果，超过了本部门现有的人数或机械台数，则要求有关部门进行平衡、调度及支持。或从技术上、组织上采取措施。如组织平行立体交叉流水施工，提高混凝土早期强度及采用多班组、多班制的措施。

5. 施工进度计划的编制

在上述各项内容完成以后，可编制施工进度计划。在考虑各施工过程的合理施工顺序的前提下，先安排主导施工过程的施工进度，并尽可能组织流水施工，力求主要工种的施工班组连续施工，其余施工过程尽可能配合主导施工过程，使各施工过程在工艺和工作面容许的条件下，最大限度地合理搭配、配合、穿插、平行施工。

施工进度计划的编制可分两步进行。

1）初排施工进度计划

（1）根据拟定的施工方案、施工流向和工艺顺序，将确定的各施工项目进行排列。各施工项目排列原则为：先施工项目先排，后施工项目后排，主要施工项目先排，次要施工项目后排。

（2）按施工顺序，将排好的施工项目从第一项起，逐项填入施工进度计划图表中。

初排时，主要的施工项目先排，以确保主要项目能连续流水施工。编排施工进度时，要注意各施工项目的起止时间，使各施工项目符合技术间歇、组织间歇的时间要求。

（3）各施工过程，尽量组织平面、立体交叉流水施工，使各施工项目的持续时间符合工期要求。

2）检查、调整施工进度计划

施工进度计划的初排方案完成后，应对初排施工进度计划进行检查调整，使施工进度计划更完善合理。检查平衡调整进度计划如下。

（1）从全局出发，检查各分部、分项工程项目的先后顺序是否合理，工期是否符合上级或建设单位规定的工期要求。

（2）检查各施工项目的起、止时间是否正确合理，特别是主导施工项目是否考虑必需的技术、组织间歇时间。

（3）对安排平行搭接、立体交叉的施工项目，是否符合施工工艺、施工质量、安全的要求。

（4）检查、分析进度计划中，劳动力、材料与施工机械的供应与使用是否均衡，消除劳动力、材料过于集中或机械利用超过机械效率许用范围等不良因素。

（5）检查园林绿化工程时间是否安排合理。园林绿化工程尽量避免反季节施工，特别是大树移栽工程。

经上述检查，如发现问题，应修改、调整进度计划，使整个施工进度计划满足上述条件要求为止。

特别提示

编制施工进度计划的步骤不是孤立的，而是互相依赖、互相联系的，有的可以同时进行。还应看到，由于建筑施工是一个复杂的生产过程，受周围客观条件影响的因素很多，在施工过程中，由于劳动力和机械、材料等物资的供应及自然条件等因素的影响，使其经常不符合原计划的要求，因此我们不但要有周密的计划，而且必须善于使自己的主观认识随着施工过程的发展而转变，并在实际施工中不断修改和调整，以适应新的情况变化。同时在制订计划时要充分留有余地，以免在施工过程发生变化时，陷入被动的处境。

5.4.4 施工进度计划的编制案例

工程概况案例 2 项目工程施工进度的编制。

1. 划分工程项目

该工程的主要作业见表 5-1。

表 5-1 园林单位工程施工组织编制的程序

项目代号	施工项目	主要施工内容	劳工力安排（人）	持续时间（天）
A	地形处理	挖方、填方、弃土；	10	15
B	建小溪	开挖、护坡、筑拦水坝	20	20
C	建小桥	砌桥墩、建桥面	30	30
D	园路	夯实素土、铺道砟、浇混凝土、贴面铺装	30	30
E	中心广场	地基处理、铺碎石、浇混凝土	30	40
F	砌假山	地基处理、堆砌假山	20	30
G	给排水工程	筑泵房、挖沟、铺设灌水排水管道、回填土	30	30
H	亮化工程	挖沟、铺设管线、砌灯座、安装灯饰	20	30
I	绿化	整地、施基肥、植树、种草坪、绿化养护	40	45

2. 进行详细计算，确定各施工项目的施工持续时间

按照施工图纸进行工程量计算，套用施工定额，确定劳动量和机械台班量，最后确定施工过程持续时间。

3. 分析各项目之间的逻辑关系（表 5-2）

考虑施工要求，初步绘制施工进度网络图如图 5.4 所示。

表 5-2 各施工项目逻辑关系

施工项目	A	B	C	D	E	F	G	H	I
紧前工作		A	B	A	A	B	A	DG	B

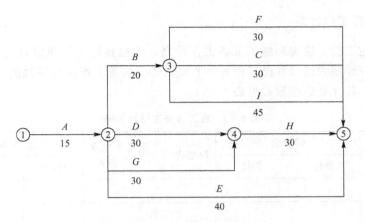

图 5.4 施工进度网络图

4. 进行进度计划的调整

如根据施工需要添加施工准备，绘制最终施工进度横道图，如图 5.5 所示

工作名称	持续时间//d	进度																
		6月						7月						8月					
		5	10	15	20	25	30	5	10	15	20	25	30	4	9	14	19	24	29
施工准备	10																		
地形处理(A)	15																		
建小溪(B)	20																		
建小桥(C)	30																		
筑园路(D)	30																		
中心广场(E)	40																		
砌假山(F)	30																		
给排水(G)	30																		
亮化工程(H)	30																		
绿化(I)	45																		

图 5.5 施工进度横道图

5.5 施工准备计划与各种资源需要量计划

引言

单位工程施工进度计划编出后，即可着手编制施工准备工作计划和劳动力及物资需要量计划。这些计划也是施工组织设计的组成部分，是施工单位安排施工准备及劳动力和物资供应的主要依据。

5.5.1 施工准备工作计划

单位工程施工前，应编制施工准备工作计划，这也是施工组织设计的一项重要内容。为使准备工作有计划的进行并便于检查、监督，各项准备工作应有明确的分工，由专人负责并规定期限，其计划表格形式见表5-3。

表5-3 施工准备工作计划表

序号	准备工作项目	需要量		简要内容	负责单位或者负责人	起止日期		备注
		单位	数量			日/月	日/月	

5.5.2 各种资源需要量计划

主要包括资金、劳动力、施工机具、主要材料、半成品的需要量及加工供应计划。主要工作是编制劳动力需要量计划、建筑材料和绿化材料需要量计划、预制加工成品需要量计划、施工机具需要量计划和各种设备设施需要量计划。

1. 劳动力需要量计划

施工劳动力需要量计划是编制施工设施和组织工人进场的主要依据。劳务费平均占承包总额的30%～40%。常见表格见表5-4，在实际工程中随着施工的进展，将合理配备各种技术工种以满足各个施工时期的工作需要。劳动力需要量计划见表5-5。

表5-4 劳动力需要量计划

序号	工种名称	需要量（工日）	需要时间						备注
			月			月			
			上旬	中旬	下旬	上旬	中旬	下旬	

表5-5 劳动力进场安排表

工种	进场时间			
	3.10～3.30	4.1～4.30	5.1～5.30	6.1～6.10
水工	10人	5人	5人	5人
混凝土工	20人	10人	10人	
钢筋工	5人	5人	5人	
抹灰工	10人	10人		

（续）

工种	进 场 时 间			
	3.10～3.30	4.1～4.30	5.1～5.30	6.1～6.10
瓦工	25 人	15 人		
木工	10 人			
石工	10 人	10 人		
绿化工	25 人	40 人	10 人	
普工	30 人	20 人		

2. 主要材料需要计划

主要材料需要量计划，它是组织施工材料和部分原材料加工、订货、运输、确定堆场和仓库的依据。它是根据施工图纸、施工部署和施工总进度计划而编制的。常见的植物材料需求计划见表5-6，主要材料见表5-7。

表 5-6　常见的植物材料需求计划

类别	植物名称	规格	数量（株）	冠幅（MM）	土球规格（CM）	枝干要求	备注
乔木							
灌木							
地被							
藤木							
草坪							

表 5-7　主要材料需要计划表

序号	材料名称	规格	需要量		供应时间	备注
			单位	数量		

3. 施工机具和设备需要量计划

施工机具和设备需要量计划是确定施工机具和设备进场、施工用电量和选择施工用临时变压器的依据。常见的施工机具和设备需求计划见表5-8和表5-9。

表 5-8　施工机具和设备需要量计划表

序号	机械名称	类型、型号	需要量		货源	使用起止时间	备注
			单位	数量			

表 5－9　施工机械、设备需用量计划一览表

名称	产地	规格	使用时间	数量	来源
大货		20T	4.10～4.30	2	租赁
搅拌机		350L	5.1～5.30	2	自有
W1-100 挖掘机			4.10～4.30	1	租赁
经纬仪		DJ6-2	4.1～4.10	1	自有
自动安平水准仪			4.1～4.10	1	自有
水平仪（水平管）				1	自有
线坠				1	自有
钢卷尺		50m		3	自有
支撑架			5.1～5.30		自有

5.6　施工平面图

 引言

　　施工平面图是单位工程施工组织设计的重要组成部分，是进行施工现场布置的依据，也是施工准备工作的一项重要内容。施工现场布置直接影响到能否有组织、按计划地进行文明施工、节约并合理利用场地，减少临时设施费用等问题，所以，施工平面图的合理设计具有重要意义。

　　施工平面图是施工方案和施工进度计划在空间上的全面安排。施工平面图对施工过程所需的设备、原材料堆放、动力供应、场内运输、半成品生产、仓库、料场、生活设施等进行空间的特别是平面的科学规划与设计，并以平面图的形式加以表达。施工平面图绘制的比例一般为 1：500～1：200。

　　施工平面图要根据拟建工程的规模、施工方案、施工进度及施工生产中的需要，结合现场的具体情况和条件，对施工现场作出的规划、部署和具体安排。不同的工程性质和不同的施工阶段，各有不同的施工特点和要求，对现场所需的各种施工设备，也各有不同的内容和要求。因此，不同的施工阶段（如基础阶段施工和主体阶段施工），可能有不同的现场施工平面图设计。

5.6.1　施工平面图设计的包括内容

　　（1）建设项目总平面图上已建和拟建的项目，包括地上、地下建筑物和构筑物、道路、管线、现存的植物材料的位置和尺寸。

　　（2）测量放线标桩、渣土及垃圾堆放场地。

　　（3）一切为工地施工服务的临时性设施的布置，它包括以下。

　　① 施工用地范围，施工用的各种道路。

　　② 加工厂、搅拌站及有关机械化装置。

　　③ 各种园林建筑材料、半成品、构件的仓库和主要堆放、假植、取土及弃土位置。

④ 行政管理用房、宿舍、文化生活福利建筑等。

⑤ 水源、电源、临时给排水管线和供电动力线路及设施，车库、机械的位置。

⑥ 一切安全、防火设施。

⑦ 特殊图例、方向标志、比例尺等。

5.6.2　施工平面图设计的绘制依据

（1）设计资料，包括：总平面图、竖向设计图、地貌图、区域规划图、建设项目及有关的一切已有和拟建的地下管网位置图等。

（2）已调查收集到的地区资料，包括：材料和设备情况，地方资料情况，交通运输条件，水、电、蒸汽等条件，社会劳动力和生活设施情况，参加施工的各企业力量状况等。

（3）施工部署和主要工程的施工方案。

（4）施工总进度计划。

（5）各种材料、构件、施工机械和运输工具需要量一览表。

（6）构件加工厂、仓库等临时建筑一览表。

（7）工地业务量计算结果及施工组织设计参考资料。

5.6.3　施工平面图设计的基本原则

（1）布置要紧凑，尽可能地减少施工用地。施工现场布置要紧凑合理，保护好施工现场的古树名木、原有树木、文物等。

（2）合理布置运输道路、加工厂、搅拌站、仓库等的位置，尽量减少场内二次搬运，尽量降低运输费用，保持路面畅通。

（3）尽可能利用施工现场附近的原有建筑物作为施工临时设施。减少临时设施的工程量，降低临时设施费用。

（4）科学确定施工区域和场地面积，尽量减少专业工种和各工程之间的相互干扰。

（5）各项施工设施布置都要满足"有利于施工、方便生活、安全防火和环境保护"要求。

5.6.4　施工平面布置图的绘制

1. 建设项目总平面图绘制

将绘制出已建和拟建的项目，包括地上、地下建筑物和构筑物、道路、管线、现存的植物材料的位置和尺寸。

2. 仓库、机械仪器等的布置

（1）仓库的布置一般应接近使用地点，装卸时间长的仓库应远离路边。

（2）苗木假植地应靠近水源及道路旁。

（3）加工厂和混凝土搅拌站的布置总的指导思想是应使材料和构件的货运量小，有关联的加工厂适当集中。

（4）锯材、成材、粗细木工加工间和成品堆场要按工艺流程布置，应设在施工区的下风向边缘。

3. 运输道路的布置

（1）提前修建永久性道路的路基和简单路面为施工服务，但应恰当确定起点和进场位置，考虑转弯半径和坡度限制，有利于施工场地的利用。

（2）临时道路要把仓库、加工厂、堆场和施工点贯穿起来。按货运量大小设计双行环于道或单行支线。道路末端要设置回车场。路面一般为土路、砂石路。

4. 施工、生活与行政管理所用的临时建筑物面积、位置的布置

（1）尽可能利用已建的永久性房屋为施工服务，不足时再修建临时房屋。临时房屋应尽量利用活动房屋。

（2）全工地行政管理用房宜设在全工地人口处。

（3）职工宿舍一般宜设在场外，并避免设在低洼潮湿地及有烟尘不利于健康的地方。

（4）食堂宜布置在生活区，也可视条件设在工地与生活区之间。

5. 临时水电管网和其他动力设施的布置

（1）尽量利用已有的和提前修建的永久线路。

（2）临时总变电站应设在高压线进人工地处，避免高压线穿过工地。

（3）临时水池、水塔应设在用水中心和地势较高处。管网一般沿道路布置，供电线路避免与其他管道设在同一侧，主要供水、供电管线采用环状。

（4）管线穿路处均要套以铁管，并埋入地下 0.6m 处。

（5）过冬的临时水管须埋在冰冻线以下或采取保温措施。

（6）排水沟沿道路布置，纵坡不小于 0.2%，过路处须设涵管，在山地建设时应有防洪设施。

6. 安全、防火设施的布置

施工临时围栏或先建永久性围栏的布置等。

5.6.5 案例

该工程两岸绿化工程位于县城区段，东起××西至××，全长 824m，绿化面积 93000m²，该工程为施工蓝图内的碱土外运，碱土整形，石屑、客土回填，排碱，给水，铺装，绿化种植及配套设施等工程项目，施工平面图如图 5.6 所示。

施工现场平面布置图(第三标段)

拟建绿化带

图 5.6 施工平面图

在进行平面图布置时主要考虑以下几点：

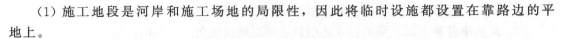

（1）施工地段是河岸和施工场地的局限性，因此将临时设施都设置在靠路边的平地上。

（2）土壤改良是主要工程，在施工图面上设置大面积的为土壤改良服务的区域，由于靠近路边，没有设置临时道路。

（3）该工程量大，线路长，有必要设置施工、生活与行政管理区间。

5.7　施工技术措施与主要经济技术指标

引言

施工技术组织措施是编制人员在各施工的环节上，围绕质量与安全等方面，提出的具体的有针对性及创造性的一项工作。技术经济指标是评价施工组织设计在技术上是否可行，经济上是否合理的尺度。通过各种指标的分析、比较，可选出最佳施工方案，从而提高施工企业的组织设计与施工管理水平。

5.7.1　施工技术措施

施工技术组织措施属于施工方案的内容，是指在技术和组织上对施工项目，从保证质量、安全、节约和季节性施工等方面所采用的方法。

1. 保证工程质量措施

为贯彻"百年大计，质量第一"的施工方针，应根据工程特点、施工方法、现场条件，提出必要的保证质量的技术组织措施。保证工程质量的主要措施有以下几点。

（1）严格执行国家颁发的有关规定和现行施工验收规范，制定一套完整和具体的确保质量制度，使质量保证措施落到实处。

（2）对施工项目经常发生质量通病的方面，应制定防治措施，使措施更有实用性。

（3）对采用新工艺、新材料、新技术和新结构的项目，应制定有针对性的技术措施。

（4）对各种材料、半成品件、加工件等，应制定检查验收措施，对质量不合格的成品与半成品件，不经验收不能使用。

（5）加强施工质量的检查、验收管理制度。做到施工中能自检、互检，隐蔽工程有检查记录，交工前组织验收，质量不合格应返工，确保工程质量。

2. 保证安全施工措施

为确保施工安全，除贯彻安全技术操作规程外，应根据工程特点、施工方法、现场条件，对施工中可能发生的安全事故进行预测，提出预防措施。一般保证安全施工的主要措施有以下几点。

（1）加强安全施工的宣传和教育，特别对新工人应进行安全教育和安全操作的培训工作。

（2）对采用新工艺、新材料、新技术和新结构的工程，要制定有针对性的专业安全技术措施。

（3）对高空作业或立体交叉施工的项目，应制定防护与保护措施。

（4）对从事有毒、有尘、有害气体工艺施工的操作人员，应加强劳动保护及安全作业措施。

（5）对从事各种火源、高温作业的项目，要制定现场防火、消防措施。

（6）要制定安全用电、各种机械设备使用、吊装工程技术操作等方面的安全措施。

3. 冬期、雨期施工措施

当工程施工跨越冬期和雨期时，应制定冬期施工和雨期施工措施。

（1）冬期施工措施。冬期施工措施是根据工程所在地的气温、降雪量、冬期时间，结合工程特点、施工内容、现场条件等，制定防寒、防滑、防冻，改善操作环境条件、保证工程质量与安全的各种措施。

（2）雨期施工措施。雨期施工措施是根据工程所在地的雨量、雨期时间，结合工程特点、施工内容、现场条件，制定防淋、防潮、防泡、防淹、防风、防雷、防水、保证排水及道路畅通和雨期连续施工的各项措施。

4. 降低成本措施

降低成本是提高生产利润的主要手段。因此，施工单位编制施工组织设计时，在保质、保量、保工期和保施工安全条件下，要针对工程特点、施工内容，提出一些必要的（如就地取材，降低材料单价；合理布置材料库，减少第二次搬运费；合理放坡，减少挖土量；保证工作面均衡利用，缩短工期，提高劳动效率等）方法。

降低成本措施，通常以企业年度技术组织措施为依据来编制，并计算出经济效果和指标，然后与施工预算比较，进行综合评价，提出节约劳动力、节约材料、节约机械设备费、节约工具费、节约间接费、节约临时设施费和节约资金等方面的具体措施。

5.7.2 主要技术经济指标

单位工程施工组织设计的技术经济指标有：工程量指标；工程质量指标；劳动生产率指标；施工机械完好率和利用率指标；安全生产指标；流动资金占用指标；工程成本降低率指标；工期完成指标；材料节约指标等。施工组织设计基本完成后，应对上述指标进行计算，并附在施工组织设计后面，作为考核的依据。

5.8 单位工程施工组织设计案例

5.8.1 编制依据和编制说明

1. 编制说明

本工程施工方案是对"雄楚公园环境（护城河环境改造工程红专渔场段二期）工程"（以下简称本工程）施工阶段的指导性文件，用以指导本工程的施工和管理。我们将严格按照该施工方案的内容，确保优质、高效、文明地完成本工程施工任务。

2. 编制依据

《城市绿化工程施工及验收标准》CJJ/T 82—99。

《园林绿化武汉地区工程技术操作规程》。

《工程测量规范》GB 50026—2007。

《施工现场临时用电安全技术规范》JGJ 46—2005。

《花坛、花境技术规程》DBJ 08—60—97。

《园林栽植土质量标准》DBJ 08—231—98。

《园林工程质量检验评定标准》DG/TJ 08—701—2000。

《园林植物栽植技术规程（试行）》DBJ 08—18—91。

《园林植物养护技术规程（试行）》DBJ 08—19—91。

《园林植物保护技术规程》DBJ 08—35—94。

《大树移植技术规程》DBJ 08—53—96。

《草坪建植和草坪养护管理的技术规程》DBJ 08—67—97。

5.8.2 工程概况及特点

1. 工程概况

工程名称：绿化景观工程。

建设单位：武汉公司。

建设规模：约 22000m²。

建设地址：武汉市。

2. 工程范围

（1）土方部分：人工河流开挖、土方回填及堆坡造景等。

（2）土建部分：地面硬质铺装、隐形消防通道、水系水景、置石、花架、木平台、景观亭、自行车棚、树池、景墙、坐凳、园林小品等。

（3）植物部分：乔灌木、色块、水生植物等。

（4）水电部分：景观电气照明、给排水等。

施工工期：70 日历天。

质量要求：按照国家和地方园林园建验收规范达合格标准以及设计图纸的要求。

3. 工程特点

本工程的投标工作得到公司全体员工的高度重视，通过对施工现场的踏勘以及对施工图纸的深度理解，我们认为工程具有以下特点。

（1）本工程为中心城区小区住宅景观工程，质量要求十分严格。

（2）工程作业内容多，多工种交叉施工较频繁，工期紧。

（3）绿化和园建区域集中。

本工程的难点在于如何组织好施工程序和材料设备的运输线路。其中以水体工程和铺装工程、种植工程为重点，需要加强施工过程的进度和质量控制。

5.8.3 各分部分项工程的主要施工方法

1. 土方工程（省略）

基本工艺流程：工程测量→土方回填（开挖）→土方整形→检验密实度→人工修坡→验收。

2. 园建施工及水景施工部分（省略）。

1）基层及垫层施工

施工工艺流程：素土夯实→基层摊铺→夯实→混凝土垫层。

2）砌体施工

（1）放线抄标高。砌筑前应先放好基础线及边线，立好皮数杆，并根据树杆最下面一层砖的底标高，拉线检查基础垫层表面标高。如第一层砖的水平灰缝大于 20mm 时，应先用细石混凝土找平。

（2）浇水湿砖。粘土砖必须在砌筑前一天浇水温润，一般以水浸入四边 1.5cm 为宜，含水率为 10％～15％，常温施工不得用干砖，雨季不得使用含水率达到饱和状态的砖砌墙。

（3）砂浆搅拌。砂浆配合比应采用重量比，计量精度水泥为正确正负 2％，砂、灰膏控制在正负 5％以内，宜采用机械搅拌，搅拌时间不得少于 1～5min。

（4）组砌方法。方法应正铺，一般采用满丁满条排砖法。砌筑时，必须里外咬槎或留踏布槎，上下错缝，宜采用"三一"砌砖法，严禁用水冲灌缝操作的方法。

（5）砌筑。

① 基础墙砌筑前，其垫层表面应清扫干净，洒水湿润。盘墙角，每次盘墙角高度不得超过五层砖。

② 基础大放脚砌到墙身时，要拉线检查轴线及边线，保证基础墙身位置正确。同时要对照皮数杆的砖层的标高，如高低差时，应在水平灰缝中逐渐调整，使墙的层数与皮数杆相一致。

③ 基础墙的墙角每次砌高度不超过五皮砖，随盘随靠平吊直，以保证墙身横平竖直，砌墙应挂通线，24 墙反手挂线，37 墙以上应双面挂线。

④ 基础垫层标高不等或有局部加深部位，应从低处往上砌筑，并经常拉通线检查，保持砌体平直通顺。防止砌成螺丝墙。

⑤ 砌体上下错缝，每处无 4 皮砖通缝。

⑥ 砖砌体接槎处灰缝砂浆密实，缝、砖平直，每处接槎部位水平灰缝厚度不小于 5mm 或透亮的缺陷不超过 5 个。

（6）抹灰。施工流程：打巴出柱→抹护角→润湿墙面→抹底糙灰→抹中层糙灰（找平层），施工顺序按先天棚，后墙面进行。

① 检查墙面平整度和垂直度。从房间的四角起吊垂直线进行打巴，每隔 1.2m 打一个巴子，巴子砂浆配合比和糙灰相同。基平面尺寸为 30m×30mm，巴子砂浆凝固后进行出柱，柱两侧应割整齐，宽 30mm。巴、柱的上表面和找平层相平，随后用 1∶2 水泥砂浆做阳角和墙、柱砖角的护角。护角高度不低于 2m，每侧宽度不小于 50mm，护角表面和墙面相平。操作时用阳角抹子和直尺通直，做到角度方正，棱角整齐一致。

② 抹底糙灰。抹灰前洒水润湿墙面，抹灰时用力抹压，将砂浆挤入墙缝中，达到糙灰和基层紧密结合的目的。厚度 5mm 左右，做成毛面，砂浆配合比按设计要求。

③ 抹中层糙灰。待底糙灰凝固后抹中层糙灰，厚度 10mm 左右，抹灰厚度较大时采用分层填抹，用长刮尺赶平，阴阳角处用阴、阳尺通直，然后用木抹子搓平表面，做到表面毛、墙面平、棱角直。

3) 面层硬质铺装施工

(1) 规则石材铺贴。材料的品种、规格、图案颜色应均匀，必须符合设计规定，材料表面平整方正（特殊面层材料除外），不得缺楞角和断裂等缺陷。材料吸水率不大于10%，应有材质合格证。

① 基层处理。将基层处理干净，剔除沙浆落地灰，提前一天用清水冲洗干净，并保持湿润。

② 弹格分线。按照设计图所绘施工坐标方格网，将所有坐标点测设到场地上并打桩定点。然后以坐标桩点为准，根据广场设计图，在场地地面上放出场地的边线。为了检查和控制板块位置，在垫层上弹上十字控制线（适用于矩形铺装）或定出圆心点，并分格弹线，碎拼不用弹线。

③ 拉线。根据垫层上弹好的十字控制线用细尼龙线拉好铺装面层，十字控制线或根据圆心拉好半径控制线；根据设计标高拉好水平控制线。

④ 排砖。根据大样图进行横竖排砖，以保证砖缝均匀符合设计图纸要求，如设计无要求时，缝宽不大于1mm，非整砖行应排在次要部位，但注意对称。

⑤ 试拼。正式铺设前，应按图案，颜色、纹理试拼，试拼后按编号排列，堆放整齐。碎拼面层可按设计图形或要求先对板材边角进行切割加工，保证拼缝符合设计要求。

⑥ 刷水泥素浆及铺砂浆结合层。将基层清干净，用喷壶洒水湿润，刷一层素水泥浆（水灰比为0.4～0.5，但面积不要刷的过大，应随铺砂浆随刷）。再铺设厚干硬性水泥砂浆结合层（砂浆比例符合设计要求，干硬程度以手捏成团，落地即散为宜，面洒素水泥浆），厚度控制在放上板块时，宜高出面层水平线3～4mm。铺好用大杠压平，再用抹子拍实找平。

⑦ 铺砌板块。板块应先用水浸湿，待擦干表面晾干后方可铺设。根据十字控制线，纵横各铺一行，作为大面积铺砌表筋用，依据编号图案及试排时的缝隙，在十字控制线交点开始铺砌，向两侧或后退方向顺序铺砌。

⑧ 铺砌时，先试铺。即搬起板块对好控制线，铺落在已铺好的干硬性砂浆结合层上，用橡皮锤敲击垫板，振实砂浆至铺设高度后，将板块掀起检查砂浆表面与板块之间是否相吻合，如发现有空虚处，应用砂浆填补。安放时，四周同时着落，再用橡皮锤用力敲击至平整。

⑨ 灌缝、擦缝。在板块铺砌后1～2天后经检查石板块表面无断裂、空鼓后，进行灌浆擦缝，根据设计要求采用清水拼缝（无设计要求的可采用板块颜色选择相同颜色矿物拌和均匀，调成1:1稀水泥浆）用浆壶徐徐灌入板块缝隙中，并用刮板将流出的水泥浆刮向缝隙内，灌满为止，1～2h后。

⑩ 养护。铺好石板块两天内禁止行人和堆放物品，擦缝完后面层加以覆盖，养护时间不应小于7天。

(2) 舒布洛克砖的铺装。

① 基层清理。将基层上杂物清扫干净。

② 挂线。根据平面位置轴线关系，挂好砖块位置控制线，再根据标高挂一条标高控制线。

③ 铺装结合层材料。刷素水泥浆及铺砂浆结合层应将基层清干净，用喷壶洒水湿润，刷一层素水泥浆（水灰比为0.4～0.5为宜，但面积不要刷的过大，应随铺砂浆随刷）。

根据工程量大小，摊铺砂垫层的方法可采用刮板法、耙平法、摊铺法等方法。砂垫层虚铺厚度为铺上水泥砖高出水平控制线 3～5mm 为准。在已铺好的砂垫层上不得有任何扰动。

④ 铺砖。应从基准点开始，并以面砖基准线为基准，按设计的砖块拼装图案，进行铺筑。铺砖时不得站在砂垫层上作业，可在刚铺筑的面砖上垫上一块大于 0.3m² 的木板，站在木板上作业。铺筑时应根据十字控制线，校核调整缝格（缝宽为 3±1mm），根据水平控制线用橡胶锤敲平水泥砖。铺完水泥砖后，铺路面砖时最好采用小型振动碾压机对路边缘向中间碾压 2～3 次。

⑤ 灌缝。面层铺好后，再用干燥的细砂撒在面层上并扫入砌块缝隙中，使缝隙填满，最后将多余的砂清扫干净。

（3）不规则板料面层类。

① 冰纹面铺贴操作工艺。冰纹的形状以五边形为主，六边形为辅，绝对不用三角形，内角小于 90°，外角大于 135°，缝不能成直线，不能成十字交叉，每边长度不等，铺时应将平整的一面朝上；以三角形为主的，内角不能小于 45°。留缝的缝宽为 0.8cm～1.2cm，并且勾成凹缝。完工后，表面平整，不积水，其他同上。

② 洗米石操作工艺。在已完的混凝土垫层上用水泥砂浆找平，注意找坡排水流向。然后根据图纸要求按规定尺寸做出分格块或花型图案，分格条可用塑料条、铜条。具体施工操作方法如下。

搅拌水泥砂浆（一般用白水泥兑矿物颜料，不大于 5%）→在找平层上刮素水浆（白水泥）→铺石子浆→压光→拖浆刷浆一遍→拍平拍实→拖洗浆二遍→用清水冲洗干净。此工种必须在水泥终凝前完成。

（4）铺装工程的技术保证措施。

① 防止基层松鼓，必须经过振动压实。

② 保证整个基层水平，在贴面层之前用水准仪进行标高重核，并不断复核。

③ 保证整个面层线条走向整齐、规范，必须弹线施工，随贴随平，确保整体平面的水平。

④ 专人施工、专人负责，加强质量的监督，随查随返工，做到一次性达标。

⑤ 注意工程要求所有石构件，要求色泽一致、结晶状好，构件做工要求平、方、直、准，施工铺砌全部清水拼缝。

4）木结构的施工

本工程的木结构主要为木坐凳、木平台、花架、车行桥、景观亭等部分。

（1）木料准备。木材品种、材质、规格、数量必须与施工图要求一致。板、木方材不允许有腐朽、虫蛀现象，在连接的受力面上不允许有裂纹，木节不宜过于集中，且不允许有活木节。原木或方木含水率不应大于 25%，木材结构含水率不应大于 18%。防腐、防虫、防火处理按设计要求施工。

（2）木构件加工制作。各种木构建按施工图要求下料加工，根据不同加工精度留足加工余量。加工后的木构件及时核对规格及数量，分来堆放整齐。对易变形的硬杂木，堆放时适当采取防变形措施。采用钢材连接件的材质、型号、规格和联结的方法、方式等必须与施工图相符。连接的钢构件应作防锈处理。

（3）木构件组装。

① 结构构件质量必须符合设计要求，堆放或运输中无损坏或变形。

② 木结构的支座、支撑、连接等构件必须符合设计要求和施工规范的规定，连接必须牢固，无松动。

③ 木平台应按设计要求或施工规范作防腐处理。连接体应为不锈钢或镀锌铁件。

（4）木结构涂饰。

① 清除木材面毛刺、污物，用砂布打磨光滑。

② 底层腻子，干后砂布打磨光滑。

③ 按设计要求底漆，面漆及层次逐层施工。

5）钢筋混凝土工程（省略）

6）水系跌水景观施工（省略）

3. 水电安装施工部分（省略）

4. 绿化种植施工部分

工艺流程：种植前土壤处理→定点放线→种植穴、槽的挖掘→乔灌木、竹类种植→色块（花卉）种植→草坪种植

1）种植前土壤处理

（1）种植前应使该地区的土壤达到种植土的要求。

（2）绿地地形整理严格按照竖向设计要求进行，地形应自然流畅。

（3）种植地的土壤含有建筑废土及其他有害成分，以及强酸性土、强碱土、盐土、盐碱土、重粘土、沙土等，均应根据设计规定采用客土或采取改良土壤的技术措施。

（4）草坪、花卉种植地、播种地应施足基肥，翻耕 25～30cm，搂平耙细，去除杂物，平整度和坡度应符合设计要求。

（5）园林植物生长所必需的最低种植土层厚度应符合下表的规定，见表 5-10。

表 5-10　园林植物种植必需的最低土层厚度表　　　　　单位：cm

植被类型	草本花卉	草坪地被	小灌木	大灌木	浅根乔木	深根乔木
土层厚度	30	30	45	60	90	150

2）定点放线

定点放线是对设计意图的充分体现，要确保准确，保证苗木定位符合设计要求才能形成优美景观。方法上以"方格网法"为基础，严格按图施工并兼顾地下管线，构筑物及地形特点，按设计要求因地制宜。放样一定要讲究艺术，体现园艺水平。

种植穴、槽定点放线应符合下列规定。

（1）种植穴、槽的定点放线应符合设计图纸要求，位置必须准确，标记明显。

（2）种植穴定点时应标明中心点的位置，种植槽应标明边线。

（3）行道树定点遇有障碍物影响株距时，应与设计单位取得联系，进行适当调整。

3）种植穴、槽的挖掘

（1）种植穴、槽挖掘前，应向有关单位了解地下管线和隐蔽物埋设情况。

（2）挖种植穴、槽的大小：应根据苗木根系、土球直径和土壤情况而定。穴、槽必须

垂直下挖，上口下底相等，规格应符合下列表格的规定，见表 5-11～表 5-14。

表 5-11　大树栽植种植穴规格(cm)

胸径 A	土球直径 B	土球厚径 C	种植穴直径 E	种植穴深度 D
A	6～8×A	2/3×B	B+40	C+30

注：栽植大树时，种植穴开挖可参照上表。

表 5-12　常绿乔木类种植穴规格(cm)

树高	土球直径	种植穴深度	种植穴直径
150	40～50	50～60	80～90
150～250	70～80	80～90	100～110
250～400	80～100	90～110	120～130
400 以上	140 以上	160 以上	180 以上

表 5-13　落叶乔木类种植穴规格(cm)

胸径	种植穴深度	种植穴直径
2～3	30～40	40～60
3～4	40～50	60～70
4～5	50～60	70～80
5～6	60～70	80～90
6～8	70～80	90～100
8～10	80～90	100～110

表 5-14　花灌木类种植穴规格(cm)

冠径	种植穴深度	种植穴直径
100	60～70	70～90
200	70～90	90～100

（3）在新填土方处挖穴，应将穴底适当踩实。

（4）土质不好的应加大穴的规格。

（5）挖穴时遇上杂物要清除。

（6）在土层干燥地区应于种植前浸穴。

（7）种植穴、种植槽挖出的好土和弃土分别置放处理，底部应施入腐熟的有机肥作为基肥，并回填适量好土。

4）乔灌木种植

（1）苗木的选择。由于苗木质量的好坏直接影响到苗木栽植成活和以后的绿化效果，所以在购苗中必须十分重视对苗木的选择。在确保树种符合设计要求的情况下，对苗木的选择有如下要求。

① 植株健壮苗木通直圆满，枝条苗壮，组织充实，不徒长，木质化程度高。根系发

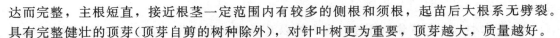

达而完整，主根短直，接近根茎一定范围内有较多的侧根和须根，起苗后大根系无劈裂。具有完整健壮的顶芽（顶芽自剪的树种除外），对针叶树更为重要，顶芽越大，质量越好。

② 对苗木冠幅和规格的要求。行道树苗木分枝点＞2.2m，且高度一致，具有3～5分布均匀、角度适宜的主枝。枝叶茂密，树干完整。花灌木要求有主干或主枝3～6个，分布均匀，冠丰满。观赏树（孤植树）要求个体姿态优美，不偏冠，分枝多，冠丰满。

根据城市绿化的需要和环境条件的特点，一般绿化工程多选用较大规格的幼、青年苗木，栽植成活率高，绿化效果发挥也快。为提高成活率，尤宜选用在苗圃经过多次移植的大苗。因经过几次移植断根，再生后所形成的根系较丰满紧凑，栽植容易成活。

（2）苗木的运输。

① 苗木运输量应根据现场种植量确定。

② 苗木在装卸车时应轻提轻放，不得损伤苗木和造成散球。

③ 起吊小型带土球苗木时应用绳网兜土球吊起，不得直接用绳索绑缚根茎起吊；起吊重量超过1t的大型土球（土台），应采取外部套大绳吊起。

④ 土球苗木装车时，将土球朝向车头方向，树冠朝向车尾方向码放整齐。

⑤ 裸根乔木长途运输时，应保持根系湿润，装车时应顺序码放整齐，装车后应将树干捆牢，并应加垫层防止磨损树干及进行根系保护。

⑥ 苗木运到现场后，裸根苗木应当天种植，不能种植的苗木应及时进行假植。

⑦ 带土球苗木运至施工现场后，当日不能种植时，应适当喷水保持土球湿润。

⑧ 运输过程应遵守有关交通法规，办理相关手续（如检疫证），确保安全。

（3）苗木修剪。种植前应进行苗木根系修剪，将劈裂根、病虫根、过长根剪除，并根据根系大小、好坏对树冠进行修剪，保持地上地下部生长平衡。

乔木类修剪应符合下列规定。

① 具有明显主干的高大落叶乔木应保持原有树形，适当疏枝，对保留的主侧枝应在健壮芽上短截，可剪去枝条1/5～2/3，有主尖的乔木应保留住主尖，如银杏只能疏枝，不得短截。

② 无明显主干、枝条茂密的落叶乔木，对干径10cm以上树木，可疏枝保持原树形；对干径为5～10cm的苗木，可选留主干上的几个侧枝，保持原有树形进行短截。

③ 枝条茂密具圆头型树冠的常绿乔木可适量疏枝。树叶集生树干顶部的苗木可不修剪。具轮生侧枝的常绿乔木用作行道树时，可剪除基部2～3层轮生侧枝。

④ 常绿针叶树，不宜修剪，只剪除病虫枝、枯死枝、生长衰弱枝、过密的轮生枝和下垂枝。

⑤ 用作行道树的乔木，定干高度宜大于2.5m，第一分枝点以下枝条应全部剪除，分枝点以上枝条酌情疏剪或短截，并应保持树冠。

灌木及藤木修剪应符合下列规定。

① 有明显主干型灌木，修剪时应保持原有树型，主枝分布均匀，主枝短截长度应不超过1/2。

② 枯枝 病虫枝时应予剪除。

③ 枝条茂密的大灌木 可适量疏枝。

④ 对嫁接灌木，应将接口以下砧木萌生枝条剪除。

⑤ 分枝明显，新生枝着生花芽的小灌木，应顺其树势适当强剪促生新生枝、更新

老枝。

⑥ 藤木类苗木应剪除枯死枝、病虫枝以及影响观瞻部分，上架藤木可剪除交错枝、横向生长枝。

苗木修剪质量应符合下列规定。

① 剪口应平滑，不得劈裂。

② 枝条短截时应留外芽，剪口应位于留芽位置上方 0.5cm。

③ 修剪直径 2cm 以上大的枝条和粗根时，截口必须削平并涂防腐剂。

（4）树木种植。种植施工质量应符合下列规定。

① 种植应按设计图纸要求核对苗木品种、规格及种植位置。

② 树木植入种植穴前，应先检查种植穴大小及深度。不符合根系要求时，应修整种植穴。

③ 行道树或行列种植树木应在一条线上，相邻植株规格应合理搭配，高度、干径、树形近似，种植的树木应保持直立，不得倾斜，注意观赏面的合理朝向。

④ 种植深度一般乔灌木应与原种植线持平，个别快长、易生不定根的树种可较原土坑栽深 5～10cm，常绿树栽植时土球应略高于地面 5cm；竹类可比原种植线深 5cm；树木种植根系必须舒展，填土应分层踏实。

⑤ 种植裸根树木时，应将种植穴底填土呈半圆土堆，置入树木填土至 1/3 时，应轻提树干使根系舒展，并充分接触土壤。随填土分层踏实。

⑥ 带土球树木入穴前必须踏实穴底松土，土球放稳，树干直立，随后拆除并取出包装物。

⑦ 种植植篱应由中心向外顺序退植；坡式种植时应由上向下种植；大型块植或不同彩色丛植时，宜分区分块种植。

⑧ 假山或岩缝间种植，应在种植土中掺入苔藓、泥炭等保湿透气材料。

在非种植季节种植时 应根据不同情况分别采取以下技术措施。

① 苗木应进行强修剪 剪除部分侧枝保留的侧枝也应疏剪或短截，并应保留原树冠的 1/3，同时必须加大土球体积。

② 可摘叶的应摘去部分叶片，但不得伤害幼芽。

③ 夏季搭棚遮阴、树冠喷雾、树干保湿，保持空气湿润；冬季应防风防寒。

④ 干旱地区或干旱季节，种植树木应采取根部或土球喷布生根激素、增加浇水次数等措施。针叶树可在树冠喷洒聚乙烯树脂等抗蒸腾剂。

⑤ 以阴雨天或傍晚时栽植为宜。

对排水不良的种植穴，可在穴底铺 10～15cm 砂砾或铺设渗水管，加设盲沟，以利排水。

树木支撑、固定、浇水应符合下列规定。

① 种植后应在略大于种植穴直径的周围，筑成高 15～20cm 的灌水围堰，围堰应筑实不得漏水。

② 种植胸径 5cm 以上乔木应设支撑物固定。支撑物应牢固，基部应埋入地下 30cm 以下，绑扎树木处应加垫物，不得磨损树干。

③ 新植树木应在当日浇透第一遍水，3 日内浇透第二遍水，10 日内浇透第三遍水。浇水渗下后，应及时用围堰土封树穴。再筑堰时，不得损伤根系。

④ 粘性土壤宜适量浇水，根系发达树种浇水量宜较多；肉质根系树种，浇水量宜少。

⑤ 遇干旱天气，应增加浇水次数，干热风季节，应对新发芽放叶的树冠喷雾。在上午 10 点前和下午 15 点后进行。

⑥ 浇水时应防止因水流过急冲刷裸露根系或冲毁围堰，造成跑漏水。浇水后出现土壤沉陷，致使树木倾斜时，应及时扶正、培土。

⑦ 对人员集散较多的广场、人行道，树木种植后，种植池应铺设透气管。

⑧ 攀缘植物种植后，应进行绑扎或牵引。

（5）大树移植。

① 移植胸径在 20cm 以上的落叶乔木和胸径在 15cm 以上的常绿乔木，应属大树移植。

② 吊装和运输大树的机具必须具备承载能力。移植大树在装运过程中，应将树冠捆拢，并应固定树干，防止损伤树皮，不得损坏土球。操作中应注意安全。

③ 大树移植后，必须设立支撑，支撑必须牢固，防止树身摇动。

④ 大树移植后，必须配备专职技术人员做好修剪、剥芽、喷雾、叶面施肥、浇水、排水、荫棚、包裹树干和病虫害防治等一系列养护管理工作。在确认大树成活后，方可进入正常养护管理。

⑤ 大树移植应建立技术档案。

5）色块（花卉）种植

种植模纹花坛色块时，应按设计方案按不同品种分别栽植，规格相同但种类不同的植物，确保高度在同一水平面上。种植时应先种植图案轮廓线，后种植内部填充部分，大型花坛应分区、分块种植，面积较大的花坛，可用方格线法，按比例放大到地面。

花卉的栽植：选择经过 1～2 次移植，根系发育良好的植株。取苗应符合下列规定。

（1）裸根苗应做到随时起苗随时种植。

（2）带土球苗，在圃地灌水渗透后取苗，保持土球完整不散。

（3）盆育花苗去盆时，应保持整个土球不散。

（4）起苗后种植前，应注意保鲜，花苗不得萎蔫。

6）草坪施工

（1）选购草皮。选购生长良好，带土较厚且易活的草皮。

（2）平整场地。按设计要求平整场地，先粗平一次，播种前再精平一次，去除大于 30mm 的石块，土粒在 15mm 以下，平地坡度应小于 1：4 形成无积水的地平面，最终地平高度应低于相邻硬地面，然后喷洒除草剂和铺 5cm 腐殖土。

（3）铺植。草坪铺植应以不露土为准。

（4）浇水。一般草种出芽要求温度在 25℃ 左右，若遇高温则需洒水降温并搭荫棚遮阳。草皮萌发新芽以后，视土壤湿度适量喷水。

（5）压实。草皮第一次浇水完成后，应等到土层半干时啪打严实，使草皮能与土壤紧密结合在一起。

（6）施肥。在草种全部出芽后一周至 10 天左右的时间内应该施一次肥，要少量以免烧死嫩芽。

（7）剪草。在全部草种长高到 15～20cm 时应剪草，一次不能剪得太低，否则对草坪

以后的生长不利。在生长过程中要注意管理，特别是除杂草。

7）植物养护和管理措施

工程的养护管理工作，在整个绿化工程中占有极其重要的地位。因为随着绿化施工的完成，随之而来的是长期的、细致的、复杂的养护管理工作，正所谓"三分种植，七分管理"。工程植物栽植完工验收合格后，我公司将按照行业技术标准采取技术措施做好树木绿篱、草坪的养护管理，包栽包活。

（1）成立养护专班。建立一支业务精、责任心强的专业养护队伍长驻在工地，公司总部选派专业技术人员进行技术指导。

（2）松土、除草。春秋季节各进行一次，夏季每月进行一次，松土深度为 5～10cm，除草要除早、除小、除了。对危害树木严重的各类杂草藤蔓，一旦发生，立即根除。草坪上除草采用人工除草和化学除草剂相结合的方法，常用除草剂如史它隆等。

（3）浇水、排水。

① 浇水。苗木栽植后为了保持地上、地下部分水分平衡，促发新根，必须经常灌溉，使土壤处于湿润状态，在气温升高、天气干旱时，还需向树冠和枝干喷水保湿，此项工作于清晨或傍晚进行。灌水大致分为 3 个时期。

a. 保活水。即在新植株定植后，为了养根保活，必须滋足大量水分，加速根系与土壤的结合，促进根系生长，保证成活。

b. 生长水。夏季是植株生长旺盛期，大量干物质在此时间形成，需水量大，此时气温高，蒸腾量也大，雨水不充沛时要灌水，如夏季久旱无雨更应勤灌。

② 排水。土壤出现积水时，如不及时排出，对植株生长会严重影响。这是因为土壤积水过多时，土壤中严重缺氧，此时，根系只能进行无氧呼吸，会产生和积累酒精，使细胞内的蛋白质凝固，引起死亡。

③ 排水方法。一是可以利用自然坡度排水，如修建和铺装草坪时，即安排好 0.1%～0.3% 的坡度；另一种是开设排水沟，将其作为工程设计的一项内容，可设计明沟，在地上表挖明沟，或设暗沟，在地下埋设管道，将积水引阴井沟。

（4）施肥。根据植物的生长需要，定期施肥，树木施肥每年 2～3 次，草坪、地被等采用薄肥勤施。

施肥量根据树种、年龄、生长期和肥源以及土壤理化性状等条件而定。一般在胸径 15cm 以下的，每 3cm 径应酌量减少 1.0kg，胸径在 15cm 以上的，每 3cm 胸径增加施肥 1.0～2.0kg，树木青壮年时期欲扩大树冠及观花，观果植物，适当增加施肥量。

对新栽苗木我们还为保证植物成活采取特殊的技术护理措施，采用叶面喷施磷酸二氢钾营养液（10ppm），采取叶面追肥。一方面通过增加局部空气湿度，除降低叶面温度，起到延缓蒸腾的作用；另一方面叶肉细胞吸收了营养，缓解了根系吸收养分不足，提高成活率。

（5）整形修剪。

① 乔木类。主要修除徒长枝、病虫枝、交叉枝、并生枝、下垂枝、扭伤枝以及枯枝和烂头。

② 灌木类。修剪使枝叶繁茂、分布均匀、修剪遵循"先上后下，先内后外，去弱留强，去老留新"的原则进行，对中央隔离带的树木修剪保证树木防眩所需的高度和形状。

修剪时切口靠节，剪口在剪口芽的反侧呈 45°倾斜，剪口平整，涂抹防腐剂。对于粗

壮的大枝采取分段截枝法，防扯裂，操作时须保证安全。

休眠期修剪以整形为主，生长期修剪以调整树势为主，宜轻剪。有伤流的树种在夏、秋两季修剪。

（6）病虫害防治。树木花篱、草坪在其一生中都可能遭受病虫害的危害。植物病虫害，严重影响植物的生长发育，甚至造成死亡。因此，在绿化景观工程养护管理措施中，加强病虫害的防治尤为重要。病虫害的防治必须以"预防为主，防治结合"的原则进行。充分利用植物的多样化来保护增殖天敌抑制病虫害。采用的树苗，严格遵守国家和本市有关植物检疫法规和有关规章制度。不使用剧毒化学药剂和有机氯、有机汞化学农药。化学农药按有关安全操作规定执行。

（7）植物病虫害的防治应依季节的变更而不同。病虫害防治要因地制宜，并关注有关专业部门病虫害预报，以防为主，防治结合。一旦出现病虫害症状立即对症下药，严防病虫害蔓延。

① 春季是病虫害的多发季节，尤其是食叶性害虫严重，应针对各种不同的虫害分别施药防治。

② 夏季浇水、高温高湿，容易引发病虫害，对病虫害的防治不能马虎，要加强巡查，发现病虫害及时喷药防治。

③ 秋冬季病虫害相对较少，可以利用树木落叶的休眠期进行防治，可以喷、涂石硫合剂，有效进行预防，减少次年的病虫害的发生。

④ 充分利用植物休眠期，对树木进行修剪，剪除残枝、病虫枝进行销毁，有效控制病虫害。

⑤ 防治病虫害，应注意以下几点。

平时在管理中应做到勤观察，及时发现病虫害；对症下药；综合防治，确保植物不受或少受病虫害危害。

绿化中所选用的树木，绿篱、草坪必须严格遵守国家和我市有关植物检疫法规，及有关规章制度，严格把关，避免病虫害从外地侵入。

在药物防治过程中，尽量使用生物药剂防治（如高效 BT 粉剂或溶液）。严禁使用剧毒化学药剂和有机氯、有机汞化学农药。使用时应严格按安全操作规定进行，注意人身安全。

缠干：用草绳对树木、树干高 1.3m 缠干，能起到保湿防晒的效果。

搭遮阴棚：对少数不耐高温的乔灌木及色块植物，采取搭荫棚的措施，可以起到降温、减少树木水分的蒸发量，帮助其安全度夏。

叶面喷雾：必要时对乔灌木进行喷叶面喷雾降温、保湿。

绑扎、扶正、培土：大风、梅雨季节来临前，以防为主，对固定绑扎等进行一次全面的检修加固，遇到连续下雨或暴风雪等灾害性天气，加强巡检。如发生树木倒伏影响交通或景观的，突击抢救，在暴风雨过后全面检查，树木歪斜的扶正培土，重新支撑，伤残枝剪除。在施工养护期间，如发现歪斜、倾倒苗木，立即进行重新扶正、加固，并对植株根部进行培土。

苗木调查、补栽、补植：在明年秋季对所植树木的成活率进行一次全面的调查，并做好详细的记录，送监理工程师审核。新植苗木、绿篱、草坪，因种种原因不可避免出现少数苗木的死亡，为保证苗木的成活率，在监理工程师规定的补栽期间内对苗木、草坪进行补栽。补植并从补栽补植之日起，加强苗木、草坪的养护管理，直至苗木草坪成活，最终目标保证苗木草坪成活。

8）绿化施工质检把关

绿化工程实施过程中我们必将以质量要求为己任；确保苗木成活的同时，使工程的绿化植被不但达到工程质量的要求，并能够带来视觉效果的提升。

（1）精心选苗木，严格验收，凡不符合质量要求的，决不使用。

（2）每道工序认真，保证树形、规格、苗木成活等施工工艺的严格进行。

（3）在施工中开展施工过程中的"三检测"即：自检、互检、交接检制。对不符合要求的要坚决整改，绝不迁就。

（4）必须对当日施工的工程量检验验收，不符合质量要求的工程，不得进行下道工序施工。

（5）各类工艺、环境效果等工程，在施工前必须取得监理及甲方的认可后，再进行施工操作。

（6）栽种前做好技术交底工作，做到心中有数，确保工程质量。

5.8.4 施工进度计划（表5-15）

表 5-15　施工总进度横道图

项目	工期（天）																							
	5	10	15	20	25	30	35	40	45	50	55	60	65	70	75	80	85	90	95	100	105	110	115	120
人机进场及时设施安装																								
整理场地																								
场内土方转运回填及地形整理																								
材料进场																								
给排水、电气管道施工																								
道路基础施工																								
景墙等砌筑施工																								
水池基础施工																								
景观平台基础施工																								
道路混凝土垫层施工																								
道路铺装																								
景观亭结构施工																								
水景防水施工																								
树池、广场花岗岩贴面																								
入户道施工																								
景观亭等装饰工程施工																								
乔灌木栽植																								
色块、地被栽植																								
成品安装																								
苗木养护																								
成品保护及场地清理																								
准备竣工验收																								

5.8.5 资源需求计划

1. 劳动力安排计划

根据本工程实际情况，我们将挑选责任心强、技术硬，具有同类工程施工经验的各专业技术人员组建本工程的作业班组，并分级签订劳动合同，见表5-16。

表 5-16 劳动力施工计划表

序号	工种	工作内容范围	人数
1	泥工	石材铺装、砌体抹灰	40
2	木工	支护模板、木制作安装	8
3	钢筋工	钢筋制作安装	2
4	混凝土工	现浇混凝土、运送浇筑	12
5	杂工	配合各工种做辅助工作	12
6	水电工	水电安装	6
7	焊工	焊接金属结构	2
8	油漆工	木制品面、抹灰面涂料、涂漆	4
9	机械工	开搅拌机	2
10	绿化工	苗木种植	80
说明：	劳动力根据现场工作面及实际进度随时调整增减		

2. 拟投入的主要物资计划

我公司长期从事园林建筑及绿化事业，有稳定的材料供应商和顺畅的供货渠道，对于本工程我公司拟设专职材料负责人，并提前作订购材料以确保不会出现因为材料的不到位而影响施工进程的问题。

我方已查询了本工程所有有关的材料，并联系了各有关方面的供应商，保证所有选用的材料均符合招标文件、设计图纸、国家和行业的规定。

部门制定的工程材料、半成品、构配件的技术标准。我公司将立即组织技术人员购进相关材料，及时供应施工各阶段使用。

本工程材料按专业分为建筑材料、安装材料和苗圃材料等，按照施工进度计划和各施工阶段的要求分批进料，经业主和监理工程、设计单位验收合格后入库，分配使用。

3. 拟投入的主要机械计划

我公司具有雄厚的经济实力和配套齐全的园林机械设备，在长期的水电、园建、绿化工程施工中，积累了丰富的机械设备管理经验。中标后，我公司将按照施工进度计划以及业主和监理工程师的要求，结合施工现场的实际情况，合理安排和调动机械设备进场施工，确保工程顺利进行，见表5-17。

表 5 - 17 拟投入本工程的主要施工机械设备

序号	机械设备名称	型号、规格	数量			单位	制造年份	额定功率
			合计	自有	租赁			
1	砂浆机	300L	2	1	1	台	2008	250L
2	农用车		4	1	3	台	2003	3T
3	振动器		1	1		台		
4	振动棒		1	1		台		
5	水准仪	DS6	2	2		台	2005	
6	反铲挖掘机		1		1	台	2002	
7	电焊机		1		1	台	2008	
8	吊车		1		1	台	2005	16T
9	切割机		15	15		台	2010	
10	氧割设备		1		1	台	2008	
11	打夯机		2	2		台	2010	
12	斗车		20	20		台	2010	
13	绿篱机		1	1		台	2008	
14	旋耕机		1	1		台	2008	

5.8.6 施工总平面布置

1. 施工平面布置根据现场条件及总包的统筹安排进行设置

（1）本施工总平面布置图位于26#楼西面绿地内，主要设有搅拌场、砂石堆场、加工处与苗木堆场和水泥仓库等，施工平面图如图5.7所示。

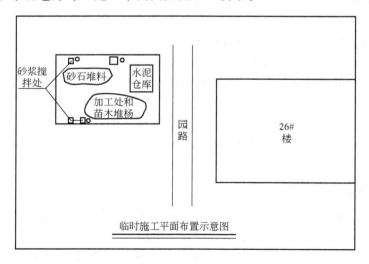

图5.7 施工平面图

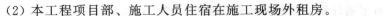

（2）本工程项目部、施工人员住宿在施工现场外租房。

（3）在平面交叉上尽量避免土建、安装及生产单位相互干扰。

（4）现场各种物品的堆码和运送要实现标志化、制度化，做到集中堆放和有计划地使用，施工现场严禁散放材料、工具，各作业点必须工完、料尽、场清。

（5）在保证现场内交通运输畅通和满足施工对材料要求的前提下，最大限度地减少场内运输，特别是场内第二次运输。

（6）本图苗木堆场面积为最大面积，可以随工程的进展进行调整。

2. 临时用地表（表5-18）

表5-18　临时用地表

用途	面积（m²）	需用时间（天）
搅拌场地	50	70
水泥仓库	25	70
砂石堆料	55	70
加工处与苗木堆场	70	70
总计	200	70

5.8.7　各项技术措施

1. 工期的技术组织措施

工程施工中，我们将根据设计文件和有关施工规范、规程、精心编制实施性施工组织设计，确定合理的施工方案，科学规划，狠抓关键线路，突出重点，确保主体。同时总揽全局，统筹兼顾，科学管理，确保工程按期完工。

1）从优化施工方案上保证

本工程土方调运工程量大，施工中要保持各分项施工交叉进行。因此，有序分层次的安排各项施工是保证工程进度和工程质量的关键环节。

（1）分段进行，平行施工，抓好各施工工序的交叉点，合理安排，重点突破。

（2）科学管理，优化施工组织，抓住关键工序，按地形整理、绿化种植、土建铺装、现场围挡等专业分工，统一组织施工。

（3）必要时可昼夜施工，实行轮班制。

2）从组织机构、资源配置上保证

（1）调遣精兵强将，强化项目管理。在中标后，各级人员准时到位并根据本工程特点，确定优秀的专业化施工队伍；投入性能优良的施工机械设备按时进场，及时进行安装调试，确保按时开工。同时，项目所需资金拨付到位及时，保证工程的顺利进行。项目经理部按项目管理的各项要求开展工作，强化项目管理，强化施工全过程的监督、检查、指导。并选用优质的施工材料，提高工程质量，降低施工难度，避免返工。

（2）为保证计划完成，将选派曾经担任类似工程的项目经理，担任该工程的项目经理，该同志具有丰富的现场施工组织管理经验，能够合理规划，统筹安排，保证工程的工期按要求时间完成。

（3）制定详细的材料采购计划，保证材料供应及时，专设材料供应组，专项负责材料采购工作，严格按照总体施工进度计划中要求的时间将材料运达现场。

3）从施工计划上保证

（1）统筹规划，确保施工计划的严肃性。

（2）狠抓重点工程进度，确保按期完工。

（3）加强对种苗质量的采购、运输、保管和供应，确保工程的需要，坚决杜绝停工待料现象的发生。

（4）严格按照工期网络计划进行施工工序的安排，结合各项技术措施计划，认真编制施工进度计划，加强施工的组织领导，严格按审定的施工组织设计合理安排施工，做到月有计划，日有安排。重要工序要做好施工组织设计和施工计划并呈报监理工程师审批后才实施。充分利用有利条件和适宜季节，合理安排施工计划并呈报监理工程师审批后才实施工序，缩短流水作业步距，加快工程进度，以确保工期。同时经常检查施工进度计划的执行情况，及时修正施工进度计划，使施工进度计划随时具有指导生产的效力。关键线路的关键工序，在条件允许和保证质量的前提下，采用两班作业，加快施工进度，保证合同工期的实现。

4）从工序安排上保证

（1）采用先进的施工方法，合理安排施工程序；做好每个工序的准备工作，使各工序合理转序。

（2）为最大限度地挖掘关键线路的潜力，各工序施工时间尽量压缩。各工种之间建立联合签认制度，保证各专业良好配合避免互相破坏或影响施工，造成工序时间延长。

（3）严格控制各工序施工质量，确保一次验收合格，杜绝返工，以一次成优的良好施工质量获取工期的缩短。

（4）制定详细合理的施工计划。抓住关键工序，对影响总工期的工序和具体环节给予人、财、物的充分保证，确保整个工程进行顺畅和连贯。

（5）为了充分利用施工空间、时间，用流水段均衡施工工艺，合理安排工序。在绝对保证安全质量的前提下，充分利用施工空间，科学组织土方挖运施工与苗木移植、苗木栽植等工程的交叉作业。

5）从安全生产上保证

（1）贯彻国家安全生产政策和各类安全法规，增强职工安全法制观念，并认真组织贯彻落实制定的各项管理制度。

（2）加强临时的防火措施和易燃、易爆物品的保管、领发制度，配备足够消防器材，发现事故隐患或苗头要及时排除，杜绝重大事故的发生。

（3）严禁无证上岗。在施工过程中，特别注意用电安全，严禁在施工场地、宿舍区内乱接电线，防止触电事故发生。各分队成立安全小组，设专职安全员负责日常安全生产的检查和监督，以便施工顺利进行，确保工期。

（4）安全质检人员应及时检查，隐患及时处理，做好检查记录，并有权对违章作业的下达停工整改指令。安全质检人员应在技术交底会上或每周检查会上对安全工作进行交底，并且要宣贯安全操作规程，使广大职工时刻保持警惕，严防事故的发生。

（5）项目经理部负责与当地派出所、治安防范组织保持经常联系，取得支持，确保施工顺利进行，抓好宣传工作，取得附近村民的谅解和支持。

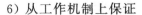

6）从工作机制上保证

（1）坚持领导干部跟班作业制度。发现问题及时处理，协调各工序间的施工矛盾，减少扯皮，保质、保量完成任务。

（2）健全奖罚制度，开展施工竞赛，比质量、比安全、比工效、比进度、比文明施工。对保质保量安全完成周、月计划的施工队，给予表扬和奖励；反之给予批评、处罚，以提高施工人员的积极性。

（3）抓住时机，掀起施工高潮，开展以比质量、比安全、比工期、比效益、比创新的社会主义劳动竞赛，掀起施工高潮。

（4）每天下班前，项目经理召开碰头会，解决当天难点，每3天检查1次计划执行情况，每7天按班组评比1次，表扬先进，找出差距，迎头赶上，确保工期。劳动力注意机动调整，不至于出现劳动力闲置、窝工现象。

7）从外部环境上保证

创造宽松的外部环境。加强与业主、监理的联系，正确处理好与当地政府，沿线群众及兄弟单位的关系，尊重当地风俗习惯，求得当地政府和群众的支持，争取得到各方面的全面支持和有力配合，为施工生产创造一个良好的外部环境，保证工程施工不受影响。积极主动与工程所在地建委、环保、城管、交通、派出所、街道、居委会等政府主管部门联系与沟通，得到他们的支持和帮助，为施工提供有力的支持。

8）从资金上保证

落实资金管理，以工程合同为准则，搞好资金的管理，督促、检查工程施工合同的执行情况，使财力能够准时投入，专款专用，保证施工生产正常进行。对工程中需用资金的施工阶段，要合理调配好资金的使用，使资金链不发生断流，充分运用公司自筹资金、工程预付款、施工进度款、验收款的拨付合理使用，保证工程进度。

2．工程质量的技术组织措施

1）工程质量总目标

"确保工程质量合格，争创优良工程"是本工程的质量总目标。

为了达到该质量总目标，在施工过程中，以目标管理统揽全局，以经济承包为杠杆。实施关键工序、关键时候重奖重罚，使每个项目员工和目标直接相关，对目标负责，并给每个项目员工以压力和动力，以最大限度地调动和发挥每个员工的积极性，提高员工的质量意识。

2）质量保证的具体措施

（1）施工准备阶段的质量控制。是为保证施工正常进行而必须事先做好的工作。施工准备不仅在工程开工前做好，而且贯穿于整个施工过程。施工准备的基本任务就是为工程建立一切必要的施工条件，确保施工生产顺利进行，确保工程质量符合要求。

① 施工组织设计。是指导施工准备和组织施工的全面性技术经济文件。对施工组织设计，制定施工进度时，必须考虑施工顺序、施工流向，主要分部、分项工程的施工方法，特殊项目的施工方法和技术措施能否保证工程质量。

② 好统筹安排施工准备工作。由于施工项目较多，如何合理地统筹安排施工、管理与监督工作是很必要的，所以要加强巡回检查。

③ 物资准备。检查原材料、构配件是否符合质量要求；施工机具是否可以进入正常

运行状态；建材、苗木是否符合设计要求和质量要求。

④ 劳动力准备。施工力量的集结，确保进入正常的作业状态；特殊工种及缺门工种的培训，确保具备应有的操作技术和资格；劳动力的调配，工种间的搭接，确保为后续工程创造合理的、足够的工作面。

（2）施工阶段的质量控制。

① 严格按照招标文件要求、施工方案及有关施工规范、规程进行施工。除建立工程质量管理保证体系外，应认真执行技术交底程序，将施工意图、操作规程、施工工艺、技术要求、技术措施和质量标准以及业主的有关技术管理要求向各级施工人员进行详细的讲解交底。

② 严格执行有关操作规程，按有关工程质量检验评定标准进行检查和验收。

③ 本工程施工质量控制应从作业班组入手，组织建立班组形式的全面质量管理小组。本工程各主要分项工程均应有明确、具体的质量管理目标，保证全部工程竣工验收时，达到优良标准。

④ 各施工队均应建立和完善班组内部的自检制度，做到工程质量在班组内有控制、有检查、有记录。

⑤ 各施工队，都要设立专职的质检人员，严格执行质量管理体制制度和各种规定，及时进行各项检查、验收工作。

⑥ 坚持质量检查制度，工程项目部质检组每天进行一次质量检查，对不合格产品，要坚决返工。

⑦ 工程质量企业自评后报业主及工程监理复核确认。

（3）交工验收阶段的质量控制。交工验收阶段，应有计划、有步骤、有重点地进行收尾工程的清理工作，通过交工前的预验收，找出漏项的项目和需要修补的工程。还应做好竣工工程产品保护，以确保工程一次成功及减少竣工后返工整修。工程项目经自检、互检后，与建设单位和上级有关部门进行正式的交工验收工作。

3. 安全生产的技术组织措施

安全管理目标：无重大伤亡事故，确保工伤事故发生率为零。

1）制定安全管理制度

（1）在施工过程中贯彻"安全第一，预防为主"的安全工作方针。

（2）在项目开工前必须进行三级安全教育，严格落实安全责任制。

（4）提高施工人员的安全生产意识，通过经常性的安全生产教育，使施工人员牢固树立"安全为了生产，生产必须安全"和"安全工作人人为我，我为人人"的安全思想。

（5）实行"施工生产安全否决权"，对于影响施工安全的违章指挥及违章作业，施工人员有权进行抵制。

（6）各种施工机械电源必须接零接地，电闸箱必须有锁，必须有安全操作牌，专人专机。

（7）不准穿高跟鞋、拖鞋上班，违者罚款 20 元。

（8）不准乱接、乱拉电线和将电缆直接固定在金属物上，违者罚款 50 元。

（9）不准随意搬动、拆除安全设施，违者，视严重程度罚款 50～100 元。

（10）特殊工种必须持证上岗，违者罚款 20 元。

（11）各种手提式、移动式的电动机械未装漏电保护装置者不准使用，违者罚款100元。

（12）发生工伤事故按"三不放过"原则处理，对造成重大事故责任人按规定处理。

（13）新工人进场或更换岗位者，必须进行安全教育。

（14）工作时间不准擅自离开工作岗位或干私人活，违者罚款20元。

（15）工地照明用电必须使用漏电保护器，禁止使用电炉，一经查出，按电磁炉瓦数数目的人民币予以处罚，并没收电炉。

（16）有毒、易燃、易爆物品必须隔离储存，并有防护设施。

（17）现场施工人员必须正确使用个人劳动防护用品。

（18）施工人员必须遵守安全施工规章制度。

（19）油漆工施工时要避开火源、热源。

2）建立安全检查制度

（1）安全检查形式。

① 设置专职的安全员对施工现场进行安全检查。

② 由项目经理不定期地组织相关人员对施工现场进行安全检查，同时对关键部位要跟踪检查，并做好记录。

③ 除配合上级部门检查外，公司工程管理部每月对各施工项目，进行全面的检查。

（2）整改通知。

① 由项目部检查出来的安全问题，发出《安全隐患整改通知单》，指明需整改的隐患要点和提出"三定"要求，即定执行人员、定整改期限、定整改措施，以便责成班组进行整改处理。《安全隐患整改通知单》一式两份，一份交施工队；另一份留项目部保存。情况严重的要上报公司工程管理部备案。

② 由公司工程管理部检查出来的安全问题，发出《安全隐患整改通知单》，指明需整改的隐患要点和提出"三定"要求，即定执行人员、定整改期限、定整改措施，以便项目部进行整改处理。《安全隐患整改通知单》一式两份，一份交项目部；另一份留公司工程管理部保存。

（3）检查整改情况。

① 施工项目完成"隐患整改"后，由项目部组织人员进行复查，经复查整改合格后保存记录。如复查认为尚不合格，则再发出整改通知单，甚至停工整顿，施工队应继续整改，直至整改合格为止。项目部发出的《安全隐患整改通知单》，也按此程序进行。同时对相关的责任人进行经济处罚。

② 施工项目完成"隐患整改"后，由公司工程管理部组织人员进行复查，经复查整改合格后保存记录。若复查认为尚不合格，则再发出整改通知单，甚至停工整顿，项目部应继续整改，直至整改合格为止，公司工程管理部发出的《安全隐患整改通知单》，也按此程序进行。同时对相关的责任人进行经济处罚。

4．文明施工的技术组织措施

1）现场挂牌上岗

对施工区域范围内的市政管网和周围的建、构筑物采用有效措施进行保护。施工现场设置明显的安全标识牌，并在施工路段配合有关管理人员维持交通秩序。所有施工人员均佩戴本公司制作、签发的工作卡。

2）设置总平面布置

施工现场设置工程标牌，即五牌一图：施工总平面布置图、工程概况牌、文明施工管理牌、组织网络牌、安全纪律牌、防火须知牌。施工现场保持道路畅通。有关施工用的材料、设备等均按总平面图的布局分类、整齐堆放，所有料堆均挂名称、品种、规格等标牌。

3）临时设施管理

施工现场做好临时设施及办公、生活设施；制定项目部日常管理制度，严格按市有关文明施工的规定进行。

4）现场防火

在进场前对所有施工人员进行消防措施和制度的教育，并在施工现场配备经检验合格的灭火器材。

5）卫生管理

明确施工现场各区域的卫生负责人，定期搞卫生、除"四害"，保证施工现场无臭味；施工车辆驶出工地应先冲洗干净，确保无泥沙后才准其驶出工地；每日施工、每阶段施工均做到工完场清。施工现场设茶水亭和茶水桶，以供工人享用，保证所有茶具均达到有关卫生标准。

6）安全防护

本工程施工过程中应把安全放在第一位，采取必要的安全措施，如在通道口设置防护棚，施工人员穿反光衣，并有专业安全员在现场指挥调度。

7）环境保护管理

制定环境保护目标责任制，采取有效措施防止粉尘、噪声、水源污染，决不使用或焚烧有毒、有害物质，保证施工但不扰民。

8）治安综合治理

建立安全保卫制度，落实治安、防火、计划生育责任人；所有工作人员均佩戴工作卡，管理与作业人员的工作卡要有颜色区别，加强治安防治措施，防止失盗事件的发生。

本 章 小 结

本章详细地阐述了单位工程施工组织有关知识。

具体内容包括：单位工程施工组织设计编制依据和编制内容；重点介绍了编制内容中的工程概况、施工方案的选择、施工进度计划、施工准备工作计划与各种资源需要量计划、施工平面图、各种技术措施和经济技术指标；单位工程施工组织设计实例一个。

本章的教学目标是使学生熟悉单位工程施工组织设计的编制的方法，通过实例讲解实践中编制施工组织设计的一些具体内容。

习　　题

一、填空题

1. 施工组织设计的核心是_____和_____。

2. 工程概况主要包括＿＿＿＿、＿＿＿＿和＿＿＿＿。

3. 选择施工方案需从实际出发，一般应注意的原则有＿＿＿＿、＿＿＿＿和＿＿＿＿。

4. 园林单位工程施工平面图主要包括＿＿＿＿、＿＿＿＿和＿＿＿＿等。

二、判断题

1. 指导性施工进度计划主要适用于规模较大、工期较长需跨年度施工的工程。　　　（　　）

2. 编制施工进度时，工期越短越好。　　　（　　）

3. 编制施工方案时，对于园林绿化工程一般不用进行详细编写。　　　（　　）

4. 单位工程施工平面图是施工方案和施工进度计划在空间上的全面安排。　　　（　　）

5. 施工准备工作应贯穿于整个施工过程中。　　　（　　）

三、简答题

1. 单位工程施工组织设计的内容有哪些？

2. 确定某一项目的施工持续时间有哪些方法？

3. 对施工进度计划的初始方案通常要检查哪些内容？如何进行调整？

四、案例题

1. 在某园林施工单位在进行高速公路的草坪铺设工作，合同工期为3～6月底，但由于5月份连续下雨，导致高速公路旁的土方整体滑坡，无法进行施工，从而延迟工期，请分析在编制施工进度计划应该考虑哪些影响因素？

2. 某园林公司进行小区园林工程，工程内容包括：乔木种植，草铺铺设、花坛砌筑、园林喷灌设施安装，园路铺装；工期3～6月，请分析该工程施工顺序安排。

3. 某园林公司中标了立交桥附属的园林工程，工程地处交通要道，工程内容包括种植和道路铺装施工。项目经理组织人员进行施工组织设计，在施工组织设计中包括施工方案、施工进度计划、施工平面图设计等内容。由于前期立交桥施工耽误工期，施工组织设计编制完成后项目经理签字后马上组织实施。

问题：

(1) 该项目施工组织设计内容是否全面？如不全面，还应包括哪些内容？

(2) 本工程的施工现场平面图设计中应考虑哪些因素？

(3) 该项目的项目经理马上组织施工，是否合理？施工组织审核程序应该怎样？

五、实训题

某单位承接一公路绿化工程，欲编写施工组织设计：

工程概况为：××公路绿化工程项目，施工路段全长5km，绿化带宽为两侧各5m，地形平坦，土质良好。施工内容为乔木种植（常绿胸径10cm，1000株，落叶胸径10cm，1000株，常绿胸径5cm，0.5万株，落叶胸径5cm，1万株）；灌木栽植（60cm，3万株）；草坪栽植2m²，该单位共有劳动力20人，管理及技术人员5人。根据题目所提供的资料，结合课程教学，编写该工程施工组织总设计。

问题：

(1) 计算工期，合理安排进度计划。

(2) 编写绿化工程施工组织设计。

第6章

园林施工企业管理

章节导读

　　本章主要介绍园林施工企业及组织机构，园林施工企业管理，园林工程招标与投标的基本知识，逐步培养项目管理能力，为后期的学习奠定基础。

 知识点滴

<h2 style="text-align:center">园林企业资质</h2>

　　1. 一级企业

　　(1) 具有 8 年以上城市园林绿化经营经历。

　　近 5 年承担过面积为 60000m² 以上的园林绿化综合性工程，并完成栽植、铺植、整地、建筑及小品、花坛、园路、水体、水景、喷泉、驳岸、码头、园林设施及设备安装等工程，并经验收，工程质量合格。

　　具有大规模园林绿化苗木、花卉、盆景、草坪的培育、生产、养护和经营能力。

　　具有高水平园林绿化技术咨询、培训和信息服务能力。在本省(自治区、直辖市)或周围地区内有较强的技术优势、影响力和辐射力。

　　(2) 企业经理具有 8 年以上从事园林绿化经营管理工作的资历、企业具有园林绿化专业高级技术职称的总工程师，中级以上专业职称的总会计师、经济师。

　　(3) 企业有职称的工程、经济、会计、统计、计算机等专业技术人员，占企业年均职工人数的 10% 以上，不少于 20 人；具有中级以上技术职称的园林工程师不少于 7 人，建筑师、结构工程师及水、电工程师都不少于 1 名。企业主要技术工种骨干全部持有中级以上岗位合格证书。

　　(4) 企业专业技术工种除包括绿化工、花卉工、草坪工、苗圃工、养护工以外，还应包括瓦工、木工、假山工、石雕工、水景工、木雕工、花街工、电工、焊工和钳工等，三级以上专业技术工人占企业年平均职工人数的 25% 以上。

　　(5) 企业技术设备拥有高空修剪车、喷药车、洒水车、起重车、挖掘机、打坑机、各种工程模具、模板、绘图仪和信息处理系统等。

　　(6) 企业固定资产现值和流动资金在 1000 万元以上，企业年总产值在 1000 万元以上，经济效益良好，利润率 20% 以上。

　　(7) 企业所承担的工程，培育的植物品种，或技术开发项目获得部级以上的奖励或获得国际性奖励。

　　2. 二级企业

　　(1) 具有 6 年以上园林绿化经营经历。近 4 年承担过面积为 30000m² 以上的综合性工程施工，或具有园林绿化苗木、花卉、盆景、草坪的培育、生产、养护和经营能力。具有园林绿化技术咨询、培训和信息服务能力。在本市具有较强的技术优势和影响力。

　　(2) 企业经理具有 6 年以上从事绿化经营管理工作；企业具有园林绿化专业中级以上技术职称的总工程师，财务负责人具有助理会计师以上职称。

　　(3) 企业有职称的工程、经济、会计、统计等专业技术人员，占企业年平均职工人数的 10% 以上，不少于 15 人；具有中级以上技术职称的园林工程师不少于 5 名，建筑师及水、电工程师各 1 名。企业主要技术工种全部持有中级岗位合格证书。

　　(4) 企业专业技术工种应包括绿化工、花卉工、草坪工、养护工、瓦工、木工、假山工、石雕工、水景工、电工、焊工和钳工等，三级以上专业技术工人占企业年平均职工人数的 15% 以上。

　　(5) 企业技术设备拥有高空修剪车、喷药车、挖掘机、打坑机、各种工程模具、模板、绘图仪、微机等。

（6）企业固定资产现值和流动资金在 500 万元以上，年总产值在 500 万元以上，利润率 20% 以上。

（7）企业所承担的工程，培育的品种，或技术开发项目获得省级以上奖励。

3．三级企业

（1）具有 4 年以上园林绿化经营经历。

近 3 年承担过面积为 10000m² 以上综合性工程施工，或具有园林绿化苗木、花卉、盆景、草坪培育、生产、养护和经营能力。

（2）企业经理具有 4 年以上园林绿化经营管理工作的资历，企业技术负责人具有园林绿化专业中级以上职称，财务负责人具有助理会计师以上职称。

（3）企业有职称的工程、经济、会计、统计等专业技术人员，占企业年平均职工人数的 10% 以上，不少于 12 人，具有中级技术职称以上的园林工程师不少于 3 名，建筑师 1 名，企业主要技术工种全部持有中级岗位合格证书。

（4）企业专业技术工种应包括绿化工、花卉工、草坪工、养护工、瓦工、木工、假山工、水景工、电工等，三级以上专业技术工人占企业年平均职工人数的 10%。

（5）企业技术设备拥有修剪车、挖掘机、打坑机、各种工程模具、模板、绘图仪、微机等。

（6）企业固定资产原值和流动资金在 100 万元以上，年总产值在 100 万元以上。

4．四级企业

（1）具有国家工商行政管理部门批准的园林绿化行业的经营执照和园林绿化工程的经营范围。

（2）企业经理具有 2 年以上从事绿化经营管理工作的资历。企业技术负责人具有本专业中级以上职称，财务负责人具有助理会计师以上职称。

（3）企业有职称的工程、经济、会计、统计等专业技术人员不少于 4 人，具有中级以上技术职称的园林工程师不少于 2 人，建筑师 1 名。企业持有中级岗位证书技术工人不少于 3 人。

（4）企业固定资产现值和流动资金在 50 万元以上。

（5）具有全年施工的技术能力。

（6）能掌握园林绿化工程施工技术规程规范。

5．各级城市园林绿化企业营业范围

（1）一级企业可在全国或国外承包各种规模及类型的城市园林绿化工程，可从事城市绿化苗木、花卉、盆景、草坪等植物材料的生产经营，可兼营技术咨询、信息服务等业务。

（2）二级企业可跨省区承包 50 公顷以下城市园林绿化综合工程，可从事城市园林绿化植物材料生产经营、技术咨询、信息服务等业务。

（3）三级企业可以在省内承包 20 公顷以下城市园林绿化工程，可兼营城市园林绿化植物材料。

6.1　园林施工企业及组织结构

引言

在园林施工企业组织施工当中，如何采取有效的施工组织形式，保证施工的顺利进行，就必须了解施工企业组织结构的基础知识。

企业组织机构是指企业根据自身的总目标和管理要求，把生产的各个要素、各个部门和各个环节从劳动的分工、协作关系以及人员配备等方面，用一定的形式合理地、紧密地、高效地加以组织和协调，使企业的人员都能在各自的岗位上协调地进行工作的组织结合形式。

6.1.1 园林施工企业

1. 园林企业

1）概念

园林企业是指依法自主经营、自负盈亏、独立核算，从事园林商品生产、经营、设计、施工和管护，具有法人资格的经济组织。根据中华人民共和国建设部1995年7月4日颁布的《城市园林绿化企业资质管理办法》，城市园林绿化企业是指从事各类城市园林绿地规划设计，组织承担城市园林绿化工程施工及养护管理，城市园林绿化苗木、花卉、盆景、草坪生产、养护和经营，提供有关城市园林绿化技术咨询、培训、服务等业务的所有企业，包括全民所有制企业、集体所有制企业、中外合资企业、中外合作经营企业、联营及股份制企业、私营企业和其他企业。

2）园林企业应具备的基本条件

（1）有独立组织生产和进行经营管理的组织机构，在法律上取得法人资格，能独立对外签订合同并具有法律效力。

（2）取得苗木生产经营许可证、城市园林绿化企业资质、古建筑工程施工企业资质等相关专业证件。

（3）有与承担园林施工任务相适应的生产机具和流动资金，并在银行开设账户，是国民经济的基本核算单位。

（4）有与承担园林施工任务相适应的技术人员、管理人员和生产技术工人。

（5）有健全的会计制度和经济核算办法，能独立进行经济核算，自负盈亏。

（6）有保证工程质量和施工工期的手段、设施和装备。

2. 园林施工企业

园林工程施工企业这是实现园林企业中的骨干力量。园林施工企业是从事园林工程施工的企业，在国民经济中自主经营、独立核算、自负盈亏并具有法人资格的基本经济单位。一般来说，园林的建设者提供投资，提出要求，由施工者根据建设者的意图进行建设，两者之间是发包者与承包者之间的关系，是两个不同的范畴，不同的体系，没有直接的行政关系。

6.1.2 园林企业组织结构形式

1. 组织的含义

组织有两种含义。组织的第一种含义是作为名词出现的，指组织机构。组织机构是按一定领导体制、部门调协、层次划分、职责分工、规章制度和信息系统等构成的有机整体，是社会的结合体，可以完成一定的任务，并为此而处理人和人、人和事、人和物的关系。组织的第二个含义是作为动词出现的，指组织行为（活动），即通过一定权力和影响力，为达到一定目的，对所需资源进行合理配置、处理人和人、人和事、人和物的行为（活动）。组织有三要素，包括管理部门、管理层次和管理幅度。

1）管理部门

它指专门从事某一类业务工作的部门。组织机构设置管理部门，应满足这几点：业务量足，针对例行工作设置；功能专一；权责分明；关系明确。组织机构以横向划分部门。

2）管理层次

它是指从最高管理者到最基层作业人员之间分级管理的级数。组织机构以纵向划分层次。

3）管理幅度

它是指一名管理者直接管理下级人员的数量。

知识链接

常见组织结构模式

（1）职能组织结构。这种组织形式的最高层次和中级层次都设有相应的职能机构，这些职能机构均在自己的业务范围内都有权向下级相应的职能机构和人员下达命令和指示。职能机构强调职能专业化的作用，经理（或施工队长）与工人之间没有直接指挥与被指挥的关系，而是授权给各个不同的专家或中间机构。其职能组织机构如图6.1所示。

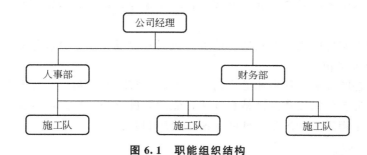

图6.1　职能组织结构

（2）线形组织结构。这是最简单的一种管理机构的组织形式，由企业经理直接或通过一个中间管理层次领导和管理施工生产人员。由于这种组织形式没有职能机构或只有少数职能人员，上下实行垂直领导，故称作直线制，其线形组织机构如图6.2所示。

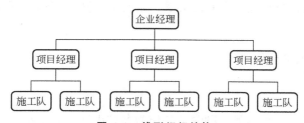

图6.2　线形组织结构

（3）矩阵组织结构。这是由垂直的职能机构和各个不同项目的临时性平行机构相结合而成的组织机构形式，是一种较富有弹性的机构。它既有按职能部门划分的垂直联系（纵向），又有按执行任务划分的水平联系（横向），形成一个矩阵组织机构形式，故又称作"矩阵组织"。各职能部门分别派出专业人员到甲、乙、丙等不同工程项目去经营和施工，编制上是职能部门的职工，专业业务上受职能部门领导，而工作上被分派到具体工程中，接受工程项目负责经理的指挥，工程结束后，仍回原来的职能部门工作。其矩阵组织结构如图6.3所示。

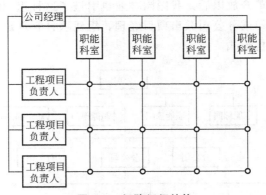

图 6.3　矩阵组织结构

2. 园林企业组织结构形式

我国园林企业一般设两级或三级管理。两级管理是指"公司—项目经理部"两个层次，三级管理是指"公司—分公司—项目经理部"公司是经营决策层，分公司是管理层，作业层由项目经理管理，队伍有（劳务承包队）组成。

1）两级管理的组织结构形式

实行两级管理的园林企业，"公司—项目经理部"两个管理层次，如图 6.4 所示。

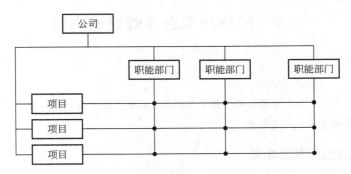

图 6.4　两级管理的组织结构形式

园林企业两级管理矩阵组织结构，是把按职能划分的部门和工程项目设立的管理结构，依照矩阵方式有机结合起来的一种组织结构形式。这种组织结构以工程项目门为对象设置，各项目管理结构内的管理人员从各职能部门抽调，由项目结构的负责人项目经理统一领导，待工程完工交付使用后，又回到职能部门或到另外工程项目的组织结构中工作。

园林企业两级管理矩阵制组织结构具有灵活的特点，它能根据工程任务的情况灵活地组建与之相适府的管理结构。而各个项目结构的工作日标明确，能围绕工程项目的建设开展各项工作，便于协调结构内各类人员的工作关系，调动其积极性。但矩阵制的组织结构经常变动，稳定性差，尤其是业务人员的工作岗位调动频繁。

2）三级管理的组织结构形式

大型国林企业，通常实行三级管理，即"公司—分公司—项目经理部"，远离公司基地的地区设分公司，如图 6.5 所示。

在欧美各国和日本的大型园林企业里，特别是在智力密集型的企业里，已有效地利用这种组织结构形式。改革开放以后，我国园林业也引进了这种组织结构形式，实行管理层与作业层分离，由总公司或分公司派出项目经理，组建项目管理班子进行项目管理，在企业里形成矩阵制组织结构形式。

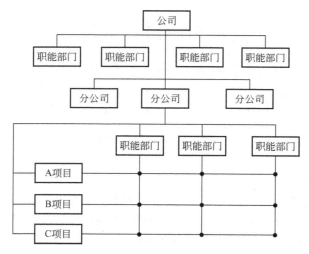

图 6.5　三级管理的组织结构形式

6.2　园林施工企业管理的内容

 引言

在园林活动中，处处离不开管理，其中包括园林企业管理，园林施工企业管理的好坏直接影响着员工的工作热情，从而影响园林工程质量。

6.2.1　园林施工企业管理的职能

企业管理职能是对企业管理的基本工作内容和工作过程所做的理论概括。企业管理的职能包括一般职能和特殊职能。一般职能是指由协作劳动产生的、属于合理组织生产力的管理职能；特殊职能是由这一劳动过程的社会性质产生的、属于维护生产关系的职能。一般职能和特殊职能是企业管理两个相互结合、不可分割的基本职能。企业管理职能要通过具体管理工作履行。对具体管理工作进行归纳和概括，可以划分为若干具体职能，如计划、组织、控制和人事等。

1．计划职能

计划是确定企业目标和实现目标的途径、方法、资源配置等的管理工作。在企业管理的各项职能中，它是首要职能。计划作为指导人们开展各项工作的纲领和依据，同时计划职能是协作劳动的必要条件。企业要达到预期目标，必须对各项活动、各种资源的利用和每个人的工作进行统一安排，在协作劳动中才能彼此配合。没有计划的企业是不可能生存的。计划如果出现重大失误，企业就会遭受严重损失，甚至在激烈的市场竞争中还可能因此而被淘汰。

计划职能的主要内容和程序如下。

（1）对企业外部环境（一般社会环境和产业环境，特别是市场状况）和内部条件的现状及未来的变化趋势，进行分析和预测。

（2）根据上述市场需要、企业内部条件的分析以及企业自身的利益，制定企业中长期和近期的目标。

（3）拟定实现目标的各种可行方案，通过综合评价，选择满意方案，即进行决策。

（4）编制企业的综合计划（经营计划）和各项专业计划（生产计划、销售计划等），以便落实决策方案。

（5）检查计划执行情况，及时发现问题，采取措施予以解决。这步工作是计划职能与控制职能相互交叉的一项工作。

2. 组织职能

为了实现企业的共同目标与计划，需要确定企业成员的分工与协作关系，建立科学合理的组织结构，使企业内部各单位、各部门、各岗位的责权利协调一致，所进行的一系列管理工作就是组织职能。从组织职能与计划职能工作性质看，组织职能与计划职能密切相关。计划职能为组织职能规定了方向乃至具体要求，组织职能为计划目标的完成提供了组织上的保证。组织职能的内容一般如下。

（1）确定为完成企业任务和目标而设置的各项具体管理职能，明确其中的关键性职能，并将其分解为各项具体的管理业务和工作。

（2）确定承担这些管理业务和工作的各个管理层次、部门、岗位及其责任、职权，搞好企业内部的纵向与横向的分工。

（3）确定上下管理层次之间、左右管理部门之间的协调方式和控制手段，使整个企业的各个组成部分步调一致地进行活动，提高企业管理的整体功能。

（4）配备和训练管理人员。

（5）制定和完善各项规章制度，包括管理部门和管理人员的绩效评价与考核制度，以调动职工积极性。

组织职能的这些内容说明，它是一个动态的工作过程。

3. 人事职能

人事职能是从组织职能中分离出来的，对于正确处理人们的相互关系、调动职工积极性、提高组织的整体效能具有极其重要的作用；是指人员的选拔、使用、考核、奖惩和培养等一系列管理活动。现阶段，人事工作的重要地位得到人们的普遍承认，并且形成了一整套理论、原则、制度和方法。企业人事工作就是如何用人、提高人的积极性问题，应把重视思想政治工作，努力建设以共产主义思想为核心的社会主义精神文明，用革命理想和革命精神振奋职工群众建设社会主义的巨大热情作为主要工作内容。古今中外许多企业的成功经验一再表明，人才是企业最可宝贵的资源，是企业兴旺发达之本。随着科学技术的突飞猛进，生产的机械化、自动化程度的不断提高，企业经营管理的日益复杂，对工人和各级管理人员素质的要求越来越高，同时，对于充分调动人们的积极性和创造才能，也提出了迫切要求。社会主义企业的用人职能，不仅要反映社会化大生产的要求，还应具有社会主义的特点。企业既要为国家创造物质财富，还要为社会培育优秀的人才。

4. 控制职能

控制职能就是按照既定计划和其他标准对企业的生产经营活动进行监督、检查，发现偏差则采取纠正措施，使工作按原定计划进行，或者改变和调整计划，以达到预期目的的管理活动。进行控制是企业高层、中层和基层的每一个主管人员的职责。为了履行这一职责，各级领导人要懂得自己职责范围内的生产技术，熟悉管理业务工作；要制定控制标准，评定工作的实际成果，并及时解决执行工作中偏离计划的问题。控制的目的，就是保证企业实际生产经营活动及其成果同预期的目标一致，使企业计划任务和目标转化为现实。

由于企业各级主管人员的分工不同，他们的控制范围也不一样。因此，控制职能可以划分为不同的具体类型。如果按业务范围划分，有生产作业控制、质量控制、成本控制、库存控制和资金控制等，它们分别由不同的管理部门和人员负责。按控制对象的全面性划分，控制职能有局部控制和综合控制（全面控制）。大多数控制属于局部性的，用以集中解决经营管理某个方面的计划的落实，如工程质量、进度（工期）、成本支出等控制工作。综合控制通常运用财务手段，对综合反映企业经营状况的价值形态的指标，进行系统的分析和判断，发现问题，予以纠正。各种管理职能的具体内容、要求及时间分配因企业管理层人员不同，而存在一定差异。如以总经理为首的经理班子，要为计划、组织和人事花费大部分时间，而且要求很高；工段、班组等基层管理人员从事的是执行性工作，因而用于计划的时间较少，大部分精力应集中于控制。

6.2.2 园林施工企业管理的任务

企业管理是以企业任务为导向的执行一系列管理职能的系统活动，必须明确企业管理任务。现代园林绿化企业管理必须承担和完成下列三项相关的重要任务。

1. 企业管理必须把经济上的成就放在首位

园林绿化企业作为一个经济组织，必须用自己的经济成果为社会创造财富，增加税收，满足用户需要，同时，使企业出资者及其他利益相关者获得各自追求的合法利益。只有这样，企业才有存在的必要和价值，企业自身才能生存和发展。因此，管理者的首要任务必然是保证企业实现预期的经济成就，并使之持续、稳定地不断提高。

2. 企业管理应使工作富有活力，并使员工取得成就

园林绿化企业的经营业绩只有在市场竞争中才能实现，而企业竞争力的强弱取决于企业内部各项工作是否富有活力。要想使各项工作都富有活力，就要充分调动全体员工的积极性、主动性和创造性，让员工在各自的岗位上取得良好业绩。可见这一任务是与企业获得经济成就的任务是紧密相连的。

我们知道，每个人都是抱着不同的目的参加组织的，并且通过为企业组织服务谋求自身经济利益及其他利益；如果组织不能在总体上满足员工的基本需求，组织就将面临瓦解。此外，任何组织都必须统一人们的意愿与意志，围绕一个共同的经营战略、按照共同的行为准则去开展生产经营活动，然而这种共同的意志与意愿并不一定合乎个人的要求。每个人的个性意愿并不总是合乎工作的客观要求。因此，管理者在企业的生产经营活动中，不仅要管好物，更要管好人，要以人为中心开展各项管理工作，最大限度地发挥每个

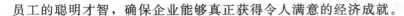

员工的聪明才智，确保企业能够真正获得令人满意的经济成就。

3. 企业管理必须承担和履行社会责任

园林企业是社会的一部分，是为广大人民群众创造优美环境和服务的经济组织，它的行为必然对社会发生影响。对于这些影响，企业必须承担相应责任。依法照章纳税，履行合同，进行环境管理，防止污染、保护环境等，是每个企业应尽的义务；同时企业行为必须符合社会的价值准则、伦理道德、国家法律以及社会期望，坚决抵制那些有害于国家和人民群众的行为。总之，企业必须做有益于社会的事，以企业的经济活动推动社会进步。

6.2.3　园林企业的管理方法

企业的管理方法具有普遍性。园林绿化企业执行企业管理职能，完成企业管理任务，各项管理工作和各层次管理人员都需要学习和应用企业管理的一般方法。按照管理者和被管理者之间相互作用的方式划分，有以下四类方法。

1. 行政方法

行政方法具有强制性，是行政组织运用行政手段（命令、指示、规定等），按照行政隶属关系来执行管理职能、完成管理任务的一种方法。行政方法是必要的，但必须注意，运用行政方法必须依照客观规律办事，讲究科学性，从实际出发，切忌主观主义地瞎指挥。

2. 经济方法

经济方法是按照经济规律的要求，运用经济手段（价格、工资、利润、利息、奖金等）和经济方式（经济合同、经济责任制等），来执行管理职能，实现管理任务的方法。采用经济方法应运用物质利益原则，实行按劳分配，正确处理国家、企业、职工三者利益关系，调动经营者和生产者的积极性，引导他们为企业和国民经济发展做出贡献。

3. 法律方法

法律方法是用经济法规来管理企业的生产经营活动的方法。经济法规是调整国家机关、企业、事业单位和其他社会组织之间，以及它们与公民之间在经济生活中所发生的社会关系的法律规范；是这些组织和公民经济行为的准则；是保证企业生产经营活动有秩序进行的条件，也是国家管理经济的重要工具。因此，企业管理必须重视法律方法的运用。

4. 教育方法

教育方法是指运用思想政治工作的方法来解决职工的思想认识问题，调动职工的积极性。企业的生产经营活动是以人为主体的，企业的活力能否增加，经济效益能否提高，最终源泉在于企业职工的积极性和创造性。而这一源泉的充分发掘，除了正确的政策外，与人们的思想状况有极大关系。在企业生产活动和各项改革工作中，人们会产生各种各样的思想问题。思想问题决不能用强迫命令、简单压服的方法去解决，只有依靠思想政治工作，通过说服教育的方法才能奏效。

此外，按照时代特点划分，企业管理有传统方法和现代方法。按研究解决问题的思维方式划分，企业管理有定性分析和定量分析的方法。现代管理方法一般是指运用现代管理理论，以电子计算机和各种信息、通信技术为手段，借助多种教学方法，去执行管理职能的方法。这种方法可以显著提高工作效率和工作质量。特别是企业的重大决策，涉及多种目标、多种因素，存在多种可能性，必须把定量分析和定性分析的方法结合起来，充分发挥企业经营者的经验与智慧，进行综合权衡与分析判断，才能做出适当的选择。在这个过程中，还需要经营者的冒险精神和决断魄力，这更是一般定量分析方法解决不了的。

综上所述，企业管理的一般方法，各有不同的作用和长处，都是企业管理所必需的，不能因为一种方法有效，而贬低或者否定其他方法。同时，每一种方法都不是万能的，各有一定的局限性。因此，搞好企业管理，不能单纯依赖某种方法，而是应该把各种科学方法结合起来使用，使之相互补充，以求得理想效果。

6.3 园林工程建设项目招标与投标

 引言

项目的招标与投标是国际上通用的比较成熟的而且科学合理的工程承发包方式；是施工单位获得项目常用途径；是企业日常管理的重要组成部分。

建设项目的招标与投标是在市场经济条件下，通过公平竞争，进行项目发包与承包所采用的一种交易方式。它是以建设单位作为建设工程的发包者，用招标方式择优选定设计、施工单位；而设计、施工单位作为承包者，用投标方式承接设计、施工任务。在园林工程项目建设中推行招标投标制，其目的是：控制工期，确保工程质量，降低工程造价，提高经济效益，健全市场竞争机制。

6.3.1 园林工程招标

园林工程招标是指招标人将其拟发包的内容、要求等对外公布，招引和邀请多家承包单位参与承包工程建设任务的竞争，以便择优选择承包单位的活动。

1. 工程项目招标应具备的条件

园林工程项目必须具备以下条件方能进行招标。

（1）招标人依法成立。

（2）初步设计及项目概算已得到批准。

（3）招标范围、招标方式和招标组织形式等应当履行核准审批手续的，已经审批。

（4）有招标所需的设计图纸与技术资料。

（5）有相应的资金或资金来源已经落实。

 特别提示

各类工程建设项目，包括项目的勘察、设计、施工、监理以及与工程建设有关的重要设备、材料等的采购，达到下列标准之一的，必须进行招标：

（1）施工单项合同估算价在人民币 200 万元以上的。

（2）重要设备、材料等货物的采购，单项合同估算价在人民币 100 万元以上的。

（3）勘察、设计、监理等服务的采购，单项合同估算价在人民币 50 万元以上的。

（4）单项合同估算价低于第（一）、（二）、（三）项规定的标准，但项目总投资额在人民币 3000 万元以上的。

2．工程招标方式

在园林工程施工招标中，最为常用的是公开招标、邀请招标两种方式。

（1）公开招标（无限竞争性招标）。招标单位公开向外招标，凡符合规定条件的承包商均可自愿参加投标，投标报名单位数量不受限制，招标单位不得以任何理由拒绝投标单位参与投标。

（2）邀请招标（有限竞争性选择招标）。由招标单位向符合本工程资质要求、具有良好信誉的施工单位发出邀请参与投标，招标过程不公开。所邀请的投标单位一般5～10个，但不得少于3个。

 **知识链接**

委托招标：招标人不具备自行招标能力的，必须委托具备相应资质的招标代理机构代为办理招标事宜。

3．招标程序

工程施工招标程序包括：落实招标条件、委托招标代理机构、编制招标文件、发布招标信息或者投标邀请书、资格审查、开标、评标、中标和签定合同。

6.3.2 园林工程投标

投标是指投标人愿意按照招标人规定的条件承包工程，编制投标标书，提出工程造价、工期、施工方案和保证工程质量的措施，在规定的期限内向招标人投函，请求承包工程建设任务。

1．投标资格

参加投标的单位必须按招标通知书向招标人递交以下有关资料。

（1）企业营业执照和资质证书。

（2）企业简介与资金情况。

（3）企业施工技术力量及机械设备状况。

（4）近3年承建的主要工程及其质量情况。

（5）异地投标时取得的当地承包工程许可证。

（6）现有施工任务，含在建项目与未开工项目。

2．投标程序

园林工程投标必须按一定的程序进行，其主要过程如下。

报告参加投标→办理资格预审→取得招标文件→研究招标文件→调查投标环境→确定投标策略→制定施工方案→编制标书→投送标书。

6.3.3 园林工程施工合同的签订

园林工程施工涉及多方面的内容，其中施工前签订工程承包合同就是一项重要工作。《招标投标法》规定，招标人和中标人应当自中标通知书发出之日起30天，按照文件招标人和中标人签定书面合同文件。施工单位和建设单位不仅要有良好的信誉与协作关系，同时双方应确立明确的权利义务关系，以确保工程任务的顺利完成。

阴 阳 合 同

"阴阳合同"是指合同当事人就同一事项订立两份以上的内容不相同的合同，一份对内，一份对外，其中对外的一份并不是双方真实意思表示，而是以逃避国家税收等为目的；对内的一份则是双方真实意思表示，可以是书面或口头。"阴阳合同"是一种违规行为，在给当事人带来"利益"的同时，也预示着风险。

1. 签订施工合同的原则原则

（1）合法原则订立合同严格执行《建设施工合同（示范文本）》，通过《合同法》与《建筑法》规范双方的权利与义务关系。

（2）平等自愿、协商一致的原则，主体双方均依法享有自愿订立施工合同的权利。

（3）公平、诚实信用的原则，合同签订中，要诚实信用，当事人应实事求是向对方介绍订立合同的条件、要求和履约能力；要充分考虑对方的合法利益和实际困难，以善意的方式设定合同的权利和义务。

（4）过错责任原则，合同中除了规定的权利义务，还要必须明确违约责任，必要时，还必须注明仲裁条款。

2. 签定施工合同应具备的条件

（1）工程立项及设计概算已得到批准。

（2）工程项目已列入国家或地方年度建设计划。小型专用绿地也已纳入单位年度建设计划。

（3）施工需要的设计文件和有关技术资料已准备充分。

（4）建设资料、建设材料、施工设备已经落实。

（5）招标投标的工程，中标文件已经下达。

（6）施工现场条件，即"四通一平"已准备就绪。

（7）合同主体双方符合法律规定，并均有履行合同的能力。

6.3.4 园林工程施工承包方式

工程承包方式是指承包方（施工单位）和发包方（工程建设单位）之间经济关系的形式。目前，在园林工程中，最为常见的有以下几种。

1. 总承包

总承包常分为工程总承包和施工承包。

工程总承包是指从事工程总承包的企业受建设单位的委托，按照工程总承包的约定，对工程项目的勘查、设计、采购、施工、施工验收等实行全过程或若干阶段的承包。施工总承包是发包人将全部施工任务发包给具有施工总承包资质的企业，施工总承包单位按照合同的约定向建设单位负责，完成承包施工任务。适用于各种大中型建设项目，要求施工企业实力雄厚、技术先进、经验丰富。它最大的优点是能充分利用技术经验，节约投资，缩短工期，保证质量。

2. 阶段承包

某一阶段工作的承包方式，例如，可行性研究、勘察设计、工程施工等。在施工阶段

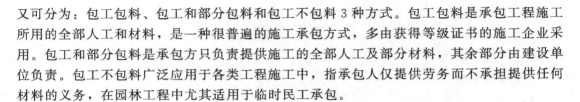
又可分为：包工包料、包工和部分包料和包工不包料 3 种方式。包工包料是承包工程施工所用的全部人工和材料，是一种很普遍的施工承包方式，多由获得等级证书的施工企业采用。包工和部分包料是承包方只负责提供施工的全部人工及部分材料，其余部分由建设单位负责。包工不包料广泛应用于各类工程施工中，指承包人仅提供劳务而不承担提供任何材料的义务，在园林工程中尤其适用于临时民工承包。

3. 专项承包

指某建设阶段的某一专门项目，由于专业性强，技术要求高，如地质勘察、古建结构、假山修筑、雕刻工艺、音控光控设计等需要由专业施工单位承包。

4. 招标费用包干

工程通过招投标而取得的承包方式，这是国际上通用的获得承包任务的主要方式。根据招标内容的不同，又有多种包干方式，如招标费用包干、实际建设费用包干、施工图预算包干等。

5. 委托包干

不需要经过投标竞争，而由业主与承包商协商，签订委托其承包某项工程的合同。多用于资信好的习惯性客户。这在园林工程建设中也较为常用。

6. 分承包

指承包者不直接与建设单位发生关系，而是从总承包单位分包某一分项工程（如土方工程、混凝土工程等）或某项专业工程（如假山工程、喷泉工程等），并对总承包商负责的承包方式。这在园林建设工程中，也经常用到。

 **特别提示**

下列分包属于违法行为：

将建设工程分包给不具备相应资质条件的单位。

将主体结构的施工进行分包。

分包单位再次进行分包。

总承包合同中未有约定，又未经建设单位认可，将承包工程的部分交其他单位完成。

本 章 小 结

本章对园林施工企业及组织机构，园林施工企业管理，园林工程招标与投标的基本知识进行介绍。

具体内容：园林施工企业概念，园林施工企业的组织结构类型；园林施工企业管理的职能与任务，园林工程招投标程序、条件；施工合同的签定原则与内容，工程施工承包方式。

本章的教学目标是使学生熟悉与园林施工管理相关系的施工企业管理的基础知识，逐步培养学生施工组织管理能力，能选择合适的施工企业组织结构形式。

习　题

一、名词解释

园林企业　　组织　　投标

二、填空题

1. 我国园林企业，一般设两级或三级管理。两级管理是指"_____和_____"两个层次。

2. 园林施工企业管理的职能_____、_____和_____。

3. 控制职能就是按照既定计划和其他标准对企业进行_____、_____、_____，使工作按原定计划进行，或者改变和调整计划，以达到预期目的的管理活动。

4. 在园林工程施工招标中，最为常用的是_____和_____两种方式。

三、单选题

1. (　　)是指从最高管理者到最基层作业人员之间分级管理的级数。

A. 管理者　　　　　　　　B. 管理层次　　　　　　　C. 管理幅度　　　　　　D. 项目经理

2. 工程统包是由承包方对工程全面负责的(　　)。

A. 总承包　　　　　　　　B. 阶段承包　　　　　　　C. 专项承包　　　　　　D. 义务承包

3. 园林工程招标是指(　　)将其拟发包的内容、要求等对外公布，招引和邀请多家承包单位参与承包工程建设任务的竞争，以便择优选择承包单位的活动。

A. 招标人　　　　　　　　B. 投标人　　　　　　　　C. 承包商　　　　　　　D. 法人

4. 邀请招标中所邀请的投标单位一般(　　)个，但不得少于3个。

A. 3~5　　　　　　　　　B. 3~10　　　　　　　　　C. 5　　　　　　　　　　D. 5~10

5. 招标人和中标人应当自中标通知书发出之日起(　　)天，按照文件招标人和中标人签定书面合同文件。

A. 7　　　　　　　　　　B. 15　　　　　　　　　　C. 30　　　　　　　　　D. 45

四、简答题

1. 园林企业管理的方法有哪些？

2. 园林工程投标资格条件有哪些？

3. 园林工程投标的程序有哪些？

4. 园林工程中常见的承包形式有哪些？

第7章

园林工程施工项目管理

教学目标

　　本章主要讲述了园林工程施工项目管理的内容、项目经理责任制，项目经理的职责、权限和利益；了解园林工程施工项目现场管理的概念及重要性，掌握现场管理的工作内容、掌握园林工程项目施工合同的基本知识；了解园林工程施工项目成本控制的概念，掌握成本控制内容和方法；熟悉园林工程施工项目进度管理过程，掌握园林工程施工项目进度计划的检查与调整；熟悉全面质量管理的基本知识，掌握园林工程项目施工阶段的质量管理工作，掌握质量检验和评定的方法；了解园林工程职业健康安全与环境管理体系的建立和实施，熟悉园林工程施工项目安全管理的原则，熟悉现场文明施工及现场环境保护的措施。

教学要求

能力目标	知识要点	权重
了解园林施工项目管理的概念	园林工程施工项目管理的主要内容	5%
熟悉项目经理及项目经理部的概念	项目经理的职责、权限和利益	10%
掌握园林工程施工合同示范文本的基础知识	园林工程施工阶段的合同管理	5%
了解园林工程施工现场管理的概念、目的	施工现场管理的任务、内容	5%
掌握园林工程施工现在准备工作、现场施工管理内容	施工现场准备工作、施工现场检查、调度及交工验收工作	10%
了解园林工程施工成本控制的定义	施工成本、施工成本控制	5%
掌握园林工程施工成本控制的内容	施工成本控制的步骤、内容、方法	10%
熟悉园林工程施工项目进度管理的基本概念	进度管理的过程、影响进度的因素	5%
掌握施工进度计划的检查与调整	横道图比较法、进度的调整方法	10%
熟悉园林工程全面质量管理体系	PDCA循环内容	5%
掌握园林工程施工阶段的质量管理	施工阶段的质量管理内容	10%
掌握园林工程施工项目质量的检验和评定	统计调查表法、分层法、因果图方法	10%
熟悉园林工程项目施工安全管理的内容	园林工程项目施工安全管理的原则、内容	5%
熟悉施工项目文明施工和环境保护的要求	施工项目文明施工和环境保护的措施	5%

章节导读

本章主要介绍园林工程施工项目管理，园林工程项目施工合同管理，园林工程施工项目现场管理，园林工程项目施工成本控制，园林工程项目施工进度管理、质量管理、施工安全和现场环境保护等内容。在本章学习过程中，要注重理论联系实际，参考有关园林工程施工项目管理案例来理解和掌握基本理论知识。

知识点滴

工程项目管理模式

1. DBB 模式

设计—招标—建造(Design‒Bid‒Build)模式，这是最传统的一种工程项目管理模式。该管理模式在国际上最为通用，世行、亚行贷款项目及以国际咨询工程师联合会(FIDIC)合同条件为依据的项目多采用这种模式。其最突出的特点是强调工程项目的实施必须按照设计—招标—建造的顺序方式进行，只有一个阶段结束后另一个阶段才能开始。我国第一个利用世行贷款项目——鲁布革水电站工程实行的就是这种模式。

2. CM 模式

建设—管理(Construction‒Management)模式，又称阶段发包方式，就是在采用快速路径法进行施工时，从开始阶段就雇用具有施工经验的 CM 单位参与到建设工程实施过程中来，以便为设计人员提供施工方面的建议且随后负责管理施工过程。这种模式改变了过去那种设计完成后才进行招标的传统模式，采取分阶段发包，由业主、CM 单位和设计单位组成一个联合小组，共同负责组织和管理工程的规划、设计和施工，CM 单位负责工程的监督、协调及管理工作，在施工阶段定期与承包商会晤，对成本、质量和进度进行监督，并预测和监控成本和进度的变化。CM 模式，于 20 世纪 60 年代发源于美国，进入80 年代以来，在国外广泛流行。

3. DBM 模式

设计—建造模式(Design‒BuildMethod)，就是在项目原则确定后，业主只选定唯一的实体负责项目的设计与施工，设计—建造承包商不但对设计阶段的成本负责，而且可用竞争性招标的方式选择分包商或使用本公司的专业人员自行完成工程，包括设计和施工等。在这种方式下，业主首先选择一家专业咨询机构代替业主研究、拟定拟建项目的基本要求，授权一个具有足够专业知识和管理能力的人作为业主代表，与设计—建造承包商联系。

4. BOT 模式

建造—运营—移交(Build‒Operate‒Transfer)模式。BOT 模式是上世纪 80 年代在国外兴起的一种将政府基础设施建设项目依靠私人资本的一种融资、建造的项目管理方式，或者说是基础设施国有项目民营化。政府开放本国基础设施建设和运营市场，授权项目公司负责筹资和组织建设，建成后负责运营及偿还贷款，协议期满后，再无偿移交给政府。

5. PMC 模式

项目承包(Project Management Contractor)模式，就是业主聘请专业的项目管理公司，代表业主对工程项目的组织实施进行全过程或若干阶段的管理和服务。由于 PMC 承包商在项目的设计、采购、施工、调试等阶段的参与程度和职责范围不同，因此 PMC 模式具有较大的灵活性。总体而言，PMC 有三种基本应用模式：①业主选择设计单位、施工承包商、供货商，并与之签订设计合同、施工合同和供货合同，委托 PMC 承包商进行工程项目管理。②业主与 PMC 承包商签订项目管理合同，业主通过指定或招标方式选择设计单位、施工承包商、供货商(或其中的部分)，但不签合同，由 PMC 承包商与之分别签订设计合同、施工合同和供货合同。③业主与 PMC 承包商签订项目管理合同，由 PMC 承包商自主选择施工承包商和供货商并签订施工合同和供货合同，但不负责设计工作。

6. EPC 模式

设计—采购—建造（Engineering - Procurement - Construction）模式，在我国又称之为"工程总承包"模式。在 EPC 模式中，Engineering 不仅包括具体的设计工作，而且可能包括整个建设工程内容的总体策划以及整个建设工程实施组织管理的策划和具体工作。在 EPC 模式下，业主只要大致说明一下投资意图和要求，其余工作均由 EPC 承包单位来完成；业主不聘请监理工程师来管理工程，而是自己或委派业主代表来管理工程；承包商承担设计风险、自然力风险、不可预见的困难等大部分风险；一般采用总价合同。在 EPC 标准合同条件中规定由承包商负责全部设计，并承担工程全部责任，故业主不能过多地干预承包商的工作。EPC 合同条件的基本出发点是业主参与工程管理工作很少，因承包商已承担了工程建设的大部分风险，业主重点进行竣工验收。

7. Partnering 模式

合伙（Partnering）模式，是在充分考虑建设各方利益的基础上确定建设工程共同目标的一种管理模式。它一般要求业主与参建各方在相互信任、资源共享的基础上达成一种短期或长期的协议，通过建立工作小组相互合作，及时沟通以避免争议和诉讼的产生，共同解决建设工程实施过程中出现的问题，共同分担工程风险和有关费用，以保证参与各方目标和利益的实现。合伙协议并不仅仅是业主与施工单位双方之间的协议，而需要建设工程参与各方共同签署，包括业主、总包商、分包商、设计单位、咨询单位、主要的材料设备供应单位等。

7.1 园林工程施工项目管理概述

 引言

工程项目管理是多个群体参与、多项工程相互交叉，需要多种资源、实现多个具体目标的集合体，它有一个共同的整体要求和目标，但同时又存在不同的认知、矛盾和冲突。对工程项目进行管理目的是为了保证工程项目的整体目标的顺利实现，及时进行统筹安排、沟通、协调各方的要求，解决项目实施过程中的各种矛盾冲突，并通过实施对工程项目的质量、进度、安全等目标的综合管理，使项目管理工作形成有效的整体。

7.1.1 园林工程施工项目管理的概述

1. 园林工程施工项目管理的概念

园林施工项目管理是指园林企业运用系统的观点、理论和方法对园林施工项目进行的决策、计划、组织、控制、协调等全过程的全面管理。它是指从承接施工任务开始，经过施工准备、技术设计、施工方案、施工组织设计、组织现场施工，一直到工程竣工验收、交付使用的全过程中的全部监控管理工作。具体的内容就是通过进度管理、质量管理、成本管理、职业健康安全和环境管理来实现园林施工企业的效益。

2. 园林工程施工项目管理的特征

1）园林施工项目管理的主体是园林企业

建设单位和设计单位都不能进行园林施工管理，它们对项目的管理分别称为园林建设项目管理、园林设计项目管理。

2）园林施工项目管理的对象是园林施工项目

园林施工项目管理周期包括园林工程投标、签订施工合同、施工准备、施工以及交工验收、保修等。由于施工项目的多样性、固定性及体形庞大等特点，园林施工项目管理具有先有交易活动后有生产成品，生产活动和交易活动很难分开等特殊性。

3）园林施工项目管理的内容是按阶段变化

由于园林施工项目各阶段管理内容差异大，因此要求管理者必须进行有针对性的动态管理，使资源优化组合，以提高施工效率和效益。

4）园林施工项目管理要求强化组织协调工作

由于园林施工项目生产活动的独特性（单件性）、流动性、露天工作、工期长、需要资源多，且施工活动涉及复杂的经济关系、技术关系、法律关系、行政关系和人际关系，因此，必须通过强化组织协调工作才能保证施工活动顺利进行。主要强化办法是优选项目经理，建立调度机构，配备称职的调度人员，努力使调度工作科学化、信息化，建立动态的控制体系。

3. 园林工程施工项目管理的主要内容

园林工程施工项目管理是对整个工程的全面组织管理，包括前期工程及施工过程的管理，探讨如何在施工准备阶段与施工阶段对施工现场和施工基层实施性的企业管理。

知识链接

工程项目的建设周期及阶段

为了顺利完成工程项目的投资建设，通常要把每一个工程项目划分成若干个工作阶段，以便更好地管理。每一个阶段都以一个或数个可以交付成果作为其完成的标志。通常，工程项目周期可划分为四个阶段：工程项目策划和决策阶段，工程项目实施阶段，工程项目竣工验收和总结评价阶段。大多数工程项目建设周期有共同的人力和费用投入模式，开始时慢，后来快，而当工程项目接近结束时，又迅速减缓。

1）进度管理

园林工程施工工程进度要求施工单位根据施工合同规定的工期做好编制施工进度计划，并以此作为进度控制的目标，对施工全过程进行经常性检查、对照、分析，及时发现实施中的偏差，采取有效措施，调整进度计划，排除干扰，保证工期目标按时实现。

2）质量管理

根据工程的质量特性决定质量标准。目的是保证施工产品的全优性，符合园林的景观及其他功能的要求。根据质量标准对全过程进行质量检查监督，采用质量管理图及评价因子进行施工管理；对施工中所提供的物质材料要检查验收，搞好材料保管工作，确保质量。

3）成本管理

施工管理的目的是要以最低投入，获得最好、最大的经济收入。为此在施工过程中应有成本概念，既要保证质量，符合工期，又要讲究经济效益。要搞好预算管理，做好经济指标分析，大力降低工程成本，获得较好的效益。

4）安全管理

搞好安全管理是保证工程顺利施工和保证企业经济效益的重要环节。施工中要杜绝劳动伤害，措施是建立相应的安全管理组织，拟定安全管理规范，落实安全生产的具体

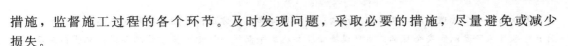
措施，监督施工过程的各个环节。及时发现问题，采取必要的措施，尽量避免或减少损失。

7.1.2 项目经理责任制

1. 施工项目经理责任制的含义

项目经理是指园林工程施工企业法定代表人在承包的园林工程施工项目上的委托代理人。

施工项目经理责任制，是指以项目经理为责任主体的施工项目管理目标责任制度。它是以施工项目为对象，以项目经理全面负责为前提，以项目目标责任书为依据，以创优质工程为目标，以求得项目产品的最佳经济效益为目的，实行从施工项目开工到竣工验收交工的一次性全过程的管理。

2. 施工项目经理责任制的特点

施工项目经理责任制和其他承包经营制比较有以下特点。

（1）对象终一性。它以施工项目为对象，实行工程产品形成过程的一次性全面负责，不同于过去企业的年度或阶段性承包。

（2）主体直接性。它实行经理负责、全员管理、标价分离、指标考核、项目核算，超额奖励的复合型指标责任制，重点突出了项目经理个人的主要责任。

（3）内容全面性。项目经理责任制是根据先进、合理、实用、可行的原则，以保证提高工程质量，缩短工期、降低成本、保证安全和文明施工等各项目标为内容的全过程的目标责任制。它明显地区别于单项或利润指标承包。

（4）责任风险性。项目经理责任制充分体现了"指标突出、责任明确、利益直接、考核严格"的基本要求。其最终结果与项目经理部成员、特别是与项目经理的行政晋升、奖、罚等个人利益直接挂钩，经济利益与责任风险同在。

3. 项目经理部的设立

项目经理部是由项目经理在企业的支持下组建并领导、进行项目管理的组织机构。项目经理部应按下列步骤设立。

（1）根据企业批准的"项目管理规划大纲"，确定项目经理部的管理任务和组织形式。

（2）确定项目经理部的层次，设立职能部门与工作岗位。

（3）确定人员，职责，权限。

（4）由项目经理根据"项目管理目标责任书"进行目标分解。

（5）组织有关人员制定规章制度和目标责任考核，奖惩制度。

项目经理部直属项目经理的领导，接受企业业务部门指导，监督，检查和考核，项目经理部在项目竣工验收，审计完成后解体。

 特别提示

项目管理规划大纲由项目管理层依据招标文件及发包人对招标文件的解释、企业管理层对招标文件的分析研究成果、工程现场情况、发包人提供的信息和资料、有关市场信息以及企业法人代表人的投标决策意见编写。项目管理规划大纲内容包括：项目概况；项目实施条件分析；项目投标活动及签订施工合同的策略；项目管理目标；项目组织结构；质量目标和施工方面；工期目标和施工总进度计划；成本目标；项目风险预测和安全目标；项目现场管理和施工平面图；投标和签订施工合同；文明施工及环境保护。

4. 项目经理部的作用

（1）项目经理部在项目经理领导下，作为某一施工项目上的一次性管理组织机构，负责施工项目从开工到竣工的全过程施工生产经营的管理，是企业在项目上的管理层，同时对作业层负有管理与服务的双重职能。项目经理部的工作质量好坏将给作业层的工作质量以重大影响。

（2）项目经理部是项目经理的办事机构，为项目经理决策提供信息依据，当好参谋，同时又要执行项目经理的决策意图，对项目经理全面负责。

（3）项目经理部是一个组织体，其作用包括：完成企业所赋予的基本任务——项目管理和专业管理任务等；凝聚管理人员的力量，调动其积极性；促进管理人员的合作，协调部门之间，管理人员之间的关系，发挥每个人的岗位作用，为共同目标进行工作；影响和改变管理人员的观念和行为，使个人的思想，行为变为组织文化的积极因素；贯彻组织责任制，搞好管理；沟通部门之间，项目经理部与作业层之间、与公司之间，以及与环境之间的信息。

（4）项目经理部是代表企业履行工程施工合同的主体，对最终建设产品和建设单位负责。

7.1.3 项目经理

1. 项目经理的地位

施工项目经理是施工企业的法定代表人在建设工程项目上的委托代理人，是对施工项目管理实施阶段全面负责的管理者，在整个施工活动中占有举足轻重的地位。确立施工项目经理的地位是搞好施工项目管理的关键。

（1）施工项目经理是建筑企业法定代表人在承包的工程项目上的委托授权代理人，是项目实施阶段的第一责任人。对内，项目经理要对企业的效益负责；对外，项目经理在企业法人授权的范围内对建设单位直接负责。

（2）施工项目经理是施工责、权、利的主体。项目经理岗位首先是个管理岗位，所以，项目经理必须把组织管理职责放在首位。项目经理是项目中人、财、物、技术、信息等生产要素的组织管理人。首先，他是项目实施阶段的责任主体，是实现项目目标的最高责任者，责任是项目经理责任制的核心，是确定项目经理权力和利益的依据；其次，项目经理必须是项目的权利主体，权利是确保项目经理能承担起责任的条件和手段，没有必要的权利，项目经理就无法对工作负责；最后，项目经理还必须是项目利益的主体，利益是项目经理工作的动力，是因为项目经理负有相应责任得到的报酬。

（3）施工项目经理是各种信息的集散中心。在对项目进行控制的过程中，各种信息通过各种渠道汇集到项目经理，项目经理又通过各种方式对上反馈信息，对下发布信息。

（4）施工项目经理是协调各方面关系的桥梁和纽带。项目实施的过程中，必须和与项目有关的各个方面的组织进行协调。如建设单位、监理单位和设计单位等，有时还必须和政府部门、各种新闻媒体等组织进行协调。项目经理在协调与各方面关系的工作中，起着不可替代的桥梁和纽带关系。

特别提示

美国项目管理专家约翰·宾认为项目经理应具备的基本素质有六条：一是具有本专业技术知识；二是有工作干劲，主动承担责任；三是具有成熟而客观的判断能力，成熟是指有经验，能够看出问题来，客观是指他能看取最终目标，而不是只顾眼前；四是具有管理能力；五是诚实可靠与言行一致，答应的事就一定做到；六是机智、精力充沛、能够吃苦耐劳，随时都准备着处理可能发生的事情。

2. 项目经理的任务和职责

1）施工项目经理的任务

项目经理的任务与职责主要包括两个方面：一是要保证施工项目按照规定的目标高速优质低耗地全面完成；另一方面是保证各生产要素在项目经理授权范围内最大限度地优化配置，具体包括以下几项。

（1）确定项目管理组织机构的构成并配备人员，制定规章制度，明确有关人员的职责，组织项目经理部开展工作。

（2）确定管理总目标和阶段目标，进行目标分解，实行总体控制，确保项目建设成功。

（3）要及时、适当地做出项目管理决策，包括投标报价决策、人事任免决策、重大技术组织措施决策、财务工作决策、资源调配决策、进度决策、合同签订及变更决策，对合同执行进行严格管理。

（4）协调本组织机构与各协作单位之间的协作配合及经济、技术关系，在授权范围内代理（企业法人）进行有关签证，并进行相互监督、检查，确保质量、工期、成本控制和节约。

（5）建立完善的内部及对外信息管理系统。

（6）实施合同，处理好合同变更、洽商纠纷和索赔，处理好总分包关系，搞好与有关单位的协作配合，与建设单位相互监督。

2）施工项目经理的职责

施工项目经理的职责是由其所承担的任务决定的。施工项目经理应当履行以下职责。

（1）贯彻执行国家和工程所在地政府的有关法律、法规和政策，执行企业的各项管理制度，维护企业整体利益和经济权益。

（2）严格财经制度，加强成本核算，积极组织工程款回收，正确处理国家、企业与项目及其他单位个人的利益关系。

（3）签订和组织履行《项目管理目标责任书》，执行企业与业主签订的《项目承包合同》中由项目经理负责履行的各项条款。

（4）对工程项目施工进行有效控制，执行有关技术规范和标准，积极推广应用新技术、新工艺、新材料和项目管理软件集成系统，确保工程质量和工期，实现安全、文明生产，努力提高经济效益。

（5）组织编制工程项目施工组织设计，包括工程进度计划和技术方案，制订安全生产和保证质量措施，并组织实施。

（6）根据公司年（季）度施工生产计划，组织编制季（月）度施工计划，包括劳动力，材料，机械设备的使用计划。据此与有关部门签订供需包保和租赁合同，并严格履行。

（7）科学组织和管理进入项目工地的人、财、物资源，做好人力、物力和机械设备等资源的优化配置，沟通、协调和处理与分包单位、建设单位，监理工程师之间的关系，及时解决施工中出现的问题。

（8）组织制定项目经理部各类管理人员的职责权限和各项规章制度，搞好与公司机关各职能部门的业务联系和经济往来，定期向公司经理报告工作。

（9）做好工程竣工结算、资料整理归档，接受企业审计，并做好项目经理部的解体与善后工作。

3. 项目经理的权限

（1）项目经理有权决定项目管理机构班子的设置，聘任有关管理人员，选择作业队伍，对班子内的成员的任职情况进行考核监督，决定奖惩，乃至辞退。当然，项目经理的用人权应当以不违背企业的人事制度为前提。

（2）项目经理应有权根据工程需要和生产计划的安排，做出投资动用、流动资金周转、固定资产机械设备租赁及使用的决策，对项目管理班子内的计酬方式、分配办法、分配方案等做出决策。

（3）参与企业进行的施工项目承包招投标和合同签订，并根据项目进度总目标和阶段性目标的要求，对项目建设的进度进行检查、调整，并在资源上进行调配，从而对进度计划进行有效的控制。

（4）技术质量决策权根据项目管理实施规划或施工组织设计，有权批准重大技术方案和重大技术措施，必要时召开技术方案论证会，把好技术决策关和质量关，防止技术上决策失误，主持处理重大事故。

（5）物资采购管理权按照企业物资采购分类和分工对采购方案、目标、到货要求，及对供货单位的选择、项目现场存放策略等进行决策和管理。

（6）现场管理协调权代表公司协调与施工项目有关的内外部关系，有权处理现场突发事件，但事后需及时报公司主管部门。

4. 项目经理的利益

施工项目经理最终的利益是项目经理行使权力和承担责任的结果，也是市场经济条件下责、权、利、效相互统一的具体体现。利益可分为两大类：一是物质兑现；二是精神奖励。项目经理应享有以下利益。

（1）获得基本工资、岗位工资和绩效工资。

（2）在全面完成《施工项目管理目标责任书》确定的各项责任目标，交工验收并结算后，接受企业的考核和审计，除按规定获得物质奖励外，还可获得表彰、记功、优秀项目经理等荣誉称号和其他精神奖励。

（3）经考核和审计，未完成《施工项目管理目标责任书》确定的责任目标或造成亏损的，按有关条款承担责任，并接受经济或行政处罚。

7.2 园林工程项目施工合同管理

 引言

工程项目施工合同是发包人与承包人就完成具体工程项目的建筑施工、设备安装、设备调试、工程

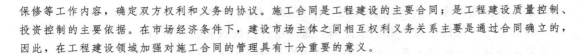

保修等工作内容，确定双方权利和义务的协议。施工合同是工程建设的主要合同；是工程建设质量控制、投资控制的主要依据。在市场经济条件下，建设市场主体之间相互权利义务关系主要是通过合同确立的，因此，在工程建设领域加强对施工合同的管理具有十分重要的意义。

7.2.1 园林工程施工合同示范文本

施工合同的内容复杂、涉及面宽，如果当事人缺乏经验，所订合同容易发生难以处理的纠纷。为了避免当事人遗漏和纠纷的产生，我国于1991年开始批准发布了全国第一个《建设工程施工合同（示范文本）》。旨在提示合同当事人在订立合同时更好地明确各自的权利和义务，防止合同纠纷；于1999年对其进行了修订，印发了《建设工程施工合同（示范文本）》。示范文本对合同当事人的权利义务进行罗列，条款内容不仅涉及各种情况下双方的合同责任和规范化的履行管理程序，而且还涵盖了非正常情况的处理原则，如变更、索赔、不可抗力、合同的被迫终止、争议的解决等方面。

特别提示

规范工程项目合同管理，不但需要规范合同本身的法律法规的完善，也需要相关法律体系的完善。目前，我国这方面的立法体系已基本完善。与工程项目合同有直接关系的是《中华人民共和国民法通则》、《中华人民共和国合同法》、《中华人民共和国招标投标法》、《中华人民共和国建筑法》。

1. 示范文本的组成

示范文本采用合同条件式文本，它是由协议书、通用条款、专用条款3部分组成，并附有3个附件。

1) 协议书

协议书是施工合同的总纲性法律文件，经过双方当事人签字盖章后合同即成立。标准化的协议书格式文字量不大，需要结合承包工程特点填写的约定，主要内容包括工程概况、工程承包范围、合同工期、质量标准、合同价款、合同生效时间，并明确对双方有约束力的合同文件组成。

2) 通用条款

通用条款是在广泛总结国内工程实施成功经验和失败教训的基础上，参考FIDIC《土木工程施工合同条件》相关内容的规定，编制的规范承发包双方履行合同义务的标准化条款。通用条件包括：词语定义及合同文件；双方一般权利和义务；施工组织设计和工期；质量与检验；安全施工；合同价款与支付；材料设备供应；工程变更；竣工验收与结算；违约、索赔和争议；其他共11部分，47个条款。《通用条款》适用于各类建设工程施工的条款，在使用时不作任何改动。

3) 专用条款

由于具体实施工程项目的工作内容各不相同。施工现场和外部环境条件各异，因此还必须有反映招标工程具体特点和要求的专用条款的约定。示范文本中的专用条款部分是结合具体工程双方约定的条款，为当事人提供了编制具体合同是应包括内容的指南，具体内容由当事人根据发包工程的实际要求细化。专用条款是对通用条款的补充、修改或具体化。

具有工程项目编制专用条款的原则是结合项目的特点，针对通用条款的内容进行补充或修正，达到相同序号的通用条款和专用条款，共同组成对某一方面问题内容完备的约定。因此专用条款的序号不必依次排列，通用条件已构成完善的部分不需要重复抄录，只按对通用条款部分需要补充、细化甚至弃用的条款作相应说明，按照通用条款对该问题的编号顺序排列即可。

4）附件

示范文本为使用者提供了承包方承揽工程项目一览表、发包方供应材料设备一览表、房屋建筑工程质量保修书3个附件，如果具体项目的实施为包工包料承包，则可以不使用发包人供应材料设备表。

2. 施工合同文件的组成及解释顺序

施工合同文件的组成：

（1）施工合同协议书。

（2）中标通知书。

（3）投标书及其附件。

（4）施工合同专用条款。

（5）施工合同通用条款。

（6）标准、规范及有关技术文件。

（7）图纸。

（8）工程量清单。

（9）工程报价单或预算书。

双方有关工程的洽商、变更等书面协议或文件视为协议书的组成部分。

3. 施工合同文件的解释顺序

上述合同文件应能够互相解释、互相说明。当合同文件中出现不一致时，上面的顺序就是合同的优先解释顺序。当合同文件出现含糊不清或者当事人有不同理解时，按照合同争议的解决方式处理。

　知识链接

FIDIC是国际咨询工程师咨询联合会的缩写，FIDIC创建于1913年，是国际工程咨询界最具权威的联合组织，中国工程咨询会代表我国于1996年加入该组织。FIDIC内部设有合同管理委员会，根据国际通用的项目管理模式编制了一系列规范性合同文本，这些合同文本保护了双方的合法权益，得到了国际上广泛的肯定，不仅为FIDIC成员国采用，而且世界银行、亚洲开发银行、非洲开发银行的贷款项目中也常常采用，成为国际通行的合同示范文本。

7.2.2　园林工程施工阶段的合同管理

1. 施工进度的管理

施工阶段的合同管理是确保施工工作按进度计划执行，施工任务在规定的合同工期内完成。实际施工中，由于受到外界环境条件、人为条件、现场情况等的限制，经常出现实际施工进度与编制的施工计划进度不符的情况，此时的合同管理就显得特别重要。如果承包人由于自身的原因造成工期延误的，应当承担违约责任。但是，在有些情况下，竣工日期可以相应顺延。因以下原因造成工期延误，经工程师确认，工期相应顺延。

（1）发包人不能按约定提供开工条件。

（2）发包人不能按约定日期支付工程预付款、进度款，致使工程不能正常进行。

（3）设计变更和工程量增加。

（4）一周内非承包人原因停水、停电、停气造成停工累计超过 8h。

（5）不可抗力。

（6）双方约定或工程师同意工期顺延的其他情况。

承包人在工期可以顺延的情况发生后 14 天内，就将延误的工期向工程师提出书面报告。工程师在收到报告后 14 天内予以确认答复，逾期不予答复，视为报告要求已经被确认。

2. 施工质量的管理

工程施工中的质量控制是合同履行中的重要环节。施工合同的质量控制涉及许多方面的因素，任何一个方面的缺陷和疏漏，都会使工程质量无法达到预期的标准。达不到约定标准的工程部位，工程师一经发现，可要求承包人返工，承包人应当按照工程师的要求返工，直到符合约定标准。因承包人的原因达不到约定标准，由承包人承担返工费用，工期不予顺延。因发包人的原因达不到约定标准，由发包人承担返工的追加合同价款，工期相应顺延。因双方原因达不到的约定标准，责任由双方分别承担。按照《建设工程质量管理办法》的规定，对达不到国家标准规定的合格要求的或者合同中规定的相应等级要求的工程，要扣除一定幅度的承包价。

3. 合同价款的管理

施工合同价款是按有关规定和协议条款约定的各种取费标准计算，用以支付承包人按照合同要求完成工程内容的价款总额。这是合同双方关心的核心问题之一，招投标等工作主要是围绕合同价款展开的。合同价款应依据中标通知书的中标价格和非招标工程的工程预算书确定。合同价款双方约定后，任何一方不得擅自改变。

合同价款有总价合同、单价合同和成本加酬金合同 3 种方式约定。

1）总价合同

总价合同是指合同中确定一个完成项目的总价，承包人据此完成项目全部内容的合同。总价合同又可以分为固定总价合同和可调总价合同。

2）单价合同

单价合同是承包人在投标时，按招标文件就分部分项所列出的工程量表确定各分部分项工程费用的合同类型。单价合同也可以分为固定单价合同和可调单价合同。

3）成本加酬金合同

成本加酬金合同是有发包方向承包人支付工程项目的实际成本，并按事先约定的某一种方式支付酬金的合同类型。成本加酬金合同有多种形式：成本加固定费用合同；成本加定比费用合同；成本加奖金合同；成本加保证最大酬金合同；工时及材料补偿合同。

4. 竣工验收与结算的管理

工程验收是合同履行中的一个重要工作阶段，竣工验收可以是整体工程竣工验收，也可以是分项工程竣工验收，具体应按施工合同约定进行。

1）竣工验收中承发包人双方的具体工作程序和责任

工程具备竣工验收条件，承包人按国家工程竣工验收有关规定，向发包人提供完整竣工资料及竣工验收报告。双方约定由承包人提供竣工图，应当在专用条款内约定提供的日期和份数。

发包人收到竣工验收报告后 28 天内组织有关部门验收，并在验收后 14 天内给予认可或提出修改意见，承包人按要求修改。

由于承包人原因，工程质量达不到约定的质量标准，承包人承担违约责任。因特殊原因，发包人要求部分单位工程或者工程部位需甩项竣工时，双方另行签订甩项竣工协议，明确各方责任和工程价款的支付办法。建设工程未经验收或验收不合格，不得交付使用。发包人强行使用的，由此发生的质量问题及其他问题，由发包人承担责任。

 特别提示

甩项工程是指某个单位工程，为了急于交付使用，把按照施工图要求还没有完成的某些工程细目甩下，而对整个单位工程先行验收。其甩下的工程细目，称甩项工程。甩项工程中有些是漏项工程，或者是由于缺少某种材料、设备而造成的未完工程；有些是在验收过程中检查出来的需要返工或进行修补的工程。

2）竣工结算

工程竣工验收报告发包人认可后 28 天内，承包人向发包人递交竣工决算报告及完整的结算资料。工程竣工验收报告经发包人认可后 28 天内，承包人未能向发包人递交竣工决算报告及完整结算资料，造成工程竣工结算不能正常进行，或工程竣工结算价款不能及时支付的。发包人要求交付工程的，承包人应当交付；发包人不要求交付工程的，承包人承担保管责任。

发包人自收到竣工结算资料后 28 天内进行核实，确认后支付工程竣工结算价款。承包人收到竣工结算价款后 14 天内将竣工工程交付发包人。

发包人自收到竣工结算报告及结算资料后 28 天内，无正当理由不支付工程竣工结算价款，从第 29 天起按承包人，向银行贷款的同期利率支付拖欠工程价款的利息，并承担违约责任。

3）质量保修

建设工程办理交工验收手续后，在规定的期限内，因勘察、设计、施工、材料等原因造成的质量缺陷，应当由施工单位负责维修。所谓质量缺陷是指工程不符合国家或行业现行的有关技术标准、设计文件以及合同中对质量的要求。

为了保证保修任务的完成，承包人应当向发包人支付保修金，也可由发包人从应付承包人工程款内预留。工程的质量保证期满后，发包人应当及时结算和返还（如有剩余）质量保修金。发包人应当在质量保证期满后 14 天内，将剩余保修金和按约定利率计算的利息返还承包人。

7.2.3 园林工程施工合同变更、争议的管理

1. 施工合同变更

1）发包人要求的设计变更

施工中发包人如果需要对原工程设计进行变更，应不迟于变更前 14 天以书面形式向

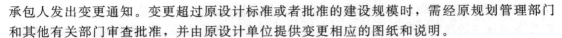

承包人发出变更通知。变更超过原设计标准或者批准的建设规模时，需经原规划管理部门和其他有关部门审查批准，并由原设计单位提供变更相应的图纸和说明。

2）承包人要求的设计变更

承包人应当严格按照图纸施工，不得随意变更设计。施工中承包人提出合理化建议涉及对设计图纸或者施工组织设计的更改及对原材料、设备的更换，需经工程师同意。工程师同意变更后，也需经原规划管理部门和其他有关部门审查批准，并由原设计单位提供变更相应的图纸和说明。承包人未经工程师同意擅自更改或换用时，由承包人承担由此发生的费用，赔偿发包人的有关损失，延误的工期不予顺延。

3）设计变更后合同价款的调整

建设工程施工合同（示范文本）约定的工程变更价款的主要确定方法。

（1）合同中已有适用于变更工程的价格，按合同已有的价格变更合同价款。

（2）合同中只有类似于变更工程的价格，可以参照类似价格变更合同价款。

（3）合同中没有适用或类似于变更工程的价格，由承包人提出适当的变更价格，经工程师确认后执行。

2．合同争议管理

合同当事人在履行施工合同时发生争议，可以和解或者要求合同管理及其他有关主管部门调解。和解或调解不成的，双方可以约定以下一种方式解决争议。

（1）双方达成仲裁协议，向约定的仲裁委员会申请仲裁。

（2）向有管辖权的人民法院起诉。

发生争议后，在一般情况下，双方都应继续履行合同，保持施工连续，保护好已完工程。只有出现下列情况时，当事人方可停止履行施工合同。

（1）单方违约导致合同确已无法履行，双方协议停止施工。

（2）调解要求停止施工，且为双方接受。

（3）仲裁机构要求停止施工。

（4）法院要求停止施工。

7.3 园林工程施工项目现场管理

引言

现代园林工程日益的大规模化和集园林绿化、生态、休闲、娱乐、游览于一体的综合性的发展趋势，使得园林工程建设施工中涉及众多的工程类别和工作技术，同一工程项目施工生产中，往往要由不同的施工单位和不同的工种技术人员相互配合、协作施工，才能够完成。施工项目现场管理就是通过对施工现场中的质量、安全防护、安全用电、机械设备、技术、消防保卫、卫生、环保和材料等各个方面的管理，创造良好的施工环境和施工秩序。随着城市面貌日新月异，现场文明施工的程度需要不断地提高，园林工程施工现场的面貌已成为一个城市的文明缩影。

7.3.1 施工项目现场管理的概述

1．施工现场管理

施工项目现场指从事工程施工活动经批准占用的施工场地。该场地既包括红线以内占用的建筑用地和施工用地，又包括红线以外现场附近经批准占用的临时施工用地。它的管理是指对这些场地如何科学安排、合理使用，并与各种环境保持协调关系。"规范场容、文明施工、安全有序、整洁卫生、不扰民、不损害公共利益"，这就是施工项目现场管理的目的。建设部1991年颁布了《建设工程施工现场管理规定》。这是施工现场管理的法规和准则，施工单位应遵照执行。

2. 施工项目现场管理的任务

现场施工管理的任务是根据编制的施工作业计划和实施性施工组织设计，对拟建工程施工过程中的进度、质量、安全、费用、协作配合、工序衔接及现场布置等进行指挥、协调和控制。在施工过程中随时收集有关信息，并与计划目标对比，即进行施工检查，根据检查的结果，分析原因，提出调整意见、拟定措施、实施调度，使整个施工过程按照计划有条不紊地进行。

7.3.2 施工项目现场管理的内容

1. 合理规划施工用地

要保证场内占地合理使用。当场内空间不充分时，应会同建设单位、规划部门和公安交通部门申请，经批准后才能获得并使用场外临时施工用地。

2. 科学进行施工总平面设计

施工组织设计是工程施工现场管理的重要内容和依据，尤其是施工总平面设计，目的就是对施工场地进行科学规划，以合理利用空间。在施工总平面图上，临时设施、大型机械、材料堆场、物资仓库、构件堆场、消防设施、道路及进出口、加工场地、水电管线、周转使用场地等，都应各得其所，关系合理合法，从而呈现出现场文明，有利于安全和环境保护，有利于节约，便于工程施工。

3. 按阶段调整施工现场的平面布置

不同的施工阶段，施工的需要不同，现场的平面布置也应进行调整。当然，施工内容变化是主要原因，另外分包单位也随之变化，他们也对施工现场提出新的要求。因此，不应当把施工现场当成一个固定不变的空间组合，而应当对它进行动态的管理和控制，但是调整也不能太频繁，以免造成浪费。一些重大设施应基本固定，调整的对象应是耗费不大的规模小的设施，或已经实现功能失去作用的设施，代之以满足新需要的设施。

4. 加强对施工现场使用的检查

现场管理人员应经常检查现场布置是否按平面布置图进行，是否符合各项规定，是否满足施工需要，还有哪些薄弱环节，从而为调整施工现场布置提供有用的信息，也使施工现场保持相对的稳定，不被复杂的施工过程打乱或破坏。

5. 建立文明的施工现场

文明施工现场即指按照有关法规的要求，使施工现场和临时占地范围内秩序井然，文明安全，环境得到保持，绿地树木不被破坏，交通畅达，文物得以保存，防火设施完备，居民不受干扰，场地的环境卫生均符合要求。建立文明施工现场有利于提高工程质量和工作质量，提高企业信誉。因此，应当做到主管挂帅，系统把关，普遍检查，建章建制，责

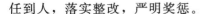

任到人，落实整改，严明奖惩。

6. 及时清场转移

施工结束后，项目管理班子应及时组织清场，将临时设施拆除，剩余物资退场，组织向新工程转移，以便整治规划场地，恢复临时占用土地，不留后患。

特别提示

园林工程中及时清场也是有效防治植物病虫害一种有效的手段。

7.3.3 园林工程施工现场准备工作

其管理工作主要有：施工图纸和施工技术方案要求、现场勘察与制定施工方案，以及现场施工准备等。

1. 了解

施工前必须有施工图纸和施工技术方案要求设计图，设计方案和施工要求，并要了解施工中的各个部门配合情况，了解设计图纸的意图、熟悉施工现场情况，如现场的水源、管线、电缆等。

2. 现场勘察与制定施工方案

在了解设计意图、方案和要求的基础上，应该首先勘察施工现场，然后做好施工前的准备工作。

（1）实地检查。了解分析种植土、场地情况，以便到时向建设单位提议是否要更换种植土，计算更换的数量、工程量是多少。

（2）编制劳动力计划。按照开工日期和总工期要求，编制劳动力需要计划，组织各相关工种进场，安排好进场职工生活，并做好入场职工的教育工作，通过教育增强安全、防火、防盗和文明施工意识。

（3）编制材料计划。根据施工计划要求和进度做好苗木的采购订购工作，做到货比三家，以树型完整、姿态优美、规格符合设计要求为第一条件。按时、按质、按量组织进场，并要求堆放整齐。并根据规范、规定和要求，进行各种材料的检查，以保证工程质量和进度要求。

（4）编制施工机械计划。根据工程施工要求，编制施工机械计划，按使用先后组织进场。

（5）确定施工顺序。如苗木栽植：前期准备（材料采购）→施工放线→地形处理→苗木进场→苗木种植→现场清理竣工资料汇编→养护管理。

3. 现场施工准备

现场准备工作主要是为工程项目正常施工创造良好的现场施工条件和物质保障，也称施工现场管理的外业，具体工作内容有以下几个方面。

1）施工现场测量

按照园林施工总平面图和已有的永久性、经纬坐标控制网和水准基桩进行建设区域的施工测量，设置该建设区域的永久性经纬坐标桩，水准基桩和工程测量控制网；按施工平面图进行定位放线。

2)"四通一平"准备

"四通一平"是指建设区域内的道路、水、电、通信的畅通和施工场地的平整。

3)大型临时设施的准备

在施工准备期间，必须因地制宜、精打细算、合理地确定各种临时设施的数量，并按施工总平面布置图给定的位置进行建造。

4)物质准备

现场施工物质准备工作内容包括：建筑材料和建筑构(配)件的订货、储存和堆放；配套落实生产设备的订货和进场；施工机械的安装、调试；园林绿化植物准备。

5)做好季节性施工准备工作

按照施工组织设计要求，对有冬季、雨季和高温季节的施工项目，要落实临时设施和技术措施等准备工作。

6)落实消防和保安措施

按照施工组织设计要求和施工平面布置图的安排，建立消防和保安等组织机构和有关规章制度，落实好消防、保安措施。

7.3.4 园林工程施工现场施工工作

1. 施工现场检查和督查

施工现场检查和督查主要内容是施工进度、平面布置、质量、安全和节约等方面。

(1)施工现场管理人员要定期检查施工进度情况，对施工进度退后的施工队或班组，要督促其在保证质量与安全的前提下加快施工速度。

(2)施工现场平面布置的管理就是在施工过程中对施工场地的布置进行合理地调节，也是对施工总平面图全面落实的过程。主要工作包括：根据不同时间和不同需要，结合时间情况，合理调整场地，做好土石方的调配工作，规定各单位取弃土石方的地点、数量和运输路线等；对运输大宗材料的车辆，作出妥善安排，避免拥挤和堵塞交通；做好工地的测量工作，如测定水平位置、高程和坡度、已完工工程量的测量和竣工图的测量等。

(3)质量的检查和督促是施工中不可缺少的工作，是保证和提高工程质量的重要措施。其主要内容有检查工程施工是否遵守设计规定的工艺流程，是否严格按图施工，施工是否遵守操作规程和施工组织设计规定的施工顺序，材料的储备、发放是否符合质量管理的规定；隐蔽工程的施工是否符合质量检测与验收规范。

(4)安全的检查和督促是为了防止工程施工中发生伤亡事故的重要措施，它贯穿于施工的全过程，交融与各项专业技术管理，关系着现场全体人员的生产安全和施工环境安全。主要内容包括：安全教育、建立安全管理制度、安全技术管理、安全检查与安全分析等。

2. 施工现场的施工调度工作

施工调度主要任务是监督、检查计划和工程合同的执行情况，协调总、分包及各协作单位之间的关系，及时全面地掌握施工进度，采取有效措施，处理施工中出现的各种矛盾，克服薄弱环节，促进人力、物质的综合平衡，保证施工任务又快又好地完成。其主要内容包括协助有关人员做好统计工作，协助项目经理做好平衡调度工作，检查后续工序的准备情况，布置工序之间的交接，定期组织施工现场调度会，落实调度会的决定，建立施

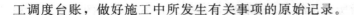
工调度台账，做好施工中所发生有关事项的原始记录。

3．交工验收工作

1）交工验收的准备工作

（1）做好工程收尾工作。

（2）准备竣工验收资料和文件。是工程技术档案的重要组成部分，建设单位将依据它对工程进行合理使用、管理、维护与维修等，它又是办理工程结算不可缺少的依据。

（3）工程预验收，主要由施工单位进行，通过预验收，初步鉴定工程质量，补做遗漏项目，返修不合格的项目，从而保证交工验收顺利进行。

2）交工验收工作

交工验收工作主要有两项，即双方及有关部门的检查、鉴定及工程交接。

建设单位在收到施工企业提交的交工资料以后，应组织人员会同交工单位、质检单位和其他建设管理部门根据施工图纸、施工验收规范及质量评定标准，共同对工程进行全面的检查和鉴定，并进行质量评分，确定本工程项目的质量等级。经检查、鉴定合乎要求后，合同双方即可签署交接验收证书，逐项办理固定资产移交。根据承包合同的规定办理工程结算手续。除注明的承担保险内容外，双方的经济关系和法律责任即可解除。

知识链接

6S 现场管理法

整理（SEIRI）。工作现场，区别要与不要的东西，只保留有用的东西，撤除不需要的东西。

整顿（SEITON）。把要用的东西，按规定位置摆放整齐，并做好标识进行管理。

清扫（SEISO）。将不需要的东西清除掉，保持工作现场无垃圾，无污秽状态。

清洁（SEIKETSU）。维持以上整理、整顿、清扫后的局面，使工作人员觉得整洁、卫生。

修养（SHITSUKE）。通过进行上述 4S 的活动，让每个员工都自觉遵守各项规章制度，养成良好的工作习惯，做到"以厂为家、以厂为荣"的地步。

安全（SECURITY）。重视全员安全教育，每时每刻都有安全第一观念，防患于未然。

7.4 园林工程施工项目成本控制

引言

工程项目关于价值消耗方面的术语较多，常有一些习惯的用法。从各角度出发，不同的名称，则有不同的含义，如成本和成本控制（承包商用得较多），投资和投资机会（一般都是从业主、资者角度出发），费用和费用管理（它的意义最广泛，各种对象都可使用）这 3 种名称都以工程上的价值消耗为依据，在实质上是统一性的。无论从业主还是承包商的角度，计划和控制方法都是相同的。

7.4.1 园林工程施工成本控制的概念

1．园林工程施工成本的定义

园林施工成本是指施工企业以园林施工项目作为成本核算对象的施工过程中，所耗费的生产资料转移价值和劳动者的必要劳动所创造的价值的货币形式，即某园林在施工中所发生的全部生产费用的总和，包括所消耗的主、辅材料，构配件，周转材料的摊销费或租赁费，施工机械的台班费或租赁费，支付给生产工人的工资、奖金以及项目经理部（或分公司、工程处），组织和管理工程施工所发生的全部费用支出。

园林施工成本不包括劳动者为社会所创造的价值（如税金和计划利润），也不应包括不构成施工项目价值的一切非生产性支出。明确这些对研究园林施工成本的构成和进行园林施工成本管理是非常重要的。

2. 园林工程施工项目成本控制

园林施工项目成本控制是指在园林施工过程中，对影响园林施工项目成本的各种因素加强管理，并采取各种有效措施，将施工中实际发生的各种消耗和支出严格控制在成本计划范围内，随时揭示并及时反馈，严格审查各项费用是否符合标准，计算实际成本和计划成本之间的差异并进行分析，消除施工中的损失浪费现象，发现和总结先进经验。通过成本控制，使之最终实现甚至超过预期的成本节约目标。

7.4.2 园林工程施工成本控制的步骤

1. 园林工程施工成本控制的依据

1）工程项目的成本计划

工程成本计划是针对总工程成本计划、各分项工程成本计划、人工、材料、资金计划等根据具体的情况制定的工程成本控制方案。即包括预定的具体成本控制目标，又包括实现控制目标的措施和规划，是施工成本控制的指导文件。成本计划是费用成本控制的基础。

特别提示

施工项目成本预测是通过成本信息和工程项目的具体情况，运用一定的专门方法，对未来的成本水平及其可能的发展趋势作出科学的估计。通过施工项目成本的预测，才能为制订施工项目成本的计划提供依据。

2）进度报告

进度报告提供了每一时刻工程实际完成量、工程费用实际支付情况等重要信息。费用控制工作正是通过实际情况与费用计划相比较，找出两者之间的差别，分析偏差产生的原因，从而采取措施改进以后的工作。此外，进度报告还能使管理者及时发现工程实施中存在的隐患，并在事态还未造成重大损失之前采取有效措施，尽量避免损失。

3）工程变更

在项目的实施过程中，由于各方面的原因，工程变更是很难避免的。工程变更一般包括设计变更、进度计划变更、施工条件变更、技术规范与标准变更、施工次序变更、工程数量变更等。一旦出现变更，工程量、工期、费用都必将发生变化，从而使得费用控制工作变得更加复杂和困难。因此，成本管理人员就应当通过对变更要求中各类数据的计算、分析，随时掌握变更情况，包括已发生工程量、将要发生工程量、工期是否拖延、支付情况等重要信息，判断变更，以及变更引起的索赔是否合理等。

2. 园林工程施工成本控制的步骤

1) 比较

按照某种确定的方式将园林施工成本计划值与实际值逐项进行比较，以发现施工成本是否已超支。

2) 分析

在比较的基础上，对比较的结果进行分析，以确定偏差的严重性及偏差产生的原因。这一步是园林施工成本控制工作的核心，其主要目的在于找出产生偏差的原因，从而采取有针对性的措施，减少或避免相同原因再次发生或减少由此造成的损失。

3) 预测

根据园林施工实施情况估算整个园林项目完成时的施工成本。预测的目的在于为决策提供支持。

4) 纠偏

当园林工程项目的实际施工成本出现了偏差，应当根据园林工程的具体情况、偏差分析和预测的结果采取适当的措施，以期达到使施工成本偏差尽可能小的目的。纠偏是施工成本控制中最具实质性的一步。只有通过纠偏，才能最终达到有效控制园林施工成本的目的。

5) 检查

它是指对园林工程的进展进行跟踪和检查，及时了解园林工程进展状况，以及纠偏措施的执行情况和效果，为今后的工作积累经验。

7.4.3 园林工程施工成本控制的内容

以园林工程施工成本形成的过程作为控制对象，具体的控制内容包括。

1. 园林工程投标阶段

（1）根据园林工程概况和招标文件，联系建筑市场和竞争对手的情况进行成本预测，提出投标决策意见。

（2）中标以后，应根据园林工程的建设规模组建与之相适应的项目经理部，同时以标书为依据确定项目的成本目标，并下达给项目经理部。

2. 园林工程施工准备阶段

（1）根据设计图纸和有关技术资料，对施工方法、施工顺序、作业组织形式、机械设备选型、技术组织措施等进行认真的研究分析，并运用价值工程原理制定出科学先进、经济合理的施工方案。

（2）根据企业下达的成本目标，以分部分项工程实物工程量为基础，联系劳动定额、材料消耗定额和技术组织措施的节约计划，在优化的施工方案的指导下，编制明细而具体的成本计划，并按照部门、施工队和班组的分工进行分解，作为部门、施工队和班组的责任成本落实下去，为今后的成本控制做好准备。

（3）间接费用预算的编制及落实。根据园林工程建设时间的长短和参加建设人数的多少编制间接费用预算，并对上述预算进行明细分解，以项目经理部有关部门（或业务人员）责任成本的形式落实下去，为今后的成本控制和绩效考评提供依据。

3. 园林工程施工阶段

（1）加强施工任务单和限额领料单的管理，特别要做好每一个分部分项工程完成后的验收(包括实际工程量的验收和工作内容、工程质量、文明施工的验收),以及实耗人工、实耗材料的数量核对,以保证施工任务单和限额领料单的结算资料绝对正确,为成本控制提供真实可靠的数据。

(2) 将施工任务单和限额领料单的结算资料与施工预算进行核对,计算分部分项工程的成本差异,分析差异产生的原因,并采取有效的纠偏措施。

(3) 做好月度成本原始资料的收集和整理,正确计算月度成本,分析月度预算成本与实际成本的差异。对于一般的成本差异,要在充分注意不利差异的基础上认真分析有利差异产生的原因,以防对后续作业成本产生不利影响或因质量低劣而造成返工损失;对于盈亏比例异常的现象,要特别重视,并在查明原因的基础上采取果断措施,尽快加以纠正。

(4) 在月度成本核算的基础上实行责任成本核算,也就是利用原有会计核算的资料,重新按责任部门或责任者归集成本费用,每月结算一次,并与责任成本进行对比,由责任部门或责任者自行分析成本差异和产生差异的原因,自行采取措施纠正差异,为全面实现责任成本创造条件。

(5) 经常检查对外经济合同的履约情况,为顺利施工提供物质保证。如遇拖期或质量不符合要求时,应根据合同规定向对方索赔。对缺乏履约能力的单位,要采取断然措施,立即中止合同,并另找可靠的合作单位,以免影响施工,造成经济损失。

(6) 定期检查各责任部门和责任者的成本控制情况,检查成本控制责、权、利的落实情况(一般为每月一次)。发现成本差异偏高或偏低的情况,应会同责任部门或责任者分析产生差异的原因,并督促他们采取相应的对策,来纠正差异。如有因为责、权、利不到位而影响成本控制工作的情况,应针对责、权、利不到位的原因调整有关各方的关系,落实责、权、利相结合的原则,使成本控制工作得以顺利进行。

4. 园林工程施工验收阶段

(1) 精心安排,干净利落地完成园林工程竣工扫尾工作,把竣工扫尾时间缩短到最低限度。

(2) 重视竣工验收工作,顺利交付使用。在验收以前,要准备好验收所需要的各种书面资料(包括竣工图),送甲方备查。对验收中甲方提出的意见,应根据设计要求和合同内容认真处理,如涉及费用,应请甲方签证,列入工程结算。

(3) 及时办理工程结算。一般来说,工程结算造价=原施工图预算±增减账。在工程结算时为防止遗漏,在办理工程结算以前,要求项目预算员和成本员进行一次认真全面的核对。

(4) 在园林工程保修期间,应由项目经理指定保修工作的责任者,并责成保修责任者根据实际情况提出保修计划(包括费用计划),以此作为控制保修费用的依据。

7.4.4 园林工程施工成本控制的方法

1. 以目标成本控制成本支出

在园林施工的成本控制中,可根据项目经理部制定的目标成本控制成本支出,实行"以收定支"或者叫做"量入为出",这是最有效的方法之一。具体的处理方法如下。

1) 人工费的控制

在企业与业主的合同签订后,应根据园林工程特点和施工范围确定劳务队伍,劳务分包队伍一般应通过招投标方式确定。一般情况下,劳务分包费按定额工日单价或平方米包干方式一次包死，尽量不留活口，以便管理。在施工过程中，就必须严格地按合同核定劳务分包费用，严格控制支出，并每月预结一次，发现超支现象应及时分析原因。同时，在施工过程中，要加强预控管理，防止合同外用工现象的发生。

2）材料费的控制

对材料费的控制主要是通过控制消耗量和进场价格来进行控制的。

（1）材料消耗量的控制。在园林工程施工过程中，每月应根据施工进度计划编制材料需用量计划。计划的适时性是指材料需要计划的提出和进场要适时。材料需用量计划至少应包括园林工程施工两个月的需用量，特殊材料的需用计划更应提前提出。给采购供应留有充裕的市场调查和组织供应的时间。

计划的准确性是指材料需用量的计算要准确，绝不能粗估冒算。需用量计划应包括需用量和供应量。需用量是作为控制限额领料的依据，供应量是需用量加损耗作为采购的依据。

（2）材料进场价格的控制。是园林工程投标时的报价和市场信息。材料的采购价加运杂费构成的材料进场价应尽量控制在工程投标时的报价以内。由于市场价格是动态的，企业的材料管理部门应利用现代化信息手段，广泛收集材料价格信息，定期发布当期材料最高限价和材料价格趋势，控制园林施工材料采购和提供采购参考信息。项目部也应逐步提高信息采集能力，优化采购。

3）施工机械使用费的控制

凡是在确定目标成本时单独列出租赁的机械，在控制时也应按使用数量、使用时间、使用单价逐项进行控制。小型机械及电动工具购置和修理费采取由劳务队包干使用的方法进行控制，包干费应低于目标成本的要求。

4）措施费的控制

措施费内容多，人为因素多，不易控制，超支现象较为严重。控制的办法是根据现场经费的收入实行全面预算管理。对某些不易控制的项目（如交通差旅费），等可实行包干制，对一些不宜包干的项目（如业务招待费），可通过建立严格的审批手续来进行控制。

2. 用工期-成本同步的方法控制成本

长期以来，施工企业编制施工进度计划是为安排施工进度和组织流水作业服务，很少与成本控制结合。实质上，成本控制与施工计划管理、成本与进度之间有着必然的同步关系。因为成本是伴随着施工的进行而发生的，施工到什么阶段应该有什么样的费用。如果成本与进度不对应，则必然会出现虚盈或虚亏的不正常现象。

1）按照适时的更新进度计划进行成本控制

施工成本的开支与计划不相符，往往是由两个因素引起的：一是在某道工序上的成本开支超出计划；二是某道工序的施工进度与计划不符。因此，要想找出成本变化的真正原因，实施良好有效的成本控制措施，必须与进度计划的适时更新相结合。

2）赢得值方法（又称偏差分析法）进行成本控制

赢得值法是对项目进度和费用进行综合控制的一种有效方法。用赢得值法进行费用、进度综合分析控制，基本参数3项，即已完工作预算费用、计划工作预算费用和已完工作实际费用。

（1）已完工作预算费用。已完工作预算费用为 BCWP（Budgeted Cost for Work Performed），是指在某一时间已经完成的工作（或部分工作），以批准认可的预算为标准所需要的资金总额，由于业主正是根据这个值为承包人完成的工作量支付相应的费用，也就是承包人获得（挣得）的金额，故称赢得值或挣值。

$$已完工作预算费用（BCWP）＝已完成工作量×预算单价 \qquad (7-1)$$

（2）计划工作预算费用。计划工作预算费用，简称 BCWS（Budgeted Cost for Work Scheduled），即根据进度计划，在某一时刻应当完成的工作（或部分工作），以预算为标准所需要的资金总额，一般来说，除非合同有变更，BCWS 在工程实施过程中应保持不变。

$$计划工作预算费用（BCWS）＝计划工作量×预算单价 \qquad (7-2)$$

（3）已完工作实际费用。已完工作实际费用，简称 ACWP（Actual Cost for Work Performed），即到某一时刻为止，已完成的工作（或部分工作）所实际花费的总金额。

$$已完工作实际费用（ACWP）＝已完成工作量×实际单价 \qquad (7-3)$$

在三个基本参数的基础上，可以确定赢得值的四个评价指标，它们也都是时间的函数。

（4）费用偏差 CV（Cost Variance）。

$$费用偏差（CV）＝已完工作预算费用（BCWP）－已完工作实际费用（ACWP） \qquad (7-4)$$

当费用偏差 CV 为负值时，即表示项目运行超出预算费用；当费用偏差 CV 为正值时，表示项目运行节支，实际费用没有超出预算费用。

（5）进度偏差 SV（Schedule Variance）。

$$进度偏差（SV）＝已完工作预算费用（BCWP）－计划工作预算费用（BCWS） \qquad (7-5)$$

当进度偏差 SV 为负值时，表示进度延误，即实际进度落后于计划进度；当进度偏差 SV 为正值时，表示进度提前，即实际进度快于计划进度。

（6）费用绩效指数（CPI）。

$$费用绩效指数（CPI）＝已完工作预算费用（BCWP）/已完工作实际费用（ACWP）$$

$$(7-6)$$

当费用绩效指数（CPl）<1 时，表示超支，即实际费用高于预算费用；
当费用绩效指数（CPI）>1 时，表示节支，即实际费用低于预算费用。

（7）进度绩效指数（SPI）。

$$进度绩效指数（SPI）＝已完工作预算费用（BCWP）/计划工作预算费用（BCWS）$$

$$(7-7)$$

当进度绩效指数（SPI）<1 时，表示进度延误，即实际进度比计划进度拖后；
当进度绩效指数（SPI）>1 时，表示进度提前，即实际进度比计划进度快。

费用（进度）偏差反映的是绝对偏差，结果很直观，有助于费用管理人员了解项目费用出现偏差的绝对数额，并依此采取一定措施，制定或调整费用支出计划和资金筹措计划。但是，绝对偏差有其不容忽视的局限性。如同样是 10 万元的费用偏差，对于总费用 1000万元的项目和总费用 1 亿元的项目而言，其严重性显然是不同的。因此，费用（进度）偏差仅适合于对同一项目作偏差分析。费用（进度）绩效指数反映的是相对偏差，它不受项目层次的限制，也不受项目实施时间的限制，因而在同一项目和不同项目比较中均可采用。

在项目的费用、进度综合控制中引入赢得值法，可以克服过去进度、费用分开控制的缺点，即当我们发现费用超支时，很难立即知道是由于费用超出预算，还是由于进度提

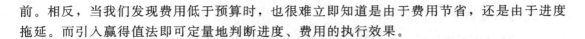

前。相反，当我们发现费用低于预算时，也很难立即知道是由于费用节省，还是由于进度拖延。而引入赢得值法即可定量地判断进度、费用的执行效果。

在项目实施过程中，赢得值法的3个参数可以形成3条曲线。在实际执行中，最理想的状态是已完工程实际费用（ACWP）、计划工作预算费用（BCWS）、已完工作预算费用（BCWP）3条曲线靠得很近、平稳上升，表示项目按预定计划目标进行。如果3条曲线离散度不断增加，则预示可能发生关系到项目成败的重大问题。

7.4.5　园林工程施工成本控制的原则

1. 全面控制原则

1）园林施工成本的全员控制

园林施工成本的全员控制并不是抽象的概念，而应该有一个系统的实质性内容，其中包括各部门、各单位的责任网络和班组经济核算等，防止成本控制人人有责，又都人人不管。

2）园林施工成本的全过程控制

园林施工成本的全过程控制，是指在园林工程项目确定以后，自施工准备开始，经过园林工程施工，到竣工交付使用后的保修期结束，其中每一项经济业务都要纳入成本控制的轨道。

2. 动态控制原则

（1）园林施工是一次性行为，其成本控制应更重视事前、事中的控制。

（2）在施工开始之前进行成本预测，确定目标成本，编制成本计划，制订或修订各种消耗定额和费用开支标准。

（3）施工阶段重在执行成本计划，落实降低成本措施，实行成本目标管理。

（4）成本控制随园林施工过程连续进行，与施工进度同步，不能时紧时松，不能拖延。

（5）建立灵敏的成本信息反馈系统，使成本责任部门（人员）能及时获得信息、纠正不利成本偏差。

（6）制止不合理开支，把可能导致损失和浪费的苗头消灭在萌芽状态。

（7）竣工阶段成本盈亏已成定局，主要进行整个园林施工的成本核算、分析、考评。

3. 开源与节流相结合原则

降低园林施工成本，需要一面增加收入，一面节约支出。因此，每发生一笔金额较大的成本费用，都要查一查有无与其相对应的预算收入，是否支出大于收入。

4. 目标管理原则

目标管理是贯彻执行计划的一种方法，它把计划的方针、任务、目的和措施等逐一加以分解，提出进一步的具体要求，并分别落实到执行计划的部门、单位甚至个人。

5. 节约原则

（1）园林施工生产既是消耗资财人力的过程，也是创造财富增加收入的过程，其成本控制也应坚持增收与节约相结合的原则。

（2）作为合同签约依据，编制工程预算时，应"以支定收"，保证预算收入；在施工过程中，要"以收定支"，控制资源消耗和费用支出。

（3）每发生一笔成本费用都要核查是否合理。

（4）经常性的成本核算时，要进行实际成本与预算收入的对比分析。

（5）抓住索赔时机，搞好索赔、合理力争甲方给予经济补偿。

（6）严格控制成本开支范围、费用开支标准和有关财务制度，对各项成本费用的支出进行限制和监督。

（7）提高园林施工的科学管理水平，优化施工方案，提高生产效率，节约人、财、物的消耗。

（8）采取预防成本失控的技术组织措施，制止可能发生的浪费。

（9）施工的质量、进度、安全都对园林工程成本有很大的影响，因而成本控制必须与质量控制、进度控制、安全控制等工作相结合、相协调，避免返工（修）损失、降低质量成本，减少并杜绝园林工程延期违约罚款、安全事故损失等费用支出发生。

（10）坚持现场管理标准化，堵塞浪费的漏洞。

6. 责、权、利相结合原则

要使成本控制真正发挥及时有效的作用，必须严格按照经济责任制的要求。贯彻责、权、利相结合的原则。实践证明，只有责、权、利相结合的成本控制，才是名实相符的园林施工成本控制。

7.5　园林工程施工项目进度管理

 引言

园林工程施工进度管理是一个动态的过程，有一个目标体系，保证工程项目按期交付使用，是工程施工阶段进度控制的最终目的。将施工进度总目标从上至下层层分解，形成施工进度控制目标体系，作为实施进度控制的依据。施工进度管理只有处理好各种因素的影响，制订最优的进度计划，运用科学的原理和手段，确保项目按工程目标完成，并提高施工效益。

7.5.1　园林工程施工项目进度管理的概述

1. 施工进度管理的定义

工程项目进度管理，是指在项目实施过程中，对各阶段的进展程度和项目最终完成的期限所进行的管理。目的是保证项目在满足时间约束的条件下实现项目总目标，既在限定的期限内，确定进度目标，编制最优的施工进度计划，又在施工进度计划的执行进度过程中，不断用实际进度与计划进度相比较，若出现偏差，分析产生的原因和对工期的影响程度，制订出必要的调整措施。对原进度计划调整，不断的如此循环，直到工程竣工，满足项目约定的交付时间为最终目标的管理。

特别提示

　　进度管理的目的就是按期完工，其总目标和工期管理是一致的，但是在进度管理过程中，它不仅要求时间上相一致，而且要求劳动效率的一致性。进度与工期这两个概念既相互联系，又相互区别。工期作为进度的一个指标，进度管理首先表现为工期管理，有效的工期管理才能达到有效的进度管理。但是不能只用工期来表达进度，那是不全面的，有可能产生误导。若进度延误了，最终工期目标也不可能实现；在项目实施中，对计划的有关活动进行调整，当然工期也会发生变化。

　　2．施工进度计划管理过程

　　施工进度管理它是一个动态的循环过程，包括施工进度目标的确定，施工进度计划的编制，施工进度计划的实施（进度计划的跟踪，进度计划的检查），施工进度计划的调整（分析原因，采取纠偏措施，进行进度计划的修改），这些过程是相互作用的。从编制项目施工进度计划开始，经过实施过程中的跟踪检查，收集有关实际进度的信息；比较和分析实际进度与施工计划进度之间的偏差，找出产生原因和解决办法，确定调整措施，再修改原进度计划，形成一个封闭的循环系统如图7.1所示。

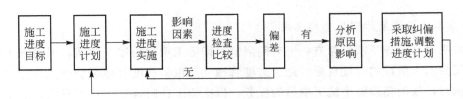

图 7.1　施工进度计划管理过程

　　3．影响园林工程项目施工进度的因素

　　1）工程建设相关单位的影响

　　影响工程项目施工进度的单位不只是施工承包单位。事实上，只要是与工程建设有关的单位（如政府有关部门、业主，设计单位、物资供应单位、资金贷款单位，以及运输、通信、供电等部门等），其工作进度的拖后必将对施工进度产生影响。因此，控制施工进度仅仅考虑施工承包单位是不够的，必须充分协调各相关单位之间的进度关系。而对于那些无法进行协调控制的进度关系，在进度计划的安排中应留有足够的机动时间。

　　2）物资供应进度的影响

　　施工过程中需要的材料、构配件、机具和设备等，如果不能按期运抵施工现场或者运抵施工现场后，发现其质量不符合有关标准的要求，都会对施工进度产生影响。因此，项目进度控制人员应严格把关，采取有效措施控制好物资供应进度。

　　3）资金的影响

　　工程施工的顺利进行必须有足够的资金作保障。项目进度控制人员应根据业主的资金供应能力，安排好施工进度计划，并督促业主及时拨付工程预付款和工程进度款，以免因资金供应不足而拖延进度，导致工期索赔。

4）设计变更的影响

在施工过程中，出现设计变更是难免的，或者是由于原设计有问题需要修改，或者是由于业主提出了新的要求。项目进度控制人员应加强图纸审查，严格控制随意变更，特别对业主的变更要求应引起重视。

5）施工条件的影响

在施工过程中，一旦遇到气候、水文、地质及周围环境等方面的不利因素，必然会影响到施工进度。此时，承包单位应利用自身的技术组织能力予以克服。

6）各种风险因素的影响

风险因素包括政治、经济、技术及自然等方面的各种预见的因素。政治方面的有战争、内乱、罢工、拒付债务、制裁等；经济方面的有延迟付款、汇率浮动、换汇控制、通货膨胀、分包单位违约等；技术方面的有工程事故、试验失败、标准变化等；自然方面的有地震、洪水等。

7）承包单位自身管理水平的影响

施工现场的情况千变万化，如果承包单位的施工方案不当，计划不周，管理不善，解决问题不及时等，都会影响工程项目的施工进度。

7.5.2 园林工程施工项目进度计划的编制

1. 施工项目进度计划目标的确定

通常来说一个施工项目总有一个时间限制，即施工项目的竣工时间，因而施工项目的竣工时间为施工阶段的进度目标。施工进度管理就是根据进度目标编制施工进度计划，并控制其执行，按期完成整个施工项目的任务。根据施工合同确定的开工日期、总工期和竣工日期确定施工进度目标，明确计划开工日期、计划总工期和计划竣工日期，确定项目分期分批的开、竣工日期。

2. 施工进度计划的编制

施工进度计划是表示各项工程（单位工程、分部分项工程或分项工程）的施工顺序，开始和结束时间以及相互衔接关系的计划。编制施工进度计划，具体安排实现前述目标的工艺关系、组织关系、搭接关系、起止时间、劳动力计划、材料计划、机械计划和其他保证性计划。它是承包单位进行现场施工管理的核心指导文件。施工进度计划的表达方式有多种，在实际施工过程中通常使用横道图和网络图。

特别提示

施工项目的所有施工进度计划：施工总进度计划、单位工程施工进度计划、分部（项）工程施工进度计划，都是围绕一个总任务而编制的，它们之间关系是高层次计划为低层次计划提供依据，低层次计划是高层次计划的具体化。在其贯彻执行时，应当首先检查是否协调一致，计划目标是否层层分解、互相衔接，组成一个计划实施的保证体系，以施工任务书的方式下达施工队，并保证施工进度计划的实施。

7.5.3 园林工程施工项目进度计划的实施

施工项目进度计划的实施就是施工活动的进展，也就是用施工进度计划指导施工活动、落实和完成计划。施工项目进度计划逐步实施的过程就是施工项目建造的逐步完成过程。为了保证施工项目进度计划的实施、并且尽量按编制的计划时间逐步进行，保证各进度目标的实现，应做好以下工作。

1. 施工项目进度计划的审核

项目经理应进行施工进度计划的审核，其主要内容如下。

（1）进度安排是否符合施工合同确定的建设项目总目标和分目标的要求，是否符合其开、竣工日期的规定。

（2）施工进度计划中的内容是否有遗漏，分期施工是否满足分批交工的需要和配套交工的要求。

（3）施工顺序安排是否符合施工程序的要求。

（4）资源供应计划是否能保证施工进度计划的实现，供应是否均衡，分包人供应的资源是否满足进度要求。

（5）施工图设计的进度是否满足施工进度计划要求。

（6）总分包之间的进度计划是否相协调，专业分工与计划的衔接是否明确、合理。

（7）对实施进度计划的风险是否分析清楚，是否有相应的对策。

（8）各项保证进度计划实现的措施设计得是否周到、可行、有效。

2. 施工项目进度计划的贯彻

1）检查各层次的计划，形成严密的计划保证系统

施工项目的所有施工进度计划：施工总进度计划、单位工程施工进度计划、分部（项）工程施工进度计划，都是围绕一个总任务而编制的，它们之间关系是高层次计划为低层次计划提供依据，低层次计划是高层次计划的具体化。在其贯彻执行时，应当首先检查是否协调一致，计划目标是否层层分解、互相衔接，组成一个计划实施的保证体系，以施工任务书的方式下达施工队，保证施工进度计划的实施。

2）层层明确责任，并利用施工任务书

施工项目经理、作业队和作业班组之间分别签订责任状，按计划目标明确规定工期、承担的经济责任、权限和利益。用施工任务书将作业任务下达到施工班组，明确具体施工任务、技术措施、质量要求等内容，使施工班组必须保证按作业计划时间内完成规定的任务。

3）进行计划的交底，促进计划的全面、彻底实施

施工进度计划的实施是全体工作人员的共同行动，要使有关人员都明确各项计划的目标、任务、实施方案和措施，使管理层和作业层协调一致，将计划变成全体员工的自觉行动，在计划实施前可以根据计划的范围进行计划交底工作，以使计划得到全面、彻底的实施。

3. 施工项目进度计划的实施

1）编制月（旬）作业计划

为了实施施工进度计划，将规定的任务结合现场施工条件，如施工场地的情况、劳动力机械等资源条件和施工的实际进度，在施工开始前和过程中不断地编制本月（旬）作业计划，这是使施工计划更具体、更实际和更可行的重要环节。在月（旬）计划中要明确：本月

（旬）应完成的任务；所需要的各种资源量；提高劳动生产率和节约措施等。

2）签发施工任务书

编制好月（旬）作业计划以后，将每项具体任务通过签发施工任务书的方式下达班组进一步落实、实施。施工任务书是向班组下达任务，实行责任承包、全面管理和原始记录的综合性文件。施工班组必须保证指令任务的完成，它是计划和实施的纽带。施工任务书应由工长编制并下达，在实施过程中要做好记录，任务完成后回收，作为原始记录和业务核算资料。

施工任务书应按班组编制和下达。它包括施工任务单、限额领料单和考勤表。施工任务单包括：分项工程施工任务、工程量、劳动量、开工日期、完工日期、工艺、质量和安全要求。限额领料单是根据施工任务单编制的控制班组领用材料的依据，应具体列明材料名称、规格、型号、单位和数量、领用记录、退料记录等。考勤表可附在施工任务单背面，按班组人名排列，供考勤时填写。

3）做好施工进度记录，填好施工进度统计表

在计划任务完成的过程中，各级施工进度计划的执行者都要跟踪做好施工记录，及时记载计划中的每项工作开始日期、每日完成数量和完成日期，记录施工现场发生的各种情况、干扰因素的排除情况；跟踪做好形象进度、工程量、总产值、耗用的人工、材料和机械台班等的数量统计与分析，为施工项目进度检查和控制分析提供反馈信息。因此，要求实事求是记载，并据以填好上报统计报表。

4）做好施工中的调度工作

施工中的调度是组织施工中各阶段、环节、专业和工种的互相配合、进度协调的指挥核心。调度工作是使施工进度计划实施顺利进行的重要手段。其主要任务是掌握计划实施情况，协调各方面关系，采取措施，排除各种矛盾，加强各薄弱环节，实现动态平衡，保证完成作业计划和实现进度目标。调度工作内容主要有：监督作业计划的实施、调整协调各方面的进度关系；监督检查施工准备工作；督促资源供应单位按计划供应劳动力、施工机具、运输车辆、材料构配件等，并对临时出现问题采取调配措施；按施工平面图管理施工现场，结合实际情况进行必要的调整，保证文明施工；了解气候、水、电、汽的情况，采取相应的防范和保证措施；及时发现和处理施工中各种事故和意外事件；调节各薄弱环节；定期、及时地召开现场调度会议，贯彻施工项目主管人员的决策，发布调度令。

7.5.4 园林工程施工项目进度计划的检查与调整

在施工项目的实施过程中，为了进行进度控制，进度探制人员应经常地、定期地跟踪检查施工实际进度情况，主要是收集施工项目进度材料，进行统计整理和对比分析，确定实际进度与计划进度之间的关系，其主要工作如下。

1. 跟踪检查施工实际进度

为了对施工进度计划的完成情况进行统计、进行进度分析和调整计划提供信息，应对施工进度计划依据其实施记录进行跟踪检查。跟踪检查施工实际进度是项目施工进度控制的关键措施。其目的是收集实际施工进度的有关数据。跟踪检查的时间和收集数据的质量，直接影响控制工作的质量和效果。一般检查的时间间隔与施工项目的类型、规模、施工条件和对进度执行要求程度有关。通常可以确定每月、半月、旬或周进行一次。若在施

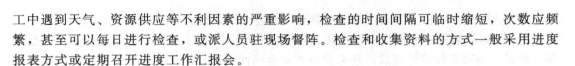

工中遇到天气、资源供应等不利因素的严重影响，检查的时间间隔可临时缩短，次数应频繁，甚至可以每日进行检查，或派人员驻现场督阵。检查和收集资料的方式一般采用进度报表方式或定期召开进度工作汇报会。

2. 整理统计检查数据

收集到的施工项目实际进度数据，要进行必要的整理、按计划控制的工作项目进行统计，形成与计划进度具有可比性的数据，相同的量纲和形象进度。一般可以按实物工程量、工作量和劳动消耗量以及累计百分比整理和统计实际检查的数据，以便与相应的计划完成量相对比。

3. 对比实际进度与计划进度

将收集的资料整理和统计成具有与计划进度可比性的数据后，用施工项目实际进度与计划进度的比较方法进行比较。通常方法有：横道图比较法、S形曲线比较法、"香蕉"形曲线比较法、前锋线比较法和列表比较法等。通过比较得出实际进度与计划进度相一致、超前、拖后3种情况。

1）横道图比较法

进行施工进度计划的分析比较，用横道图编制施工进度计划是工程上较熟悉的方法。它形象简明直观、编制方法简单，方便使用。横道图比较法是指将项目实施过程中检查实际进度收集的数据，经过加工整理后直接用横道图平行线会与计划的横道图下，进行实际进度与计划进度的比较方法。完成任务量可以用实物工程量、劳动消耗量和工作量3种物理量表示。为了比较方便，一般用它们实际完成量的累计百分比与计划的应完成量的累计百分比，进行比较。

例如，某园区人工水池混凝土基础工程的施工实际进度计划与计划进度比较，其中黑粗实线表示计划进度，涂黑部分、则表示工程施工的实际进度，见表7-1。从比较中可以看出，在第8天未进行施工进度检查时挖土方工作已经完成；支模板的工作按计划进度应当完成，而实际施工进度只完成了83%的任务，已经拖后了17%；绑扎钢筋工作已完成了44%的任务，施工实际进度与计划进度一致。

表7-1　某钢筋混凝土实际进度与计划进度比较表

工作编号	工作名称	工作时间（天）	施工进度															
			1	2	3	4	5	6	7	8	9	10	11	12	13	14	15	16	17
1	挖土方	6																	
2	支模板	6																	
3	绑扎钢筋	9																	
4	浇混凝土	6																	
5	回填土	6																	

检查日期

通过上述记录与比较，发现了实际施工进度与计划进度之间的偏差，为采取调整措施提供了明确的任务。事实上，工程项目中各项工作的进展情况不一定是匀速的，根据工程项目中各项工作的进展是否匀速，可分别采取以下两种方法进行实际进度与计划进度的比较。

（1）匀速进展横道图比较法。指在工程项目中每项工作在单位时间内完成的任务量相等，此时，每项工作累计完成的任务量与时间呈线性关系，完成的任务量可以用实物工程量、劳动消耗量或费用支出表示，或用其物理量的百分比表示。

（2）非匀速进展横道图比较法。指当工作在不同单位时间里的进展速度不相等时，在用涂黑粗线表示工作实际进度的同时，还要标出其对应时刻完成任务量的累计百分比，并将该百分比与其同时刻计划完成任务量的累计百分比相比较，判断工作实际进度与计划进度之间的关系。

2）S形曲线比较法

S形曲线比较法与横道图比较法不同，它不是在编制的横道图进度计划上进行实际进度与计划进度比较。S型曲线比较法如图7.2所示，是以横坐标表示进度时间，纵坐标表示累计完成任务量，而绘制出一条按计划时间累计完成任务量的曲线，将施工项目的各检查时间实际完成的任务量与S型曲线进行实际进度与计划进度相比较的一种方法。在项目施工过程中，按规定时间将检查的实际完成情况，绘制在与计划S型曲线同一张图上，可得出实际进度S型曲线，比较两条S型曲线可以得到如下信息。

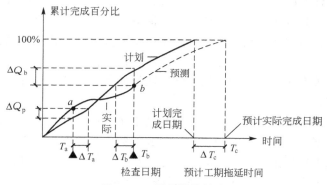

图 7.2 S 形曲线比较法

（1）项目实际进度与计划进度比较，当实际工程进展点落在计划S型曲线左侧则表示此时实际进度比计划进度超前；若落在其右侧，则表示拖欠；若刚好落在其上，则表示两者一致。

（2）项目实际进度比计划进度超前或拖后的时间。

（3）任务量完成情况，即工程项目实际进度比计划进度超额或拖欠的任务量。

（4）后期工程进度预测。

3）"香蕉"形曲线比较法

"香蕉"形曲线是两条S型曲线组合成的闭合曲线。从S形曲线比较法中得知，按某一时间开始的施工项目的进度计划，其计划实施过程中进行时间与累计完成任务量的关系都可以用一条S型曲线表示。对于一个施工项目的网络计划，在理论上总是分为最早和最迟两种开始与完成时间的。因此，一般情况，任何一个施工项目的网络计划，都可以绘制出两条曲线。其一是计划以各项工作的最早开始时间安排进度而绘制的S型曲线。称为ES曲线。其二是计划以各项工作的最迟开始时间安排进度，而绘制的S型曲线，称LS曲线。两条S型曲线都是从计划的开始时刻开始和完成时刻结束，因此两条曲线是闭合的。一般情况，其余时刻 ES 曲线上的各点均落在 LS 曲线相应点的左侧，形成一个形如"香蕉"的曲线，称为"香蕉"形曲线，如图 7.3 所示。

在项目的实施中进度控制的理想状况是任一时刻按实际进度描绘的点，应落在该"香蕉"形曲线的区域内。如图 7.3 中的实际进度线。

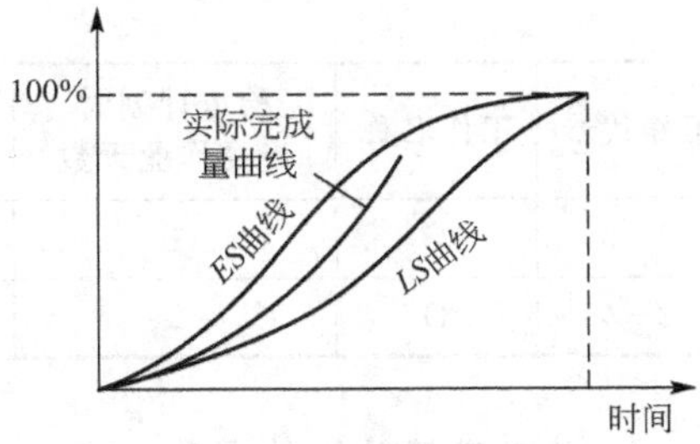

图 7.3　香蕉型比较图

4) 前锋线比较法

施工项目的进度计划用时标网络计划表达时，还可以采用实际进度前锋线法进行实际进度与计划进度比较。所谓前锋线，是指在原时标网络计划上，从检查时刻的时标点出发，用点画线依次将各项工作实际进展位置点连接而成的折线。前锋线比较法就是通过实际进度前锋线与原进度计划中各工作箭线交点的位置来判断工作实际进度与计划进度的偏差，进而判断该偏差对后续工作及总工期影响程度的一种方法。例如，某分部工程施工网络计划，在第 4 天下班时检查，C 工作未完成该工作的工作量，D 工作完成了该工作的工作量，E 工作已全部完成该工作的工作量，则实际进度前锋线如下图上点画线构成的折线如图 7.4 所示。

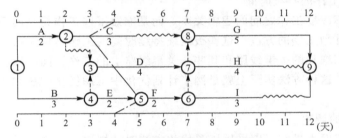

图 7.4　某网络计划前锋线比较

通过比较可以得出以下结果。

（1）工作 C 实际进度拖后 1 天，其总时差和自由时差均为 2 天，既不影响总工期，也不影响其后续工作的正常进行。

（2）工作 D 实际进度与计划进度相同，对总工期和后续工作均无影响。

（3）工作 E 实际进度提前 1 天，对总工期无影响，将使其后续工作 F、I 的最早开始时间提前 1 天。

综上所述，该检查时刻各工作的实际进度对总工期无影响，将使工作 F、I 的最早开始时间提前 1 天。

5) 列表比较法

即记录检查时正在进行的工作名称和已进行的天数，然后列表计算有关参数，根据原有总时差和尚有总时差，判断实际进度与计划进度的比较方法，见表 7-2。

表 7-2　网络计划建成分析表

工作代号	工作名称	检查计划时尚需作业天数	到计划最迟完成时尚有天数	原有总时差	尚有总时差	情况判断
①	②	③	④	⑤	⑥	⑦
2-3	B	2	1	0	−1	影响工期 1 天

（续）

工作代号	工作名称	检查计划时尚需作业天数	到计划最迟完成时尚有天数	原有总时差	尚有总时差	情况判断
2-5	C	1	2	1	0	正常
2-4	D	2	2	2	0	正常

4. 施工进度计划的调整

在对实施的进度计划分析比较的基础上，应确定调整原计划的方法，一般主要有以下几种。

1）改变某些工作间的逻辑关系

若检查的实际施工进度产生的偏差影响了总工期，在工作之间的逻辑关系允许改变的条件下，可改变关键线路和超过计划工期的非关键线路上的有关工作之间的逻辑关系，达到缩短工期的目的。例如可以把依次进行的有关工作改成平行的或互相搭接的，以及分成几个施工段进行流水施工的等，都可以达到缩短工期约目的。

2）缩短某些工作的持续时间

这种方法是不改变工作之间的逻辑关系，而是缩短某些工作持续时间，使施工进度加快，并保证实现计划工期的方法。这些被压缩持续时间的工作是位于由于实际施工进度的拖延而引起总工期增长的关键线路和某些非关键线路上的工作。同时这些工作又是可压缩持续时间的工作，这种方法实际上就是网络计划优化中工期优化方法和工期与成本优化的方法，不再赘述。

3）资源供应的调整

如果资源供应发生异常，应采用资源优化方法对计划进行调整，或采取应急措施，使其对工期影响最小。

4）增减施工内容

增减施工内容应做到不打乱原计划的逻辑关系，只对局部逻辑关系进行调整。在增减施工内容以后，应重新计算时间参数，分析对原网络计划的影响。当对工期有影响时，应采取调整措施，保证计划工期不变。

5）增减工程量

增减工程量主要是指改变施工方案、施工方法，从而导致工程量的增加或减少。

6）起止时间的改变

起止时间的改变应在相应工作时差范围内进行。每次调整必须重新计算时间参数，观察该项调整对整个施工计划的影响。调整时可在下列方法中进行。

（1）将工作在其最早开始时间与其最迟完成时间范围内移动。

（2）延长工作的持续时间。

（3）缩短工作的持续时间。

7.5.5 园林工程项目进度管理的措施

1. 组织措施

它是指建立进度实施和控制的组织系统，建立进度协调会议制度，建立进度信息沟通网络，建立进度控制目标体系。如召开协调会议、落实各层次进度控制的人员、具体任务和工作职责；按施工项目的组成、进展阶段、合作分工等将总进度计划分解，以制定出切实可行的进度目标。

2. 合同措施

加强合同管理，控制合同变更，对有关工程变更和设计变更，应通过监理工程严格审查。

3. 技术措施

设计方案对工程进度产生不同的影响，在工程进度受阻的时候，应分析是否存在设计技术的影响，以及为实现进度目标有无设计变更的可能性。施工方案对工程进度也有着直接的影响，考虑为实现进度目标有无变更施工技术、施工流向、施工机械和施工顺序的可能性。

4. 经济措施

应编制与进度计划相适应的各种资源（劳动力、材料、机械设备和资金）需求计划，资金供应条件（资金总供应量、资金供应条件）满足进度计划的要求，同时还应考虑为实现进度目标将要采取的经济激励措施所需要的费用。

5. 信息管理措施

它是指对施工实施过程进行监测、分析、调整、反馈和建立相应的信息流动程序以及信息管理工作制度，以连续地对全过程进行动态控制。

7.6 园林工程施工项目质量管理

 引言

工程项目建设牵涉到国家和社会方方面面，工程项目质量好，就会使国家增强经济实力，也会给人们生活带来实惠和利益。质量不好，就会带来大量资源的损失，甚至会给社会带来污染、爆炸、火灾、辐射等灾难性后果。因此，搞好工程项目的质量管理，是项目管理者对国家和社会应尽的义务。

7.6.1 园林工程全面质量管理体系

1. 全面质量管理体系基本概念

全面质量管理是美国学者戴明把"系统工程、数学统计、运筹学"等运用到管理中，根据管理工作的客观规律总结出的，通过计划（Plan）、实施（Do）、检查（Check）、处理（Action）的循环过程（PDCA 循环）而形成的一种行之有效的管理方法。它将管理分为计划、实施、检查和处理 4 个阶段及具体化的八个步骤，把生产经营和生产中质量管理有机地联系起来，提高企业的质量管理工作。

全面质量管理（PDCA 循环）的以下基本内容。

第一阶段是计划阶段（也称 P 阶段），其工作内容包括以下四个步骤。

步骤一调查现状找出问题，通过对本企业产品质量现状的分析，提出质量方面存在的问题。

步骤二分析各种影响因素，找原因。在找出影响质量问题的基础上，将各种影响因素加以分析，找出薄弱环节。

步骤三找出主要影响因素、主要原因。在影响质量的各种原因中，分清主次，抓住主要原因，进行解剖分析。

步骤四制定对策及措施。找出主要原因后，制定切实可行的对策和措施，提出行动计划。

第二阶段是实施阶段（也称 D 阶段），其工作内容是第五个步骤。

步骤五执行措施。在施工过程中，应贯彻、执行确定的措施，把措施落到实处。

第三阶段是检查阶段（也称 C 阶段），其工作内容是第六个步骤。

步骤六检查工作效果。计划措施落实执行后，应及时进行检查和测试，并把实施结果与计划进行分析，总结成绩，找出差距。

第四阶段是处理阶段（也称 A 阶段），其工作内容是最后两个步骤。

步骤七巩固措施。制定标准。通过总结经验，将有效措施巩固，并制定标准，形成规章制度及贯彻执行于施工中。

步骤八将遗留问题转入下一循环。在质量管理过程中，不可能一次循环将问题全部解决，对尚未解决或没有解决好的质量问题，找出原因并转入下一个循环去研究解决。

质量管理工作，经过上述四个阶段八个步骤，才完成一个循环过程。而 PDCA 循环的特点是，周而复始不停顿的循环，即反复进行计划→实施→检查→处理工作，就能不断地解决问题，使企业的生产活动、质量管理及其他工作不断提高。

2. 建立和实施项目全面质量管理体系

目前许多企业都进行 ISO 9000 贯标，建立企业的质量体系，它包括质量管理的所有要素。属于 ISO 9000 族的关于项目管理的质量标准为《质量管理—项目管理的质量指南（国际标准 ISO 10006）》。为了达到项目质量目标，必须制定整个工程项目的质量体系，在工程过程中按照质量体系进行全面控制。企业的质量体系与项目的质量体系，既有联系，又有区别。企业的质量体系体现在质量保证手册中，应包括企业的质量方针政策、质量目标、宣言、质量要求、质量工作计划和指示、质量检查规定、质量管理工作程序、质量标准和关系。而项目质量体系体现在质量执行计划中，执行计划又是项目手册的一部分。项目管理作为企业管理的一部分，项目的质量方针政策、质量目标、质量要求、质量工作计划和指示、质量检查的规定、质量工作程序应与企业的相同。项目质量体系应反映在合同、项目实施计划、项目管理规范、工作计划当中。

建立项目的质量体系应符合如下基本要求。

（1）最重要的是满足业主、顾客和其他利益相关者的明确的和隐含的需要，使他们满意。

（2）规划好一系列互相关联的过程来实施项目，包括项目实施过程和项目管理过程。

（3）通过严密的全方位的控制保证过程和产品的质量都能满足项目的目标。

（4）项目经理必须创建良好的质量环境，包括：建立项目管理组织机构，以满足项目目标。

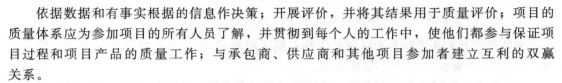

依据数据和有事实根据的信息作决策；开展评价，并将其结果用于质量评价；项目的质量体系应为参加项目的所有人员了解，并贯彻到每个人的工作中，使他们都参与保证项目过程和项目产品的质量工作；与承包商、供应商和其他项目参加者建立互利的双赢关系。

（5）质量体系应有自我持续改进的功能，项目经理应负责持续改进工作。

① 应指定有质量能力和资质的人员实施、监测及控制质量过程，实施纠正和预防措施，并向他提供必要的技术支持。

② 对项目所属的企业，上层管理者应不断从以前的工程经验中寻求项目各过程质量管理的改进和不断完善，不能将一个项目和项目管理看作一个孤立的过程。应建立信息系统，收集、分析各个项目实施信息，以持续地改进企业管理过程，形成大的循环。

③ 项目组织负责不断地改进自己的过程和活动的质量，应有自身工作评定、内部审核及可能的外部审核过程，并对此安排所需的时间和资源。

④ 质量体系应根植于项目组织中，应当是项目管理体系的组成部分。

⑤ 项目组织应尽可能采用项目所属的企业组织的质量体系和程序，必要时可修改，这最容易为上层系统接受。

 特别提示

持续改进的概念来自于《ISO 9001：2000 质量管理体系基础和术语》，是指"增强满足要求的能力的循环活动"。阐明组织为了改进其整体业绩，应不断改进产品质量，提高质量管理体系及过程的有效性和效率。对工程项目来说，由于属于一次性活动，面临的经济、环境条件是在不断地变化，技术水平也在日新月异，因此工程项目的质量要求也需要持续提高，而持续改进是永无止境的。

（6）应确定项目整个过程中的质量惯例，如文件化、验证、记录、可追溯性、评审和审核要求。并建立项目信息的收集、存储、更新及检索系统，确保有效利用这些信息。

（7）为了控制项目的质量，应在项目过程中按照项目的进展状况评价项目达到质量目标的程度。评价过程又是促进改进项目质量的机会。

① 应评定质量计划的适宜性及实施的工作符合质量计划的程度。为了保证工程质量，进度、项目过程、成本花费应是协调的，应确定和评价对项目目标可能产生不利影响的偏离及风险。

② 对工程质量的评价应由项目经理负责，并让实施者和其他利益相关者参与。

③ 项目的计划和实施方案中应包括质量的评价目的、评价过程、评价准则及每次评价的要求，并给以足够的时间，以进行度量和评定。项目实施过程中应确保项目的这些工作按计划、按标准进行和结束，并将评价结果记录编辑成册，按规定保存。

④ 评价结果应及时反映到后期工作上，确保相应的人员及时获得信息，及时采取措施。在项目结束时应对项目的运作进行全面评价。应考虑项目过程中的所有有关记录，考虑业主或顾客及其他利益相关者的反馈意见，编写相应的评价报告，重点突出能被其他项目利用的经验。

3．全面质量管理体系在园林工程应用中的案例

某园林绿化公司进行某小区绿化工程，施工时间是 5～7 月，该工程包括 500 株大乔木，1000 株小灌木，1000m² 草坪铺设。

（1）根据设计图纸和施工合同，进行现场调查和分析，该园林绿化工程衡量指标是大乔木的成活率。

（2）影响园林植物成活的各种因素有：苗木质量、种植时间、土壤条件、施工工艺和养护水平等。

（3）针对本项目，影响植物成活的主要因素是：种植的时间和土壤条件。

（4）针对主要原因，制定对策及措施。

① 种植时间。反季节种植，严格按照反季节种植的技术规范要求。对于价格高难成活的植物，适当提前栽植时间。

② 土壤条件。该土壤偏碱性，贫瘠，在平整场地时进行土壤改良；地下水位比较高，适当设置沟，并浅栽，坑底增加铺设一层透水性好的砂石。

（5）在施工过程中，应贯彻、执行确定的措施，把措施落到实处。

（6）等到苗木施工验收中，检查工作效果，并分析结果。总结成绩，找出差距。

（7）对于该绿化工程中对于地下水位比较高采取的措施取得良好的效果，可以将该经验形成技术规范及贯彻执行于以后的施工中。

（8）将遗留问题转入下一循环。如为保证大乔木的成活进行了大量修剪，有些苗木修剪后生长势变更弱，那在下次园林绿化工程中进行下一次 PDCA 循环，找出原因并转入下一个循环去研究解决。

7.6.2 影响园林工程施工质量的因素

1．人的质量意识和质量能力

人的质量意识和质量能力是影响工作质量的一个重要因素。人是生产经营活动的主体，也是工程项目建设的决策者、管理者、操作者，工程建设全过程都是通过人来完成的。因此，人的文化水平、技术水平、决策能力、管理能力、组织能力、作业能力、控制能力、身体素质及职业道德等对施工质量来说，施工能否满足合同、规范、技术标准的需要等影响是非常大的。园林绿化行业实现经营资质管理和各类专业从业人员持证上岗制度，是保证人员素质的重要管理措施。

2．工程材料

工程材料是指构成工程实体的各类建筑材料、构配件、半成品以及园林绿化植物等，它是工程建设的物质条件，是工程质量的基础。工程材料选用示范合理、产品是否合格、材质是否经过检验、植物是否检疫、保管使用是否得当等，都将间接影响工程的使用功能和观感，影响绿化安全。

3．机械设备

机械设备是实现工程项目施工的物质基础和手段，特别是现代化施工必不可少的设备。施工设备的选择是否合理、适用与先进，都将直接影响工程项目的施工质量和进度。

4. 施工工艺

在工程施工中，施工方案是否合理，施工工艺是否先进，施工操作是否正确，都将对工程质量产生重大的影响。大力推进采用新技术、新工艺、新方法，不断提高工艺技术水平，是保证工程质量稳定提高的重要因素。

5. 施工环境

影响工程项目施工环境的因素包括：工程技术环境、工程管理环境、劳动环境。工程技术环境影响因素有工程地质、地形地貌、水文地质、工程水文和气候等。工程管理环境影响因素有质量管理体系、质量管理制度、工作制度、质量保证活动、协调管理及能力等。劳动环境影响因素有施工现场的气候、通风、照明和安全卫生防护设施等。这些因素不同程度地影响工程项目施工质量的控制和管理。加强环境管理，改进作业条件，把握好技术环境，辅以必要的措施，是控制环境对质量影响的重要保证。

6. 项目各方的组织与协调

现代园林绿化工程都是大规模的城市改造工程，都涉及城市的各个方面，因而由单一的工程施工队伍是无法完成的，常常都是由多个分包项目完成，最终达到项目的整体感觉。这也就是说，要提高园林绿化工程项目质量就必须要对每一部分的分包项目进行全面控制，最终达到降低成本、提高园林工程质量的目的。

7.6.3 园林工程项目施工阶段的质量管理工作

工程项目施工阶段是根据项目设计文件和施工图纸的要求，进入工程实体的形成阶段，所制定的施工质量计划及相应的质量管理措施，都是在这一阶段形成实体的质量或实现质量管理的结果。因此，施工阶段的质量管理是项目质量管理的最后形成阶段，因而对保证工程项目的最终质量具有重大意义。

（1）施工阶段质量管理的依据包括工程承包合同、设计文件、法律规定、有关质量检验与控制的专门技术规范。

（2）在施工阶段，施工单位是工程质量形成的主体，要对工程质量负全面的责任，要建立质量管理的职能机构，领导、监督各级施工组织加强质量管理。

（3）施工单位要建立健全质量管理体系，制订质量管理体系文件。主要包括质量手册、程序文件、作业手册和操作规程。质量管理体系是施工单位质量管理的依据。

（4）施工单位要根据工程的特点，结合施工组织设计的编制，制订项目质量计划，将工程质量目标层层分解、层层下达，层层落实，落实到每个作业班组，落实到岗位和个人，使每个人都了解完成本职工作的质量要求，和具体质量标准，明确自己的努力方向。

（5）确定过程质量控制点、质量检验标准和方法。质量控制点一般是指对项目的性能、安全、寿命、可靠性有影响的关键部位或关键工序，一般将国家颁布的建筑工程质量检验评定标准中规定应检验的项目，作为质量控制点。

（6）按质量计划实施过程控制，前后工序间要有交接确认制度。关键质量控制点实行施工质量认可签字制度，只有上一道工序得到质量认可签字之后，才能进行下一道工序的施工。

（7）加强进场材料、构配件和设备的检验。凡是进入现场的材料、构配件和设备，生产厂家都要提供质量合格文件，如产品合格证、技术说明书、质量检验证明等。施工单位质检部门要对现场的材料、构配件和设备进行逐项检查。

（8）建立质量记录资料制度，它详细地记录了工程质量控制活动的全过程。它不仅对工程质量控制有重要作用，而且对竣工、投产运行、完工后的维修管理也很有作用。质量记录资料包括：施工现场质量管理检查记录资料，有关材料设备等的质量证明资料，施工过程作用活动质量记录资料等。质量记录资料应当真实、齐全、完整，相关人员签字要齐全，字迹要清楚。

（9）建立人员考核准入制度，有些岗位和工种需要较高的技术，需要有较深的专业知识，要严格实行培训、考核、持证上岗制度。

7.6.4 园林工程施工项目质量的检验与评定

1. 工程质量检查和监督

工程施工是一个渐进的过程，质量控制必须在整个过程中起作用，这里有两个层次。

（1）实施单位（如承包商、供应商、工程小组）内部有质量管理工作，如领导、协调、计划、组织控制，通过生产过程的内部监督和调整及质量特征的检查达到质量保证的效果，这里有许多技术监督工作和质量信息的收集、判断工作。

（2）项目管理者对质量的控制权，主要包括：行使质量检查的权力；行使对质量文件的批准、确认、变更的权力；对不符合质量标准的工程（包括材料、设备、工程）的处置的权力；在工程中做到隐蔽工程不经签字不得覆盖；工序间不经验收下道工序不能施工；不经质量检查，已完的分项工程不能验收、不能量方，很显然也不能结算工程价款。这一切必须在合同中明确规定，并在实际工作中得到不折不扣地执行。

2. 工程质量检验与评定方法

工程质量的判断方法很多，目前应用于园林工程施工的质检方法主要有统计调查表法、分层法、直方图法、因果图法、排列图法5种。这几种方法均需取样（通常50～100个样本），依据质量特性，绘制成必要的质量评价图以对施工对象做出质量判断。

（1）统计调查表法。是利用专门的设计统计表对质量数据进行收集、整理和粗略分析质量状态的一种方法。利用统计调查表法收集数据，简便灵活，便于整理，实用有效。统计调查表法没有固定的各式，可根据需要和具体情况，设计出不同统计调查表。常用的调查表有：分项工程作业质量分布调查表、不合格项目调查表、不合格原因调查表、施工质量检查评定调查表等。

（2）分层法。是将调查收集的原始数据，根据不同的目的和要求，按某一性质进行分组、整理的分析方法。由于产品质量是多方面因素共同作用的结果，因而对同一批数据，可以按不同性质分层，使我们能从不同角度来考虑、分析产品存在的质量问题和影响因素。常用的分层标志有按操作班组或操作者分层、按使用机械设备型号分层、按操作方法分层、按原材料供应情况不同分层、按施工时间分层、按检查手段、工程环境等分层。其他方法一般都要与分层法配合使用，如排列图法、直方图法等，常常是首先利用分层法将原始数据分门别类，然后再进行统计分析的。

（3）因果图。是通过质量特性和影响原因的相互关系判断质量好坏的方法，也称鱼刺图。可应用于各种工程项目质量检验，绘制因果图的关键是明确施工对象及施工中出现的主要问题。根据问题罗列出可能影响的原因，并通过评分或投票形式确定主导因子如图 7.5 所示。

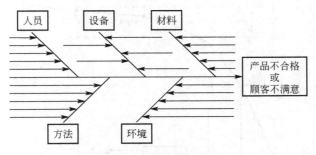

图 7.5　鱼刺图基本结构

（4）直方图法。是一种通过柱状分布区间判断质量优劣的方法，主要用于材料、基础工程等试验性质量的检验。它以质量特性为横坐标，试验数据组成的度幅为纵坐标，构成直方图，可与标准分布直方图比较，以确定质量是否正常。标准分布直方图如图 7.6 所示，它是质量管理的重要曲线。一般作完直方图后和标准直方图比较，凡质量优良者的直方图形是中间高，两侧低，左右接近对称的图形，出现非正常直方图时，表明生产过程或收集数据作图有问题。这就要求进一步分析判断，找出原因，从而采取措施加以纠正。一般非正常型直方图，其图形分布有各种不同缺陷，归纳起来有 5 种类型，折齿型直方图、左（或右）缓坡型直方图、孤岛型直方图、双峰型直方图、绝壁型直方图如图 7.7 所示。

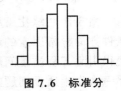

图 7.6　标准分布直方图

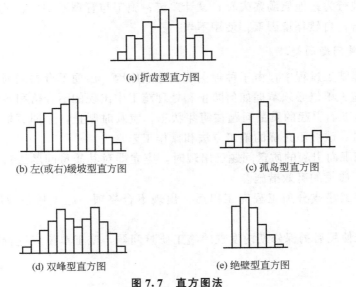

(a) 折齿型直方图

(b) 左（或右）缓坡型直方图　　　(c) 孤岛型直方图

(d) 双峰型直方图　　　(e) 绝壁型直方图

图 7.7　直方图法

（5）排列图法。是一种常见的分析确定影响质量主要因素的判断图，尤其适用材料检验评定。排列图以判断质量缺陷项目为横坐标，其频数和累计频率百分比为左右纵坐标，如图 7.8 所示，利用排列图判断质量，其主要因素不得超过 3 个，最好 1 个，且所列项目不宜过多。实际操作时，按累计百分比作出评定：0%～80%为 A 类（主要因素）；80%～90%为 B 类（次要因素）；90%～100%为 C 类（一般因素）。此时，应对主要因素采取措施，保证质量。

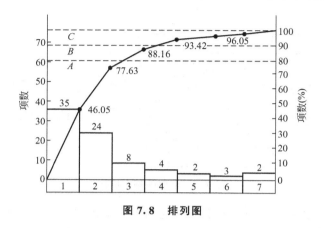

图 7.8　排列图

7.6.5　园林工程施工项目常见质量问题及处理

1. 常见问题的成因

由于园路绿化工程工期较长，所用材料品种繁杂，在施工过程中，受社会环境和自然条件方面异常因素的影响，使产生的工程质量问题表现形式千差万别，类型多种多样。这使得引起工程质量问题的成因也错综复杂，往往一项质量问题是由于多种原因引起的。虽然每次发生质量问题的成因有不少各不相同，但是通过对大量质量问题调查与分析发现，其发生的原因有不少相同或相似之处，归纳其最基本的因素主要有以下几方面：违背建设程序；违反法规行为；地质勘察失真；设计差错；施工与管理不到位；使用不合格的原材料、制品及设备；自然环境因素；使用不当。

2. 工程质量问题的处理

在任何工程施工过程中，由于种种主观和客观原因，出现不合格或质量问题往往难以避免。为此，施工单位必须掌握如何防止和处理施工中出现的不合格和各种质量问题。

（1）当因施工而引起的质量问题在萌芽状态，应及时制止，立即更换不合格材料、设备或不称职人员，改变不正确的施工方法和操作工艺。

（2）当因施工而引起的质量问题已出现时，应立即对其质量问题进行补救处理，并采取足以保证施工质量的有效措施。

（3）当某道工序或分项工程完工以后，出现不合格项，施工单位及时采取措施予以改正。

（4）在交工使用后的保修期内发现的施工质量问题，施工单位应进行修补、加固或返工处理。

　知识链接

工程质量事故处理方案是指技术处理方案，其目的是消除质量隐患，以达到安全可靠和正常使用各项功能及寿命要求，并保证施工的正常进行。其一般处理原则是：正确确定事故性质，是表面性还是实

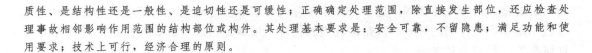

质性、是结构性还是一般性、是迫切性还是可缓性；正确确定处理范围，除直接发生部位，还应检查处理事故相邻影响作用范围的结构部位或构件。其处理基本要求是：安全可靠，不留隐患；满足功能和使用要求；技术上可行，经济合理的原则。

7.7　园林工程项目施工安全和环境管理

引言

在目前的工程建设项目管理中，对安全的强调已经逐渐被健康、安全和环保这种综合管理所代替。健康、安全与环境管理体系（Health，Safety and Environment management system）简称 HSE。HSE 体系突出预防为主、领导承诺、全员参与、持续改进，强调自我约束、自我完善、自我激励。此后，这种管理思想逐渐被许多国际知名集团采纳，并发展成为通行的集健康、安全与环保为一体的管理模式。目前，它已与 ISO 9000 质量管理体系和 ISO 14001 环境管理体系成为国际市场准入的重要条件之一。

7.7.1　职业健康安全与环境管理体系的建立和实施

1．职业健康安全与环境管理的目的

广义的工程安全包含两个方面的含义：一方面是指工程建筑物本身的安全，即质量是否达到了合同要求、能否在设计规定的年限内安全使用，设计质量和施工质量直接影响到工程本身的安全，两者缺一不可；另一方面则是指在工程施工过程中人员的安全，特别是合同有关各方在现场工作人员的生命安全。

园林工程项目的职业健康安全管理的目的是保护产品生产者和使用者的健康与安全。控制影响工程场所内员工、临时工作人员、合同方人员、访问者和其他有关部门人员健康和安全的条件和因素。考虑和避免使用不当对使用者造成的健康和安全危害。

园林工程项目环境管理的目的是保护生态环境，使社会的经济发展与人类的生存环境相协调。控制作业现场的各种粉尘、废水、废气、固体废弃物以及噪声、振动对环境的污染和危害，考虑能源节约和避免资源的浪费。

2．职业健康安全与环境管理体系的建立和实施

职业健康安全管理体系是用系统论的理论和方法来解决依靠人的可靠性和安全技术可靠性所不能解决的生产事故和劳动疾病的问题，即从组织管理上来解决职业健康安全问题。为此，英国标准化协会（BSI）、爱尔兰国家标准局、南非标准局、挪威船级社（DNV）等 13 个组织联合在 1999 年和 2000 年分别发表了 OHSAS 18001：1999《职业健康安全管理体系——规范》和 OHSAS 18002：1999《职业健康安全管理体系——指南》。我国于 2001 年发布了 CB/T 28001——2001《职业健康安全管理体系——规范》，该体系标准覆盖了 OHSAS 18001：1999《职业健康安全管理体系——规范》的所以技术内容，并考虑了国际上有关职业健康安全管理体系的现有文件的技术内容。

为适应现代职业健康安全和环境管理的需要，达到预防和减少生产事故和劳动疾病、保护环境的目的，GB/T 28001—2001《职业健康安全管理体系——规范》的运行模式采用了一个动态循环并螺旋上升的系统化管理模式，该模式的规定为职业健康安全与环境管理体系提供了一套系统化的方法，指导其组织合理有效地推行其职业健康安全与环境管理工作。该模式分为 5 个过程，即制订职业健康安全（环境）方针、策划、实施与运行、检查

和纠正措施以及管理评审等，这5个基本部分包含了职业健康安全与环境管理体系的建立过程和建立后有计划地评审，及持续改进的循环，以保证组织内部职业健康安全与环境管理体系的不断完善和提高。

职业健康安全与环境管理体系的运行模式如图7.9所示

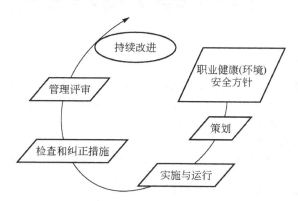

图7.9 职业健康安全与环境管理体系运行模式图

7.7.2 园林工程项目施工安全管理的原则

1. 管生产必须管安全的原则

安全寓于生产之中，并对生产发挥促进与保证作用。因此，安全与生产表现出高度的一致和完全的统一。管生产同时管安全，不仅是对各级领导人员明确安全管理责任，同时，也向一切与生产有关的机构、人员，明确了业务范围内的安全管理责任。由此可见，一切与生产有关的机构、人员，都必须参与安全管理，并在安全管理中承担责任。

2. 安全第一、预防为主的原则

安全生产的方针是"安全第一、预防为主"。进行安全管理不是处理事故，而是在生产活动中，针对生产的特点，对生产因素采取管理措施，有效的控制不安全因素的发展与扩大，把可能发生的事故，消灭在萌芽状态，以保证生产活动中，人的安全与健康。

3. 全过程、全员的安全管理原则

安全管理不是少数人和安全机构的事，而是一切与生产有关的人共同的事。生产组织者在安全管理中作用固然重要，全员性参与管理也十分重要。因此，生产活动中必须坚持全员、全过程、全方位和全天候的动态安全管理。

7.7.3 园林工程项目施工安全管理的内容

1. 建立安全生产责任制制度

建立健全各级安全生产责任制，明确规定各级领导人员、各专业人员在安全生产方面的职责，并认真严格执行，对发生的事故必须追求各级领导人员和各专业人员应负的责任。可根据具体情况，建立劳动保护机构，并配备相应的专业人员。

2. 制定贯彻安全技术管理措施

编制园林施工组织设计时，必须结合工程实际，编制切实可行的安全技术措施。要求

全体人员必须认真贯彻执行。执行过程中发现问题，应及时采取妥善的安全防护措施。安全技术措施计划主要包括：保证园林施工安全生产、改善劳动条件、防止伤亡事故、预防职业病等各项技术组织措施。

3. 坚持安全生产教育制度

安全生产是落实"预防为主"的重要环节。通过安全教育，增长安全意识，使职工安全生产思想不松懈，并将安全生产贯彻于工作中，才能收到时间效果，其主要内容包括：安全思想教育、安全知识教育、安全技术教育和安全法制教育。

安全教育的方式有以下几种。

1）岗位教育

对新工人、调换工作岗位的工人和生产实习人，在上岗之前，必须进行岗位教育，包括：生产岗位的性质和责任，安全技术规程和规章制度，安全防护措施的性能和应用，个人防护用品的使用和保管。通过学习，经考核合格后，方能上岗独立操作。

2）特殊工作人员的教育和训练

对电工、山石假山作业、机械操作、爆破等特别作业和机动车辆驾驶作业的培训及应知应会考核，未经教育、没有合格证和岗位证，不能上岗工作。

3）经常性教育

通过开展安全月、安全日、班组的班前安全会、安全教育报告会、录像、展览等多种形式，将劳动保护、安全生产规程及上级有关文件进行宣传，使职工重视安全、预防各种事故的发生。

4. 坚持安全生产检查制度

为了确保园林工程施工安全生产，施工企业必须要有监督监察，及时发现事故隐患，堵塞事故漏洞，预防伤亡施工发生。安全生产检查形式有：经常性安全检查、季节性安全检查、专业性安全检查、定期性安全检查、安全管理检查。

5. 伤亡事故的调查及处理制度

园林工程施工中的人身伤亡和各种安全事故发生后，应立即进行调查，了解事故产生的原因、过程和后果，提出鉴定意见，及时处理。并要在总结经验教训的基础上，有针对性地制订防止事故再次发生的可靠措施。

6. 建立安全原始记录制度

安全原始记录是进行统计、总结经验、研究安全措施的依据，也是对安全工作的监督和检查，所以要认真做好安全原始记录，主要包括：安全教育记录、安全会议记录、安全组织状况、安全措施登记记录、安全检查记录、安全事故调查、分析、处理记录、安全奖罚记录。

7. 工程保险和建筑意外伤害保险

工伤保险是社会保险制度中的重要组成部分。是指国家和社会为在生产、工作中遭受事故伤害和患职业性疾病的劳动及亲属提供医疗救治、生活保障、经济补偿、医疗和职业康复等物质帮助的一种社会保障制度。工伤保险具有强制性、社会性、互济性、保障性和福利性的特点。预防、补偿与康复是工伤保险的基本任务。

建筑意外伤害保险根据《建筑法》第四十八条规定，建筑职工意外伤害保险是法定的强制性保险，也是保护建筑业从业人员合法权益，转移企业事故风险，增强企业预防和控制事故能力，促进企业安全生产的重要手段。

8. 加强生态安全防范意识

生态安全是指生态系统的健康和完整情况。是人类在生产、生活和健康等方面，不受生态破坏与环境污染等影响的保障程度，包括饮用水与食物安全、空气质量与绿色环境等基本要素。健康的生态系统是稳定的和可持续的，在时间上能够维持它的组织结构和自治，以及保持对胁迫的恢复力。反之，不健康的生态系统，是功能不完全或不正常的生态系统，其安全状况则处于受威胁之中。

园林在城市生态系统中充当不可缺少的部分，其生态功能的发挥直接影响城市居民的生态环境，生态安全保护的也是其重要职责，园林工程主要从以下几个方面进行考虑。

1）合理使用农药

农药是防止园林植物病虫害的产品，近些年随着园林植物的大面积种植，植物的病虫害发生越来越厉害，农药的使用更加普遍，量也逐渐增大，这些会导致水体的富营养化，生态的破坏。在园林使用农药上必须科学合理使用，坚持生物防治和农药防治相结合。

 特别提示

水体富营养化（eutrophication）是指在人类活动的影响下，氮、磷等营养物质大量进入湖泊、河口、海湾等缓流水体，引起藻类及其他浮游生物迅速繁殖，水体溶解氧量下降，水质恶化，鱼类及其他生物大量死亡的现象。这种现象在河流湖泊中出现称为水华，在海洋中出现称为赤潮。

2）防止生态入侵

生态入侵是人类有意或无意地把某种生物带进新的地区，倘若当地适于其生存和繁衍，它的种群数量便开始增加，分布区也会逐渐扩大，这就是生态入侵。此过程有时会产生严重后果。近些年园林工程的建设对生态入侵生物起着隐性推动作用，具体表现：一方面在国内大量的生态入侵植物是通过观赏植物的引种导致的，如加拿大一枝黄花，三叶草；另一方面园林工程苗木在不同地区之间运输，加强的检疫性病害的传播，多数检疫性病害是生态入侵生物。因此，在园林建设工程中对引进新种应持慎重态度，要考虑生态入侵的后果，同时加强检疫，防治生态入侵植物的传播。

3）加强古树名木的保护，减少大树的移植

古树名木，据我国有关部门规定，一般树龄在百年以上的大树即为古树；而那些树种稀有、名贵或具有历史价值、纪念意义的树木则可称为名木。这些树种都是具有珍贵的历史价值，通常是一段历史的见证与一种文化的记录。不仅如此，对生态保护和生态学研究具有重要意义，国家也出台了相关法律，因此在园林建设中不要图景观效果，盲目移栽大树。

7.7.4 园林工程项目施工环境保护

1. 施工环境保护的概念

环境保护是按照法律法规，各级主管部门和企业的要求，保护和改善作业现场的环境，控制现场的各种粉尘、废气、废水、固定废弃物以及噪声、振动对环境的污染和危害，环境保护也是文明施工的重要内容之一。

2. 园林工程施工环境保护的基本规定

（1）把环保指标以责任书的形式层层分解到有关单位和个人，列入承包合同和岗位责任制，建立一套行之有效的环保自我监控体系。

（2）要加强检查，加强对施工现场粉尘、噪声、废气的监测和监控工程。及时采取措施消除粉尘、废气和污水的污染。

（3）在编制施工组织设计时，必须有环境保护的技术措施。在施工现场平面布置和组织施工过程中都要执行国家、地区、行业和企业有关防治空气污染、水源污染、噪声污染等环境保护的法律、法规和规章制度。

（4）园林工程施工由于技术、经济条件有限，对环境的污染不能控制在规定的范围内的，建设单位应当同施工单位事先报请当地人民政府建设行政主管部门和环境行政主管部门的批准。

3. 园林工程施工环境保护的防治措施

园林工程项目环境管理的目的是保护生态环境，使社会的经济发展与人类的生存环境相协调。控制作业现场的各种粉尘、废水、废气、固体废弃物以及噪声、振动对环境的污染和危害，考虑能源节约和避免资源的浪费。

1）防止噪声污染措施

措施包括严格控制人为噪声进入施工现场，不得高声喊叫，无故敲打模板，最大限度地减少噪声扰民；采取措施从声源上降低噪音，如尽量选用低噪声设备和工艺代替高噪声设备与加工工艺，采用吸声、隔声、隔振和阻尼等声学处理方法，在传播途径上控制噪声。

2）防止水源污染措施

禁止将有毒、有害废弃物作为土方回填；施工现场搅拌站废水、现场水磨石的污水、电石的污水、应经沉淀池沉淀后再排入污水管道或河流。当然最好能采取措施回收利用；现场存放的油料，必须对库房地面进行防渗处理，防止油料跑、冒、滴，污染水体；化学药品、外加剂等应妥善保管，库内存放，防止污染环境。

3）防止大气污染措施

施工现场的垃圾要及时清理出现场。袋装水泥、白灰、粉煤灰等易飞扬的细颗粒散体材料应在库内存放；室外临时露天存放时必须下垫上盖，防止扬尘。除设有符合规定的装置外，禁止在施工现场焚烧油毡、橡胶、皮革、树叶等，以及其他会产生有毒、有害烟尘。

 知识链接

HSE思想理念和管理体系贯穿于FIDIC 1999年新版合同条件中。例如在第6.7条款中规定了承包商对健康和安全的全面职责，如对可能事故的计划的重要性不可忽视，采取合理的预防措施，指派权威性的事故预防员，承包商应按工程师的合理要求，保持好现场记录，写出有关人员、安全和福利，以及财产损害等情况的报告。第6.11款则要"承包商始终采取合理的预防措施，防止发生任何非法的、骚动的，或无序的行为，以保持安定，保护现场及邻近人员和财产的安全"。第 4.8 和第 4.22 条款对安全程序作出了 5 条非常具体的规定，在第 4.18 环境保护条款中，要求承包商采取一切适当措施保护现场内外环境，并规定数值限制排放，如污染、噪声，和其他对公众和财产造成的损害和妨害等。第 4.23 条款关于承包商的作业及清除并妥善处置施工设备、剩余材料、残物、垃圾、临时工程等作出规定等。总之，1999 年新版 FIDIC 把 HSE 规范成合同条款中的重要组成部分。

本 章 小 结

  本章详细地阐述了园林工程施工项目管理的基础知识、合同管理、施工项目现场管理、成本控制、进度管理、质量管理、施工安全和环境管理。

  具体内容包括：项目经理责任制，项目经理的职责、权限和利益；现场管理的工作内容；园林工程项目施工合同的基本知识；园林工程施工项目成本控制的概念，成本控制内容和方法；园林工程施工项目进度管理过程，园林工程施工项目进度计划的检查与调整；全面质量管理的基本知识，园林工程项目施工阶段的质量工作，质量检验和评定的方法；园林工程职业健康安全与环境管理体系的建立和实施，园林工程施工项目安全管理的原则，现场文明施工及现场环境保护的措施。

  本章的教学目标是使学生熟悉园林工程施工项目管理的内容和方法，使学生初步具备园林工程施工项目管理的能力。

习　　题

一、名词解释

施工项目管理　　项目经理　　施工成本控制　　生态安全　　工程保险

二、填空题

1. 园林工程施工项目管理的主要内容有_____、_____、_____和_____。
2. 建设工程施工合同示范文本的组成由_____、_____、_____和_____。
3. 全面质量管理体系的四个阶段_____、_____、_____和_____。
4. 实际进度与计划进度通常用方法有_____、_____、_____和_____。
5. 影响园林工程施工质量的因素_____、_____、_____、_____和_____。
6. 园林工程项目施工安全管理的原则_____、_____、_____和_____。

三、简答题

1. 园林项目施工管理的特征是什么？
2. 项目经理的职责、权限和利益有哪些？
3. 园林工程项目施工现场管理包括哪些内容？
4. 园林工程施工项目进度管理的过程及内容有哪些？
5. 影响园林工程项目施工进度的因素有哪些？
6. 园林工程施工成本控制的原则是什么？
7. 园林工程施工成本控制的方法是什么？

8. PDCA 循环工程法的基本内容是什么？

9. 园林工程施工项目质量的检验与评定的方法有哪些？

10. 园林工程施工安全管理的具体内容是什么？

11. 园林工程项目施工环境保护的具体防治措施？

四、案例题

1. 某园林工程企业承接了某大型旅游景点的建设工程，工程建设采取项目经理责任制。企业领导为该项目任命了具有丰富施工管理经验的项目经理，同时还任命了项目经理部有关技术人员。项目经理辞退该技术人员，问项目经理是否有人事任免权？

2. 某建设单位（甲方）通过招标方式与某园林工程施工企业签订了某小区园林景观工程施工合同。在其后施工中，业主提出更换合同中约定的某普通树种，改由名贵树种代替，由此产生的合同价款如何调整？

3. 园林工程中的绿化部分常常是在建筑、广场、道路等硬质景观完成后进行，为此某些施工企业为赶施工进度、节约成本对种植区场地不进行栽植土壤化验，直接在建筑垃圾土上铺草皮造绿，造成大量的树木、草皮过早死亡。问在施工阶段如何进行质量管理工作？

4. 在某园林施工单位进行苗木的种植，由于赶工期，在夏季进行胸径 10cm 广玉兰种植，按照正常苗木种植技术进行种植，结果在施工验收中成活率只到 65%，请用因果图分析原因。

5. 某园林工程施工现场夜间进行土方运输作业，由于夜间灯光有限，第二天开工时发现工地外的城市道路及施工场地内的各条园路上都撒了厚厚一层泥土，将这些泥土全部清除是一项不小的工程，同时收到城市环卫部门的罚单。问施工现场环境保护要采取哪些措施？

6. 在某园林公司进行园林绿化工程中，种植了 50 株胸径 12cm 的樟树，种植一周后发现樟树上出现大面积的白蚁，并危及其他苗木，请问这可能是什么原因造成的呢？

第8章

园林工程施工验收与后期养护管理

教学目标

本章主要讲述了园林工程竣工验收的意义、依据和标准、验收的准备工作、预验收、正式验收、工程项目的移交以及园林工程养护期的管理等内容。通过本章的学习，了解园林工程竣工验收的准备工作要求，掌握园林工程竣工预验收与正式验收，学会养护期管理的方法。

教学要求

能力目标	知识要点	权重
了解竣工验收的基础知识	竣工验收的概念、作用、依据、标准	10%
掌握质量验收	质量验收方法、标准	20%
了解竣工验收的准备工作	竣工验收的资料、场地等准备	15%
掌握竣工验收	预验收与正式验收	25%
熟悉园林园林工程保修	保修时间、内容等	10%
掌握园林绿化工程后期养护管理	乔灌木、草坪等养护管理	20%

章节导读

园林工程项目管理贯穿整个项目的实施过程，即从项目开始至项目完成，其施工验收与保修阶段是建设项目实施阶段重要组成部分。施工方的项目管理工作主要在施工阶段，在保修期施工合同尚未终止前，依然有可能出现涉及工程安全、费用、质量、合同等方面的问题，特别是园林绿化工程，园林植物材料具有生命力，后期养护管理对园林植物的成活率影响大。因此，施工方的项目管理也涉及保修期。

 知识点滴

建设工程竣工验收备案

1. 法律依据

(1)《建设工程质量管理条例》第四十九条：建设单位应当自建设工程竣工验收合格之日起15日内，将建设工程竣工验收报告和规划、公安消防、环保等部门出具的认可文件或者准许使用文件报建设行政主管部门或者其他有关部门备案。

建设行政主管部门或者其他有关部门发现建设单位在竣工验收过程中有违反国家有关建设工程质量管理规定行为的，责令停止使用，重新组织竣工验收。

(2)建设部第78号令《房屋建筑工程和市政基础设施工程竣工验收备案管理暂行办法》。

2. 办理竣工验收备案应具备的条件

(1)应取得工程施工许可证、规划许可证。

(2)通过施工图设计文件审查和备案。

(3)室内环境质量及水电检测合格并报告齐全。

(4)通过公安消防、环保等单项验收并取得相关部门出具的认可文件或者准许使用文件。

(5)通过了由建设单位组织并经质监站监督的竣工验收。

(6)技术资料通过质监站监督员审查合格，并将质监站存档资料交给监督员存档。

(7)技术资料通过当地城建档案部门初审合格并取得档案初验认可证。

(8)备案时还应提交的其他相关资料。

① 工程竣工验收备案表一式四份。

② 工程竣工验收报告，单位工程质量综合验收文件。

③ 施工单位签署的工程质量保修书。

④ 商品住宅的《住宅质量保证书》和《住宅使用说明书》。

⑤ 法律、规章规定必须提交的其他文件(含电信、防雷、竣工结算及劳保基金收讫文件)。

3. 办理竣工验收备案的程序

(1)通过室内环境质量及水电检测合格，技术资料交监督员审查合格、送档案馆初审合格并取得初验认可证，经消防、环保等单项验收合格并取得相关认可或准许使用的文件后方可申请竣工验收。

(2)工程竣工验收前应到备案机关领取备案表及备案文件目录，工程竣工验收合格后施工单位应将质监站存档资料交给监督员。

(3)建设单位应当自工程竣工验收合格之日起15日内，按备案文件目录中的要求将文件整理齐全后交备案机关审查。

(4)备案机关收到建设单位报送的竣工验收备案文件，验收文件齐全后，应当及时办结工程竣工收备案手续；不齐全的应一次性告知申请人需要补正的全部内容。

8.1 园林建设工程项目竣工验收

引言

建设工程的竣工验收是对已完成的工程，按照规定程序检查后，确认其是否符合设计及各项验收标准的要求，是否可交付使用的一个重要环节。

8.1.1 园林建设工程竣工验收的概念和作用

当园林建设工程按设计要求完成施工并可供开放使用时，承接施工单位就要向建设单位办理移交手续；这种接交工作就称为项目的竣工验收。因此竣工验收既是对项目进行接交的必须手续，又是通过竣工验收对建设项目的成果的工程质量（包含设计与施工质量）、经济效益（含工期与投资数额等）等进行全面考核和评估。

竣工验收一般是在整个建设项目全部完成后，一次集中验收，也可以分期分批组织验收，凡是一个完整的园林建设项目，或是一个单位工程建成后达到正常使用条件的就应及时地组织竣工验收。

8.1.2 工程竣工验收的依据和标准

1. 竣工验收的依据

（1）上级主管部门审批的计划任务书、设计纲要、设计文件等。

（2）招投标文件和工程合同。

（3）施工图纸和说明、设备技术说明书、图纸会审记录、设计变更签证和技术核定单。

（4）国家或行业颁布的现行施工技术验收规范及工程质量检验评定标准。

（5）有关施工记录及工程所用的材料、构件、设备质量合格文件及检验报告单。

（6）承接施工单位提供的有关质量保证等文件。

（7）国家颁发的有关竣工验收的文件。

（8）引进技术或进口成套设备的项目还应按照签订的合同和国外提供的设计文件等资料进行验收。

2. 竣工验收的标准

1）土建工程的验收标准是：园林工程、游憩、服务设施及娱乐设施应按照设计图纸、技术说明书、验收规范及建筑工程质量检验评定标准验收，并应符合合同所规定的工程内容及合格的工程质量标准。

2）安装工程的验收标准是：按照设计要求的施工项目内容、技术质量要求及验收规范和质量验收评标准的规定，完成规定的工序各道工序，且质量符合合格要求。

3）绿化工程的验收标准是：施工项目内容、技术质量要求及验收规范和质量应达到设计要求、验评标准的规定及各工序质量的合格要求，如树木的成活率、草坪铺设的质量、花坛的品种、纹样等。

8.1.3 工程质量验收方法与评定等级

1. 园林建设评定等级标准

按照我国现行标准，分项、分部、单位工程质量的评定等级分为"合格"与"优良"两级。国内园林建设工程质量等级由当地工程质量监督站或上级业务主管部门核定。

在施工质量验收一般分为主控项目和一般项目，主控项目是对安全、卫生、环境保护和公众利益起决定作用、对检验批质量起关键作用的项目，起决定性作用，主控项目必须全部达到要求，不允许有不符合要求的检查结果；一般项目是除主控项目以外的检验项目，例如运动型草坪工程检验质量验收记录表8-1。

表8-1 运动型草坪工程检验质量验收记录表

工程名称		园林绿化工程		
分项工程名称	运动型草坪	验收部位		
施工单位	园林公司	项目经理		
施工执行标准及编号	《城市绿化工程施工及验收规范》（CJJ/T 82—99）《城市园林绿化施工及验收规范》（DBJJ/T 212—2003）			
分包单位		分包项目经理		

		质量验收规范规定	施工单位自检记录	监理（建设）单位验收记录
主控项目	1	草坪地下排水系统符合设计要求	合格	合格
	2	坪床栽植土层符合草坪生长要求	合格	合格
	3	草坪必须符合设计要求	合格	合格
一般项目	1	坪床平整度、软硬度、排水坡度	合格	合格
	2	草坪草栽播、生长	合格	合格
	3 容许偏差	栽植土（或介质层）深度 40cm或设计要求 −4cm	40 40 40 39 40 40 40 40 39 40 40 40 40 40	
		草坪草修剪高度 4cm ±1cm	±0.5 ±0.7 ±0.6 ±0.4 ±0.7 ±0.5 ±0.7 ±0.6 ±0.4 ±0.5 ±0.7 ±0.8 ±0.5 ±0.3	

施工单位检查评定结果	施工员	××	施工班组长	××
	主控项目全部合格，一般项目满足规范要求。			
	项目专业质量检查员 ××			××年××月××日

监理（建设）单位验收结论	同意验收。
	专业监理工程师：××（建设单位项目专业负责人） ××年××月××日

2. 工程质量验收的方法

园林建设工程质量的验收是按工程合同规定的质量等级，遵循现行的质量评定标准，采用相应的手段对工程分阶段进行质量认可与评定。

1）隐蔽工程验收

隐蔽工程是指那些在施工过程中上工序的工作结束，被下一工序所掩盖，而无法进行复查的部位。例如，种植坑、直埋电缆等。因此，对这些工程在下一工序施工以前，施工单位组织自验，验收后提交验收报告给监理方进行审批。如果符合设计要求及施工规范规定，应及时签署隐蔽工程记录交承接施工单位归入技术资料；如不符合有关规定，应以书面形式告诉施工单位，令其处理，处理符合要求后再进行隐蔽工程验收与签证。

隐蔽工程验收通常是结合质量控制中技术复核、质量检查工作来进行，重要部位改变时可摄影以备查考。隐蔽工程验收项目及内容以绿化工程为例包括：苗木的土球规格、根系状况、种植穴规格、施基肥的数量、种植土的处理等。

2）检验批质量验收

检验批是工程验收的最小单位，是分项工程乃至整个建设项目质量验收的基础。检验批由监理工程师(建设单位项目技术负责人)组织施工单位项目专业质量(技术)负责人等进行验收，检验批质量验收应符合下列规定。

（1）其主控项目和一般项目的质量抽样检查合格。

（2）具有完整的施工操作依据、质量检查记录。

3）分项工程验收

分项工程验收是在检验批基础上进行的，对于重要的分项工程，监理工程师应按照合同的质量要求，根据该分项工程施工的实际情况，参照质量评定标准进行验收。在分项工程验收中，必须按有关验收规范选择检查点数，然后计算出基本项目和允许偏差项目的合格或优良的百分比，最后确定出该分项工程的质量等级，从而确定能否验收，分项工程质量验收记录参考格式见表 8-2。

表 8-2　绿化种植工程分项质量验收记录表

单位工程名称	××园林绿化工程	结构类型	
分部(分项)工程名称	绿化种植	检验批数	
施工单位	××园林公司	项目经理	××
分包单位		分项项目经理	

序号	检验批名称及部位、地段	施工单位自查结果	监理(建设)单位结论
1	栽植土基层处理	√	
2	栽植土进场	√	
3	栽植土整理	√	
4	植物材料工程	√	同意验收
5	园林植物运输和假植工程	√	
6	苗木种植穴、槽	√	
7	树木栽植工程	√	

（续）

序号	检验批名称及部位、地段	施工单位自查结果	监理（建设）单位结论
8	草坪、花坛地被栽植工程	√	
9	花卉中指工程	√	
10	大树移植工程	√	
11	移植苗木修剪工程	√	同意验收
12	苗木养护工程	√	
13	草坪养护工程	√	
14	假山、叠石工程	√	

说明：

检查结果	项目专业负责人：×× 合格 ××年××月××日	验收结论	监理工程师：×× （建设单位项目专业技术负责人）： ×× 同意验收 ××年××月××日

注：地基基础、主体结构工程的分项质量验收不填写分包单位和分包项目经理，当同一分项两栏存在多项检验批，应填写检验批名称。

分项工程质量验收合格应符合下列规定。

（1）分项工程所含的检验批应符合合格质量要求。

（2）分项工程所含的检验批应验收记录完整。

4）分部工程验收

根据分项工程质量验收结论，参照分部工程质量标准，可得出该工程的质量等级，以便决定能否验收。分部工程质量验收记录参考格式见表8－3。

表8－3 绿化种植工程分部质量验收记录表

单位工程名称			工程类型		
施工单位		技术部门负责人		质量部门负责人	
分包单位		分包单位负责人		分包技术负责人	
序号	分项工程名称	分项工程（检验批数）	施工单位检查评定	验收意见	
1	1 栽植土工程	3	√	同意验收	
	2 植物材料工程	2	√		
	3 园林植物运输和假植工程	5	√		
	4 种植工程	1	√		
	5 植物养护工程	4	√		
2	质量控制资料			合格	
3	安全和功能检验（检测）报告			合格	
4	观感质量验收		好	合格	

（续）

	分包单位	项目经理：××	××年××月××日
验收单位	施工单位	项目经理：××	××年××月××日
	勘察单位	项目负责人：××	××年××月××日
	设计单位	项目负责人：××	××年××月××日
	监理(建设)单位	总监理工程师：×× (建设单位项目负责人)：××	××年××月××日

注：地基基础、主体结构工程的分部质量验收不填写分包单位、分包单位负责人和分包技术负责人，
地基基础、主体结构工程的分部质量验收勘察单位应签字，其他分部工程勘察单位可不签字。

分部工程质量验收合格应符合下列规定。

（1）所含的分项工程应符合合格质量要求。

（2）质量控制资料完整。

（3）地基与基础，主体工程等分部工程有关安全、节能、环境保护的检验和抽样检验结构符合有关规定。

（4）观感质量验收合格。

 特别提示

分部工程施工验收不是分项工程的相加，所有的分项验收合格并且质量控制资料完整，只是分部工程质量验收的基本条件，还必须在此基础上对涉及安全和使用功能的基础、主体结构、安装工程进行鉴证取样或抽样检查，并且还必须观感质量进行验收。

5）单位工程竣工验收

通过对分项、分部工程质量等级的统计推断，再结合对质保资料的核查和单位工程质量观感评分，便可系统地对整个单位工程做出全面的综合评定，从而决定是否达到合同所要求的质量等级，决定能否验收。

8.1.4　施工单位竣工验收的准备工作

竣工验收前的准备工作，是竣工验收工作顺利进行的基础，承接施工单位、建设单位、设计单位和监理工程师均应尽早做好准备工作，其中以承接施工单位和监理工程师的准备工作尤为重要。

1．工程档案资料的汇总整理

工程档案是园林建设工程的永久性技术资料，是园林施工项目进行竣工验收的主要依据。因此，档案资料的准备必须符合有关规定及规范的要求，必须做到准确、齐全，能够满足园林建设工程进行维修、改造和扩建的需要。一般包括以下内容。

（1）上级主管部门对该工程的有关技术决定文件。

（2）竣工工程项目一览表，包括竣工工程的名称、位置、面积、特点等。

（3）地质勘察资料。

（4）工程竣工图，工程设计变更记录，施工变更洽商记录，设计图纸会审记录等。

（5）永久性水准点位置坐标记录，建筑物、构筑物沉降观测记录。

（6）新工艺、新材料、新技术、新设备的试验、验收和鉴定记录。

（7）工程质量事故发生情况和处理记录。

（8）建筑物、构筑物、设备使用注意事项文件。

（9）竣工验收申请报告、工程竣工验收报告、工程竣工验收证明书、工程养护与保修证书等。

2．竣工自验

在项目经理的组织领导下，由生产、技术、质量、预算、合同和有关的工长或施工员组成预验小组。施工单位在自验的基础上，对已查出的问题全部修补处理完毕后，项目经理应报请上级再进行复检，为正式验收做好充分准备。

园林建设工程中的竣工检查主要有以下方面的内容。

（1）对园林建设用地内进行全面检查，包括有无剩余的建筑材料，有无尚未竣工的工程。有无残留渣土等。

（2）对场区内外邻接道路进行全面检查，包括道路有无损伤或被污染，道路上有无剩余的建筑材料或渣土等。

（3）临时设施工程，包括和设计图纸对照，确认现场已无残存物件，和设计图纸对照，确认有已无残留草皮、树根，向电力局、电话局、给排水公司等有关单位，提交解除合同的申请。

（4）整地工程，包括挖方、填方及残土处理作业，种植地基土作业；对照设计图纸、工期照片、施工说明书，检查有无异常。

（5）管理设施工程，包括雨水检查井、雨水进水口、污水检查井等设施和设计图纸对照，有无异常，金属构件施工有无异常，管口施工有无异常，进水门底部施工有无异常及进水口是否有垃圾积存；电器设备和设计图纸对照，有无异常，线路供电电压是否符合当地供电标准，通电后运行设备是否正常，灯柱、电杆安装是否符合规程，有关部门认证的金属构件有无异常，各用电开关应能正常工作；供水设备 和设计图纸对照有无异常，通水试验有无异常，供水设备应正常工作；挡土墙作业 和设计图纸对照有无异常，试验材料有无损伤。砌法有无异常，接缝应符合规定，纵横接缝的外观质量有无异常。

（6）服务设施工程。

（7）园路铺装。

（8）运动设施工程。

（9）休闲设施工程（棚架，长凳等）。

（10）游戏设施工程。

（11）绿化工程（主要检查高、中树栽植作业、灌木栽植、移植工程、地被植物栽植等）对照设计图纸，是否按设计要求施工。检查植株数有无出入。

① 支柱是否牢靠，外观是否美观。

② 有无枯死的植株。

③ 栽植地周围的整地状况是否良好。

④ 草坪的种植是否符合规定。

⑤ 草坪和其他植物或设施的接合是否美观。

3. 绘制竣工图

竣工图是如实反映施工后园林建设工程情况的图纸。它是工程竣工验收的主要文件，园林施工项目在竣工前，应及时组织有关人员进行测定和绘制，以保证工程档案的完备和满足维修、管理养护、改造或扩建的需要。所以，竣工图必须做到准确、完整，并符合长期归档保存要求。

1）竣工图编制的依据

施工中未变更的原施工图，设计变更通知书，工程联系单，施工变更洽商记录，施工放样资料，隐蔽工程记录和工程质量检查记录等原始资料。

2）绘制竣工图要求

（1）施工过程中未发生设计变更，按图施工的施工项目，应由施工单位负责在原施工图纸上加盖"竣工图"标志，可作为竣工图使用。

（2）施工过程有一般性的设计变更，但没有较大结构性的或重要管线等方面的设计变更，而且可以在原施工图上进行修改和补充时，可不再绘制新图纸，由施工单位在原施工图纸上注明修改和补充后的实际情况，并附以设计变更通知书、设计变更记录和施工说明。然后加盖"竣工图"标志，也可作为竣工图使用。

（3）施工过程中凡有重大变更或全部修改的，如结构形式改变、标高改变、平面布置改变等，不宜在原施工图上修改或补充时，应重新绘制实测改变后的竣工图，施工单位负责在新图上加盖"竣工图"标志，并附上记录和说明作为竣工图。

特别提示

竣工图必须做到与竣工的工程实际情况完全吻合，不论是原施工图还是新绘制的竣工图，都必须是新图纸，必须保证绘制质量，完全符合技术档案的要求，坚持竣工图的核校、审查制度，重新绘制的竣工图，一定要经过施工单位主要技术负责人的审核签字。

8.1.5 园林工程的预验收

竣工预验收是在施工单位对工程自检合格并达到竣工验收条件后，在建设单位组织竣工验收前，填写《单位工程竣工预验收报验表》，见表 8-4，并附相应的竣工资料（包括分包单位的竣工资料）报送项目监理部，申请工程竣工预验收。

单位工程竣工资料应包括《分部（子分部）工程质量验收记录》、《单位（子单位）工程质量控制资料核查记录》、《单位（子单位）工程安全和功能检验资料核查及主要功能抽查记录》、《单位（子单位）工程观感质量检查记录》等。

表 8 - 4　单位工程竣工预验收报验表

工程名称	××园林绿化工程	编号	××××
地点	××××	日期	××××

致：××（监理单位）：

我方已经按合同要求完成了××园林绿化工程，经自检合格，请予以检查和验收。

附件：

单位工程竣工资料

承包单位名称：××园林园艺公司　　　　　　　　　　　　项目经理（签字）：××

审查意见：

经验收，该工程

1. ☑符合　□不符合　我国现行法律、法规要求；
2. ☑符合　□不符合　我国现行工程建设标准
3. ☑符合　□不符合　设计文件要求
4. ☑符合　□不符合　施工合同要求

综上所述，该工程预验收结论：☑合格　　　　□不合格

是否组织正式验收：　　　　　　☑可　　　　□不可

监理单位名称：××　　　　　　　　总监理工程师（签字）：××　　　　日期：××

　　总监理工程师组织项目监理部人员与承包单位根据现行有关法律、法规、工程建设标准、设计文件及施工合同，共同对工程进行检查验收。预验收工作大致可分以下两大部分。

　　1. 竣工验收资料的审查

　　（1）技术资料主要审查的内容：工程项目的开工报告；工程项目的竣工报告；图纸会审及设计交底记录；设计变更通知单；技术变更核定单；工程质量事故调查和处理资料；水准点位置、定位测量记录；材料、设备、构件的质量合格证书；试验、检验报告；隐蔽工程记录施工日志；竣工图；质量检验评定资料；工程竣工验收有关资料。

　　（2）技术资料审查方法，主要有审阅，校对，验证。

　　2. 工程竣工的预验收

　　工程竣工预验收由监理单位组织，主要进行以下几方面工作。

　　1）组织与准备

　　参加预验收的监理工程师和其他人员，应按专业或区段分组，并指定负责人。验收检查前，先组织预验收人员熟悉有关验收资料，制定检查方案，并将检查项目的各子目及重点检查部位以表或图的形式列示出来。同时准备好工具、记录、表格，以供检查中使用。

　　2）组织预验收

　　检查中，分成若干专业小组进行，划定各自工作范围，以提高效率并可避免相互干扰。园林建设工程的预验收，要全面检查各分项工程。检查方法有以下几种。

　　直观检查：直观检查是一种定性的、客观的检查方法，采用手摸眼看的方式，需要有丰富经验和掌握标准熟练的人员才能胜任此工作。

测量检查：对能实测实量的工程部位都应通过测量获得真实数据。

点数：对各种设施、器具、配件、栽植苗木都应一一点数、查清、记录，如有遗缺不足的或质量不符合要求的，都应通知承接施工单位补齐或更换。

上述检查之后，各专业组长应向总监理工程师报告检查验收结果。对存在的问题，应及时要求承包单位整改。整改完毕验收合格后由总监理工程师签署《单位工程竣工预验收报验表》，该表由承包单位填报，建设单位、监理单位、承包单位各存一份。并应在此基础上向建设单位提出竣工预验收质量评估报告及相关监理资料，然后参加由建设单位组织的竣工验收。在竣工验收过程中，质量评估报告作为工程竣工验收的主要依据材料之一。由此可见，竣工预验收是以监理为核心对工程进行控制和管理的最后一个环节。

8.1.6 竣工验收的程序

根据建设项目（工程）的规模大小和复杂程度，整个建设项目（工程）的验收可分为初步验收和竣工验收两个阶段进行。规模较大、较复杂的建设项目（工程），应先进行初验，然后进行全部建设项目（工程）的竣工验收。规模较小、较简单的项目（工程），可以一次进行全部项目（工程）的竣工验收。

1. 施工方提出竣工申请

1）施工单位按《施工合同》约定完成所承担的全部工程内容，并自检合格后，向现场监理机构（或建设单位）提交工程竣工申请报告和竣工验收总结，要求组织工程竣工验收。工程竣工申请报告参考格式见表 8-5。

表 8-5　××园林绿化工程竣工验收申请报告

工程名称：　　　　　　　　　　　　　　　　　　　NO：

建设单位		施工单位	
工程地点		工程总造价（万元）	
计划工期		实际开工日期	
实际竣工日期		提前或延期天数	
工程施工内容摘要			

该工程于　　年　月　日全部竣工，经自检各项施工质量达到绿化技术规定标准，预计　　年　月　日进行竣工验收，请派人验收。

建设单位意见： 　　　　　　　　年　月　日	园林绿化主管部门审批意见： 　　　　　　　　年　月　日

特别提示

工程竣工验收报告还应附有下列文件。

（一）施工许可证。

（二）施工图设计文件审查意见。

（三）本规定第五条（二）、（三）、（四）、（九）、（十）项规定的文件。

（四）验收组人员签署的工程竣工验收意见。

（五）市政基础设施工程应附有质量检测和功能性试验资料。

（六）施工单位签署的工程质量保修书。

（七）法规、规章规定的其他有关文件。

2）竣工验收总结案例

××绿化工程竣工验收总结

××市××绿化工程位于××，总面积 29.1 公顷，该项目是××市城建的重点工程，同时也是利用国债建设××工程项目的景观工程子项目，主要工程项目为土方工程、绿化种植工程。本标段有较多的土方工作量，绿化苗木大、中、小规格相互搭配，其中胸径达 1m 以上的阔叶大乔木 229 株，大规格棕榈科乔木 226 株，中等规格乔木 1491 株，地被植物 23 万株，铺草坪 7 万耐，加上××大酒店的新增绿地的种植任务，整个工程工期紧、任务重、交叉施工单位多，特别是雨季施工车辆进出极为困难，给施工带来了一定的难度。项目部在下级领导的指导下，克服困难，合理组织施工工序，精心安排，高质、高效地完成了重点工程的施工任务。

在本次施工中，由于绿化施工与各部门交叉施工场地多，情况复杂。针对这一问题，项目部积极做好协调工作，认真对各分项施工方案进行推敲，由于绿化施工带有明显的时间性、季节性特点，项目部发挥绿化整体施工优势，成立植物材料组、施工组、养护组等八个部门，明确各部门职责，严格按监理程序进行施工，整个绿化工程做到随到随种、及时养护，同时对于较复杂的苗木及地形处理，采取人工和机械相结合的施工措施，保证了施工的质量。整个施工工程中，共投入机械台班 2000 余次，劳动力 1 万人次，种植了乔灌木 2000 余株，地被 20 余万袋，达到了上级领导对整个工程绿化、美化、生态化的要求，得到了上级领导和广大市民的一致好评。在抓质量、赶进度的同时，项目部还做好了在市区中心的文明施工措施，严把文明关，对施工车辆进出工地的噪声、垃圾进行处理。施工人员持证上岗、工地纪律都做了严格的规定，并有专人落实检查，整个施工期间没有出现一起因文明施工不到位引发的投诉事件，以行动确保了施工质量和管理目标。

通过 7 个月的施工，绿化工程我方标段（含新增绿地）已全部施工完毕，乔灌木、地被种植搭配合理，长势良好。通过我方自检，已达到了优良竣工的要求，各项质检资料也同步完成。

2. 初步验收

监理机构收（或建设单位）到施工单位的竣工申请报告后，应就验收的准备情况和验收条件进行检查。对工程实体质量及档案资料存在的缺陷，及时提出整改意见，并与施工单位协商整改清单，确定整改要求和完成时间。

3．正式验收

1）制定施工验收方案

当初步验收结果符合竣工验收要求时，监理工程师将施工单位的竣工申请报告报送建设单位，建设单位收到工程竣工报告后，对符合竣工验收要求的工程，组织勘察、设计、施工、监理等单位和其他有关方面的专家组成验收组，制定验收方案。

特别提示

建设单位应当在工程竣工验收 7 个工作日前将验收的时间、地点及验收组名单书面通知负责监督该工程的工程质量监督机构。

2）准备工作

（1）向各验收委员会委员单位发出请柬，并书面通知设计、施工及质量监督等有关单位。

（2）拟定竣工验收的工作议程，报验收委员会主任审定。

（3）选定会议地点。

（4）准备好一套完整的竣工和验收的报告及有关技术资料。

3）正式竣工验收程序

建设单位组织竣工验收会议，一般由竣工验收委员会（或验收小组）的主任（组长）主持。

（1）验收委员会主任主持验收委员会会议。会议首先宣布验收委员名单，介绍验收工作议程及时间安排，简要介绍工程概况，说明此次竣工验收工作的目的、要求及做法。

（2）建设、勘察、设计、施工、监理单位分别汇报工程合同履约情况和在工程建设各个环节执行法律、法规和工程建设强制性标准的情况。

（3）审阅建设、勘察、设计、施工、监理单位的工程档案资料。

（4）实地查验工程质量。

（5）对工程勘察、设计、施工、设备安装质量和各管理环节等方面做出全面评价，形成经验收组人员签署的工程竣工验收意见。参与工程竣工验收的建设、勘察、设计、施工、监理等各方不能形成一致意见时，应当协商提出解决的方法，待意见一致后，重新组织工程竣工验收。

（6）验收委员会主任或副主任宣布验收委员会的验收意见，举行竣工验收证书和鉴定书的签字仪式。

（7）建设单位代表发言。

（8）验收委员会会议结束。

特别提示

负责监督该工程的工程质量监督机构应当对工程竣工验收的组织形式、验收程序、执行验收标准等情况进行现场监督，发现有违反建设工程质量管理规定行为的，责令改正，并将对工程竣工验收的监督情况作为工程质量监督报告的重要内容。

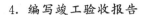

4. 编写竣工验收报告

竣工报告是工程交工前一份重要的技术文件，由施工单位会同建设单位、设计单位等一同编制。报告中重点述明项目建设的基本情况，工程验收方法（用附件形式）等，并要按照规定的格式编制。

8.1.7 工程移交

一个园林建设工程项目虽然通过了竣工验收，并且有的工程还获得验收委员会的高度评价，但实际中往往是或多或少地存在一些漏项以及工程质量方面的问题。当移交清点工作结束之后，监理工程师签发工程竣工移交证书。

工程移交证书见表8-6，签发的工程移交证书一式三份，建设单位、承接施工单位、监理单位各一份。工程交接结束后，承接施工单位即应按照合同规定的时间内抓紧对临建设施的拆除和施工人员及机械的撤离工作，并做好场地清理。

表8-6　竣工移交证书

工程名称	××	编号	××
地点	××	日期	××

致××（建设单位）：

兹证明承包单位××施工的园林工程，已经按照施工合同的要求完成，并验收合格，即日起该工程移交建设单位管理，并进入保修期。

附件：单位工程验收记录

总监理工程师签字	监理单位（章）
日期	日期
建设单位代表（签字）	建设单位（章）
日期	日期

1. 技术资料的移交

园林建设工程的主要技术资料是工程档案的重要部分。在整理工程技术档案时，通常是建设单位与监理工程师将保存的资料交给承接施工单位来完成，最后交给监理工程师校对审阅，确认符合要求后，再由承接施工单位档案部门按要求装订成册，统一验收保存。此外，在整理档案时一定要注意份数备足。

2. 其他移交工作

为确保工程在生产或使用中保持正常的运行，实行监理的园林建设工程的监理工程师还应督促做好以下各项的移交工作。

（1）使用保养提示书。

（2）各类使用说明书。

（3）交接附属工具零配件及备用材料。

（4）厂商及总、分包承接施工单位明细表。

8.2 园林工程后期养护管理

 引言

园林工程项目交付使用后，根据有关合同和协议，在一定期限内施工单位应到建设单位进行回访，对该项工程的相关内容实行养护管理和维修。特别是园林绿化工程，其后期管理是保证植物后期成活关键因素，俗话说三分栽，七分养，后期养护管理得当，植物成活率高，如果养护管理不当，就容易引起植物的死亡。

回访、养护及维修，体现了承包者对工程项目负责的态度和优质服务的作风，并在回访、养护及保修的同时，进一步发现施工中的薄弱环节，以便总结经验、提高施工技术和质量管理水平。

8.2.1 园林工程的回访

项目经理做好回访的组织与安排，由生产、技术、质量及有关方面人员组成回访小组，必要时，邀请科研人员参加，回访时，由建设单位组织座谈会或听取会，听取各方面的使用意见，认真记录存在问题，并查看现场，落实情况，写出回访记录或回访记要。通常采用下面3种方式进行回访。

1. 季节性回访

一般是雨季回访屋面、墙面的防水情况，自然地面、铺装地面的排水组织情况，植物的生长情况；冬季回访植物材料的防寒措施搭建效果，池壁驳岸工程有无冻裂现象等。

2. 技术性回访

主要了解园林施工中所采用的新材料、新技术、新工艺、新设备的技术性能和使用后的效果；新引进的植物材料的生长状况等。

3. 保修期满前的回访

主要是保修期将结束，提醒建设单位注意有关设施的维护、使用和管理，并对遗留问题进行处理。

8.2.2 园林工程的保修

1. 保修范围

一般来讲，凡是园林施工单位的责任或者由于施工质量不良而造成的问题，都应该实行保修。

2. 养护、保修时间

自竣工验收完毕次日算起，绿化工程一般为一年，由于竣工当时不一定能看出栽植的植物材料的成活，需要经过一个完整的生长期的考验，因而一年是最短的期限。土建工程和水、电、卫生和通风等工程，一般保修期为一年，采暖工程为一个采暖期。保修期长短也可依据承包合同为准。

特别提示

园林植物的养护责任期一般为1年，时间的长短以合同标准为准，一般以能判断园林植物成活为标准。

3．经济责任

经济责任必须根据修理项目的性质、内容和修理原因诸因素，由建设单位、施工单位和监理工程师共同协商处理。一般分为以下几种。

（1）养护、修理项目确实由于施工单位施工责任或施工质量不良遗留的隐患，应由施工单位承担全部检修费用。

（2）养护、修理项目是由建设单位和施工单位双方的责任造成的，双方应实事求是地共同商定各自承担的修理费用。

（3）养护、修理项目是由于建设单位的设备、材料、成品、半成品等的不良等原因造成的，应由建设单位承担全部修理费用。

（4）养护、修理项目是由于用户管理使用不当，造成建筑物、构筑物等功能不良或苗木损伤死亡时，应由建设单位承担全部修理费用。

8.2.3　园林工程的后期定期检查

养护、保修工作主要内容是对质量缺陷的处理，以保证新建园林项目能以最佳状态面向社会，发挥其社会、环保及经济效益。施工单位的责任是完成养护、保修的项目，保证养护、保修质量。各类质量缺陷的处理方案，一般由责任方提出、监理工程师审定执行。

1．定期检查

当园林建设项目投入使用后，开始时每旬或每月检查1次，如3个月后未发现异常情况，则可每3个月检查1次，如有异常情况出现时则缩短检查的间隔时间。当经受暴雨、台风、地震、严寒后，应及时赶赴现场进行观察和检查。

2．检查的方法

检查的方法有访问调查法、目测观察法、仪器测量法3种，每次检查不论使用什么方法都要详细记录。园林建设工程状况检查的重点应是主要建筑物、构筑物的结构质量，水池、假山等工程，是否有不安全因素出现。在检查中要对结构的一些重要部位、构件重点观察检查，对已进行加固的部位更要进行重点观察检查。

8.2.4　园林绿化工程的后期养护管理

园林绿化工程移交后，在保修期内对植物材料浇水、修剪（包括生长期疏剪、冬季大修剪、造型修剪等）、施肥（包括基肥、追肥）、病虫害防治、除草等。

1．乔灌木后期养护管理

1）保水

保持树身湿润，包扎部分树干，每天早晚两次喷雾，叶面要全部喷到，常绿树尤为重要。

覆盖根部，适期适度浇水，保持土壤湿润，在确认树木成活后，以上措施可逐渐停止。

2）浇水与排水

浇水的原则是见干见湿，即次数少但要浇透，这样有助于植物根系的发育。频繁而又不透彻的浇水会让根留在表层土壤内，从而使根越来越浅。植物根浅，活力就差，在干旱时生存能力也就降低了。

注意：排水，雨后不得积水，尤其是地势低洼处，或者不喜欢积水植物种植地。

3）修剪

在养护期一般不宜过多修剪，常绿树种以短截为主，内堂枝不宜修空，如果顶梢枯萎，要保证有候补枝条；落叶树种要抹芽，保留强壮枝芽；垂直绿化树种可通过摘心促使分枝，生长季节造型修剪；灌木基本不修剪，只修剪徒长枝。

4）定时检查，及时发现问题

发现有新梢叶片萎缩等现象，要及时查明根部有无空隙、水分是否不足或过多、有无病虫害等，并采取相应的措施。树木若有死亡，应及时用同一品种、同一规格的树木补种。

2. 草坪养护

1）适当浇水，保持土壤湿润，成活后见干见湿浇水即可。

2）及时排水，严禁积水。

3）及时清除杂草，并防治病虫害。

4）草坪若有死亡，应及时用同一品种的草坪植物补播或者补栽。

3. 花坛、花境养护

（1）根据天气情况，保证水分供应，宜清晨浇水，浇水时防止将泥浆溅到茎、叶上。

（2）做好排水工作，严禁雨季积水。

（3）花坛、花境的保护设施应经常保持清洁完好。

（4）花卉若有死亡，应及时用同一品种、同一规格的花卉补种。

（5）及时防治病虫害。

养护、保修责任为1年，在结束养护保修期时，将养护、保修期内发生的质量缺陷的所有技术资料归类整理，将所有期满的合同书及养护、保修书归整之后交还给建设单位，办理养护、维修费用的结算工作。建设单位召集设计单位、承接施工单位联席会议，宣布养护、保修期结束。

本 章 小 结

　　本章主要讲述了园林工程竣工验收的意义、依据和标准、验收的准备工作、验收程序、工程项目的移交以及园林工程养护期的管理等内容。

　　具体内容包括：园林工程竣工验收的定义、依据、标准；验收的资料、场地、竣工图准备；施工验收的预验收与正式验收；质量验收标准与方法；工程项目的移交；园林工程的保修；后期养护管理。

　　本章的教学目标是使学生了解园林工程竣工验收的准备工作要求，掌握园林工程竣工验收程序，并学会养护期管理的方法。

习　题

一、名词解释

竣工验收　　自验　　隐蔽工程　　工程移交

二、填空题

1. 施工验收检查方法有_____、_____和_____。

2. 按照我国现行标准，分项、分部、单位工程质量的评定等级分为_____和_____两级。

3. 园林绿化工程保修期为_____，土建工程和水、电、卫生和通风等工程，一般保修期为_____，采暖工程为_____。

三、单选题

1. (　　)是以园林施工质量验收的最小单位，是整个建设工程质量验收基础。

A. 工序过程　　　　　　B. 隐蔽工程　　　　　C. 检验批　　　　　　D. 分项工程

2. 隐蔽工程验收是由(　　)组织验收，验收后提交验收报告给监理方进行审批。

A. 建设单位　　　　　　B. 施工单位　　　　　C. 监理单位　　　　　D. 质量监督部门

3. 出现下面(　　)情况，必须重新绘制竣工图。

A. 无更改　　　　　　　　　　　　　B. 局部改变植物种植数量

C. 一般性的设计变更　　　　　　　　D. 结构改变

4. 在正式验收中，由(　　)组织竣工验收会议。

A. 建设单位　　　　　　B. 施工单位　　　　　C. 监理单位　　　　　D. 质量监督部门

5. 因使用单位使用不当造成的损坏问题，正确处理的方法有(　　)。

A. 先由施工单位负责维修，其经济责任由使用单位自行负责

B. 不属于施工单位质量负责，建设单位自行负责

C. 不属于施工单位质量负责，应先谈好价钱，在负责维修

D. 不属于施工单位质量负责，也不在保修范围内

四、简答题

1. 园林工程竣工验收的作用是什么？

2. 施工单位竣工验收准备工作的主要内容有哪些？

3. 园林工程竣工预验收工作包括哪些？

4. 园林绿化工程后期养护管理包括哪些内容？

参 考 文 献

[1] 陈科东. 园林工程施工技术 [M]. 北京：中国林业出版社，2007.

[2] 吴志华. 园林工程施工与管理 [M]. 北京：中国农业出版社，2001.

[3] 高跃春. 建筑施工组织与管理 [M]. 北京：机械工业出版社，2011.

[4] 冯美宇. 建筑装饰施工组织与管理 [M]. 2版. 武汉：武汉理工大学出版社，2011.

[5] 余群舟. 建筑工程施工组织与管理 [M]. 2版. 北京：北京大学出版社，2012.

[6] 翟丽曼，姚玉娟. 建筑施工组织与管理 [M]. 北京：北京大学出版社，2009.

[7] 徐建林. 园林施工组织与管理 [M]. 北京：中国水利水电出版社，2007.

[8] 吴立威. 园林工程施工组织与管理 [M]. 北京：机械工业出版社，2008.

[9] 刘义平. 园林工程施工组织管理 [M]. 北京：中国建筑工业出版社，2009.

[10] 董三孝. 园林工程施工与管理 [M]. 北京：中国林业出版社，2004.

[11] 付军. 园林工程施工组织管理 [M]. 北京：化学工业出版社，2010.

[12] 曹吉鸣. 工程施工组织与管理 [M]. 上海：同济大学出版社，2011.

[13] 仲景冰，王红兵. 工程项目管理 [M]. 2版. 北京：北京大学出版社，2012.

[14] 鲁朝辉. 园林企业管理 [M]. 北京：中国农业出版社，2006.

[15] 筑龙网. 园林工程施工组织设计范例精选——筑龙网施工组织设计系列 [M]. 北京：中国电力出版社，2007.

[16] 全国一级建造师执业资格考试用书编写委员会. 建设工程项目管理 [M]. 3版. 北京：中国建筑工业出版社，2011.

[17] 《园林绿化工程资料填写与组卷范例》编委会. 园林绿化工程资料填写与组卷范例 [M]. 北京：中国材料工业出版社，2008.

[18] 孙玉保. 建设工程进度控制 [M]. 北京：中国建筑工业出版社，2011.

[19] 全国注册咨询工程师(投资)资格考试参考教材编写委员会. 工程项目组织与管理 [M]. 北京：中国计划出版社，2011.

[20] 陈志明，仲童强. 园林工程进度计划编制方法研究 [J]. 安徽农业科学，2008，36(34)：14960-14962.

北京大学出版社高职高专土建系列教材书目

序号	书　名	书　号	编著者	定价	出版时间	配套情况
		"互联网+"创新规划教材				
1	建筑构造(第二版)	978-7-301-26480-5	肖　芳	42.00	2016.1	PPT/APP/二维码
2	建筑装饰构造(第二版)	978-7-301-26572-7	赵志文等	39.50	2016.1	PPT/二维码
3	建筑工程概论	978-7-301-25934-4	申淑荣等	40.00	2015.8	PPT/二维码
4	市政管道工程施工	978-7-301-26629-8	雷彩虹	46.00	2016.5	PPT/二维码
5	市政道路工程施工	978-7-301-26632-8	张雪丽	49.00	2016.5	PPT/二维码
6	建筑三维平法结构图集(第二版)	978-7-301-29049-1	傅华夏	68.00	2018.1	APP
7	建筑三维平法结构识图教程(第二版)	978-7-301-29121-4	傅华夏	68.00	2018.1	APP/PPT
8	建筑工程制图与识图(第2版)	978-7-301-24408-1	白丽红	34.00	2016.8	APP/二维码
9	建筑设备基础知识与识图(第2版)	978-7-301-24586-6	靳慧征等	47.00	2016.8	二维码
10	建筑结构基础与识图	978-7-301-27215-2	周　晖	58.00	2016.9	APP/二维码
11	建筑构造与识图	978-7-301-27838-3	孙　伟	40.00	2017.1	APP/二维码
12	建筑工程施工技术(第三版)	978-7-301-27675-4	钟汉华等	66.00	2016.11	APP/二维码
13	工程建设监理案例分析教程(第二版)	978-7-301-27864-2	刘志麟等	50.00	2017.1	PPT/二维码
14	建筑工程质量与安全管理(第二版)	978-7-301-27219-0	郑　伟	55.00	2016.8	PPT/二维码
15	建筑工程计量与计价——透过案例学造价(第2版)	978-7-301-23852-3	张　强	59.00	2017.1	PPT/二维码
16	城乡规划原理与设计(原城市规划原理与设计)	978-7-301-27771-3	谭婧婧等	43.00	2017.1	PPT/素材/二维码
17	建筑工程计量与计价	978-7-301-27866-6	吴育萍等	49.00	2017.1	PPT/二维码
18	建筑工程计量与计价(第3版)	978-7-301-25344-1	肖明和等	65.00	2017.1	APP/二维码
19	市政工程计量与计价(第三版)	978-7-301-27983-0	郭良娟等	59.00	2017.2	PPT/二维码
20	高层建筑施工	978-7-301-28232-8	吴俊臣	65.00	2017.4	PPT/答案
21	建筑施工机械(第二版)	978-7-301-28247-2	吴志强等	35.00	2017.5	PPT/答案
22	市政工程概论	978-7-301-28260-1	郭　福等	46.00	2017.5	PPT/二维码
23	建筑工程测量(第二版)	978-7-301-28296-0	石　东等	51.00	2017.5	PPT/二维码
24	工程项目招投标与合同管理(第三版)	978-7-301-28439-1	周艳冬	44.00	2017.7	PPT/二维码
25	建筑制图(第三版)	978-7-301-28411-7	高丽荣	38.00	2017.7	PPT/APP/二维码
26	建筑制图习题集(第三版)	978-7-301-27897-0	高丽荣	35.00	2017.7	APP
27	建筑力学(第三版)	978-7-301-28600-5	刘明晖	55.00	2017.8	PPT/二维码
28	中外建筑史(第三版)	978-7-301-28689-0	袁新华等	42.00	2017.9	PPT/二维码
29	建筑施工技术(第三版)	978-7-301-28575-6	陈雄辉	54.00	2018.1	PPT/二维码
30	建筑工程经济(第三版)	978-7-301-28723-1	张宁宁等	36.00	2017.9	PPT/答案/二维码
31	建筑材料与检测	978-7-301-28809-2	陈玉萍	44.00	2017.10	PPT/二维码
32	建筑识图与构造	978-7-301-28876-4	林秋怡等	46.00	2017.11	PPT/二维码
33	建筑工程材料	978-7-301-28982-2	向积波等	42.00	2018.1	PPT/二维码
34	建筑力学与结构(少学时版)(第二版)	978-7-301-29022-4	吴承霞等	46.00	2017.12	PPT/答案
35	建筑工程测量(第三版)	978-7-301-29113-9	张敬伟等	49.00	2018.1	PPT/答案/二维码
36	建筑工程测量实验与实训指导(第三版)	978-7-301-29112-2	张敬伟等	29.00	2018.1	答案/二维码
37	安装工程计量与计价(第四版)	978-7-301-16737-3	冯钢	59.00	2018.1	PPT/答案/二维码
38	建筑工程施工组织设计(第二版)	978-7-301-29103-0	鄢维峰等	37.00	2018.1	PPT/答案/二维码
39	建筑材料与检测(第2版)	978-7-301-25347-2	梅　杨等	35.00	2015.2	PPT/答案/二维码
40	建设工程监理概论（第三版）	978-7-301-28832-0	徐锡权等	44.00	2018.2	PPT/答案/二维码
41	建筑供配电与照明工程	978-7-301-29227-3	羊　梅	38.00	2018.2	PPT/答案/二维码
42	建筑工程资料管理(第二版)	978-7-301-29210-5	孙　刚等	47.00	2018.3	PPT/二维码
43	建设工程法规(第三版)	978-7-301-29221-1	皇甫婧琪	44.00	2018.4	PPT/素材/二维码
44	AutoCAD建筑制图教程(第三版)	978-7-301-29036-1	郭　慧	49.00	2018.4	PPT/素材/二维码
45	房地产投资分析	978-7-301-27529-0	刘永胜	47.00	2016.9	PPT/二维码
46	建筑施工技术	978-7-301-28756-9	陆艳侠	58.00	2018.1	PPT/二维码
		"十二五"职业教育国家规划教材				
1	★建筑工程应用文写作(第2版)	978-7-301-24480-7	赵立等	50.00	2014.8	PPT
2	★土木工程实用力学(第2版)	978-7-301-24681-8	马景善	47.00	2015.7	PPT
3	★建设工程监理(第2版)	978-7-301-24490-6	斯　庆	35.00	2015.1	PPT/答案
4	★建筑节能工程与施工	978-7-301-24274-2	吴明军等	35.00	2015.5	PPT
5	★建筑工程经济(第2版)	978-7-301-24492-0	胡六星等	41.00	2014.9	PPT/答案

序号	书　名	书　号	编著者	定价	出版时间	配套情况
6	★建设工程招投标与合同管理(第3版)	978-7-301-24483-8	宋春岩	40.00	2014.9	PPT/答案/试题/教案
7	★工程造价概论	978-7-301-24696-2	周艳冬	31.00	2015.1	PPT/答案
8	★建筑工程计量与计价(第3版)	978-7-301-25344-1	肖明和等	65.00	2017.1	APP/二维码
9	★建筑工程计量与计价实训(第3版)	978-7-301-25345-8	肖明和等	29.00	2015.7	
10	★建筑装饰施工技术(第2版)	978-7-301-24482-1	王　军	37.00	2014.7	PPT
11	★工程地质与土力学(第2版)	978-7-301-24479-1	杨仲元	41.00	2014.7	PPT
	基 础 课 程					
1	建设法规及相关知识	978-7-301-22748-0	唐茂华等	34.00	2013.9	PPT
2	建筑工程法规实务(第2版)	978-7-301-26188-0	杨陈慧等	49.50	2017.6	PPT
3	建筑法规	978-7-301-19371-6	董伟等	39.00	2011.9	PPT
4	建设工程法规	978-7-301-20912-7	王先恕	32.00	2012.7	PPT
5	AutoCAD建筑绘图教程(第2版)	978-7-301-24540-8	唐英敏等	44.00	2014.7	PPT
6	建筑CAD项目教程(2010版)	978-7-301-20979-0	郭　慧	38.00	2012.9	素材
7	建筑工程专业英语(第二版)	978-7-301-26597-0	吴承霞	24.00	2016.2	PPT
8	建筑工程专业英语	978-7-301-20003-2	韩薇等	24.00	2012.2	PPT
9	建筑识图与构造(第2版)	978-7-301-23774-8	郑贵超	40.00	2014.2	PPT/答案
10	房屋建筑构造	978-7-301-19883-4	李少红	26.00	2012.1	PPT
11	建筑识图	978-7-301-21893-8	邓志勇等	35.00	2013.1	PPT
12	建筑识图与房屋构造	978-7-301-22860-9	贠禄等	54.00	2013.9	PPT/答案
13	建筑构造与设计	978-7-301-23506-5	陈玉萍	38.00	2014.1	PPT/答案
14	房屋建筑构造	978-7-301-23588-1	李元玲等	45.00	2014.1	PPT
15	房屋建筑构造习题集	978-7-301-26005-0	李元玲	26.00	2015.8	PPT/答案
16	建筑构造与施工图识读	978-7-301-24470-8	南学平	52.00	2014.8	PPT
17	建筑工程识图实训教程	978-7-301-26057-9	孙　伟	32.00	2015.12	PPT
18	建筑制图习题集(第2版)	978-7-301-24571-2	白丽红	25.00	2014.8	
19	◎建筑工程制图(第2版)(附习题册)	978-7-301-21120-5	肖明和	48.00	2012.8	PPT
20	建筑制图与识图(第2版)	978-7-301-24386-2	曹雪梅	38.00	2015.8	PPT
21	建筑制图与识图习题册	978-7-301-18652-7	曹雪梅等	30.00	2011.4	
22	建筑制图与识图(第二版)	978-7-301-25834-7	李元玲	32.00	2016.9	PPT
23	建筑制图与识图习题集	978-7-301-20425-2	李元玲	24.00	2012.3	PPT
24	新编建筑工程制图	978-7-301-21140-3	方筱松	30.00	2012.8	PPT
25	新编建筑工程制图习题集	978-7-301-16834-9	方筱松	22.00	2012.8	
	建 筑 施 工 类					
1	建筑工程测量	978-7-301-19992-3	潘益民	38.00	2012.2	PPT
2	建筑工程测量	978-7-301-28757-6	赵　昕	50.00	2018.1	PPT/二维码
3	建筑工程测量实训(第2版)	978-7-301-24833-1	杨凤华	34.00	2015.3	答案
4	建筑工程测量	978-7-301-22485-4	景　铎等	34.00	2013.6	PPT
5	建筑施工技术	978-7-301-16726-7	叶　雯等	44.00	2010.8	PPT/素材
6	建筑施工技术	978-7-301-19997-8	苏小梅	38.00	2012.1	PPT
7	基础工程施工	978-7-301-20917-2	董　伟等	35.00	2012.7	PPT
8	建筑施工技术实训(第2版)	978-7-301-24368-8	周晓龙	30.00	2014.7	
9	土木工程力学	978-7-301-16864-6	吴明军	38.00	2010.4	PPT
10	PKPM软件的应用(第2版)	978-7-301-22625-4	王　娜等	34.00	2013.6	
11	◎建筑结构(第2版)(上册)	978-7-301-21106-9	徐锡权	41.00	2013.4	PPT/答案
12	◎建筑结构(第2版)(下册)	978-7-301-22584-4	徐锡权	42.00	2013.6	PPT/答案
13	建筑结构学习指导与技能训练(上册)	978-7-301-25929-0	徐锡权	28.00	2015.8	PPT
14	建筑结构学习指导与技能训练(下册)	978-7-301-25933-7	徐锡权	28.00	2015.8	PPT
15	建筑结构	978-7-301-19171-2	唐春平等	41.00	2011.8	PPT
16	建筑结构基础	978-7-301-21125-0	王中发	36.00	2012.8	PPT
17	建筑结构原理及应用	978-7-301-18732-6	史美东	45.00	2012.8	PPT
18	建筑结构与识图	978-7-301-26935-0	相秉志	37.00	2016.2	
19	建筑力学与结构	978-7-301-20988-2	陈水广	32.00	2012.8	PPT
20	建筑力学与结构	978-7-301-23348-1	杨丽君等	44.00	2014.1	PPT
21	建筑结构与施工图	978-7-301-22188-4	朱希文等	35.00	2013.3	PPT
22	建筑材料(第2版)	978-7-301-24633-7	林祖宏	35.00	2014.8	PPT
23	建筑材料检测试验指导	978-7-301-16729-8	王美芬等	18.00	2010.10	
24	建筑材料与检测(第二版)	978-7-301-26550-5	王　辉	40.00	2016.1	PPT
25	建筑材料与检测试验指导(第二版)	978-7-301-28471-1	王　辉	23.00	2017.7	PPT

序号	书　名	书　号	编著者	定价	出版时间	配套情况
26	建筑材料选择与应用	978-7-301-21948-5	申淑荣等	39.00	2013.3	PPT
27	建筑材料检测实训	978-7-301-22317-8	申淑荣等	24.00	2013.4	PPT
28	建筑材料	978-7-301-24208-7	任晓菲	40.00	2014.7	PPT/答案
29	建筑材料检测试验指导	978-7-301-24782-2	陈东佐等	20.00	2014.9	PPT
30	建筑工程商务标编制实训	978-7-301-20804-5	钟振宇	35.00	2012.7	PPT
31	◎地基与基础(第2版)	978-7-301-23304-7	肖明和等	42.00	2013.11	PPT/答案
32	地基与基础	978-7-301-16130-2	孙平平等	26.00	2010.10	PPT
33	地基与基础实训	978-7-301-23174-6	肖明和等	25.00	2013.10	PPT
34	土力学与地基基础	978-7-301-23675-8	叶火炎等	35.00	2014.1	PPT
35	土力学与基础工程	978-7-301-23590-4	宁培淋等	32.00	2014.1	PPT
36	土力学与地基基础	978-7-301-25525-4	陈东佐	45.00	2015.2	PPT/答案
37	建筑工程质量事故分析(第2版)	978-7-301-22467-2	郑文新	32.00	2013.9	PPT
38	建筑工程施工组织实训	978-7-301-18961-0	李源清	40.00	2011.6	PPT
39	建筑施工组织与进度控制	978-7-301-21223-3	张廷瑞	36.00	2012.9	PPT
40	建筑施工组织项目式教程	978-7-301-19901-5	杨红玉	44.00	2012.1	PPT/答案
41	钢筋混凝土工程施工与组织	978-7-301-19587-1	高雁	32.00	2012.5	PPT
42	建筑施工工艺	978-7-301-24687-0	李源清等	49.50	2015.1	PPT/答案
	工 程 管 理 类					
1	建筑工程经济	978-7-301-24346-6	刘晓丽等	38.00	2014.7	PPT/答案
2	施工企业会计(第2版)	978-7-301-24434-0	辛艳红等	36.00	2014.7	PPT/答案
3	建筑工程项目管理(第2版)	978-7-301-26944-2	范红岩等	42.00	2016.3	PPT
4	建设工程项目管理(第二版)	978-7-301-24683-2	王辉	36.00	2014.9	PPT/答案
5	建设工程项目管理(第2版)	978-7-301-28235-9	冯松山等	45.00	2017.6	PPT
6	建筑施工组织与管理(第2版)	978-7-301-22149-5	翟丽旻等	43.00	2013.4	PPT/答案
7	建设工程合同管理	978-7-301-22612-4	刘庭江	46.00	2013.6	PPT/答案
8	建筑工程招投标与合同管理	978-7-301-16802-8	程超胜	30.00	2012.9	PPT
9	工程招投标与合同管理实务	978-7-301-19035-7	杨甲奇等	48.00	2011.8	PPT
10	工程招投标与合同管理实务	978-7-301-19290-0	郑文新等	43.00	2011.8	PPT
11	建设工程招投标与合同管理实务	978-7-301-20404-7	杨云会等	42.00	2012.4	PPT/答案/习题
12	工程招投标与合同管理	978-7-301-17455-5	文新平	37.00	2012.9	PPT
13	工程项目招投标与合同管理(第2版)	978-7-301-24554-5	李洪军等	42.00	2014.8	PPT/答案
14	建设工程监理概论	978-7-301-15518-9	曾庆军等	24.00	2009.9	PPT
15	建筑工程安全管理(第2版)	978-7-301-25480-6	宋健等	42.00	2015.8	PPT/答案
16	施工项目质量与安全管理	978-7-301-21275-2	钟汉华	45.00	2012.10	PPT/答案
17	工程造价控制(第2版)	978-7-301-24594-1	斯庆	32.00	2014.8	PPT/答案
18	工程造价管理(第二版)	978-7-301-27050-9	徐锡权等	44.00	2016.5	PPT
19	工程造价控制与管理	978-7-301-19366-2	胡新萍等	30.00	2011.11	PPT
20	建筑工程造价管理	978-7-301-20360-6	柴琦等	27.00	2012.3	PPT
21	工程造价管理(第2版)	978-7-301-28269-4	曾浩等	38.00	2017.5	PPT/答案
22	工程造价案例分析	978-7-301-22985-9	甄凤	30.00	2013.8	PPT
23	建设工程造价控制与管理	978-7-301-24273-5	胡芳珍等	38.00	2014.6	PPT/答案
24	◎建筑工程造价	978-7-301-21892-1	孙咏梅	40.00	2013.2	PPT
25	建筑工程计量与计价	978-7-301-26570-3	杨建林	46.00	2016.1	PPT
26	建筑工程计量与计价综合实训	978-7-301-23568-3	龚小兰	28.00	2014.1	
27	建筑工程估价	978-7-301-22802-9	张英	43.00	2013.8	PPT
28	安装工程计量与计价综合实训	978-7-301-23294-1	成春燕	49.00	2013.10	素材
29	建筑安装工程计量与计价	978-7-301-26004-3	景巧玲等	56.00	2016.1	PPT
30	建筑安装工程计量与计价实训(第2版)	978-7-301-25683-1	景巧玲等	36.00	2015.7	
31	建筑水电安装工程计量与计价(第二版)	978-7-301-26329-7	陈连姝	51.00	2016.1	PPT
32	建筑与装饰装修工程工程量清单(第2版)	978-7-301-25753-1	翟丽旻等	36.00	2015.5	PPT
33	建筑工程清单编制	978-7-301-19387-7	叶晓容	24.00	2011.8	PPT
34	建设项目评估(第二版)	978-7-301-28708-8	高志云等	38.00	2017.9	PPT
35	钢筋工程清单编制	978-7-301-20114-5	贾莲英	36.00	2012.2	PPT
36	建筑装饰工程预算(第2版)	978-7-301-25801-9	范菊雨	44.00	2015.7	PPT
37	建筑装饰工程计量与计价	978-7-301-20055-1	李茂英	42.00	2012.2	PPT
38	建筑工程安全技术与管理实务	978-7-301-21187-8	沈万岳	48.00	2012.9	PPT
	建 筑 设 计 类					
1	建筑装饰CAD项目教程	978-7-301-20950-9	郭慧	35.00	2013.1	PPT/素材

序号	书　名	书　号	编著者	定价	出版时间	配套情况
2	建筑设计基础	978-7-301-25961-0	周圆圆	42.00	2015.7	
3	室内设计基础	978-7-301-15613-1	李书青	32.00	2009.8	PPT
4	建筑装饰材料(第2版)	978-7-301-22356-7	焦　涛等	34.00	2013.5	PPT
5	设计构成	978-7-301-15504-2	戴碧锋	30.00	2009.8	PPT
6	设计色彩	978-7-301-21211-0	龙黎黎	46.00	2012.9	PPT
7	设计素描	978-7-301-22391-8	司马金桃	29.00	2013.4	PPT
8	建筑素描表现与创意	978-7-301-15541-7	于修国	25.00	2009.8	
9	3ds Max 效果图制作	978-7-301-22870-8	刘　晗等	45.00	2013.7	PPT
10	Photoshop 效果图后期制作	978-7-301-16073-2	脱忠伟等	52.00	2011.1	素材
11	3ds Max & V-Ray 建筑设计表现案例教程	978-7-301-25093-8	郑恩峰	40.00	2014.12	
12	建筑表现技法	978-7-301-19216-0	张　峰	32.00	2011.8	PPT
13	装饰施工读图与识图	978-7-301-19991-6	杨丽君	33.00	2012.5	PPT
	规　划　园　林　类					
1	居住区景观设计	978-7-301-20587-7	张群成	47.00	2012.5	PPT
2	居住区规划设计	978-7-301-21031-4	张　燕	48.00	2012.8	PPT
3	园林植物识别与应用	978-7-301-17485-2	潘利等	34.00	2012.9	PPT
4	园林工程施工组织管理	978-7-301-22364-2	潘利等	35.00	2013.4	PPT
5	园林景观计算机辅助设计	978-7-301-24500-2	于化强等	48.00	2014.8	PPT
6	建筑·园林·装饰设计初步	978-7-301-24575-0	王金贵	38.00	2014.10	PPT
	房　地　产　类					
1	房地产开发与经营(第2版)	978-7-301-23084-8	张建中等	33.00	2013.9	PPT/答案
2	房地产估价(第2版)	978-7-301-22945-3	张　勇等	35.00	2013.9	PPT/答案
3	房地产估价理论与实务	978-7-301-19327-3	褚菁晶	35.00	2011.8	PPT/答案
4	物业管理理论与实务	978-7-301-19354-9	裴艳慧	52.00	2011.9	PPT
5	房地产营销与策划	978-7-301-18731-9	应佐萍	42.00	2012.8	PPT
6	房地产投资分析与实务	978-7-301-24832-4	高志云	35.00	2014.9	PPT
7	物业管理实务	978-7-301-27163-6	胡大见	44.00	2016.6	
	市　政　与　路　桥					
1	市政工程施工图案例图集	978-7-301-24824-9	陈亿琳	43.00	2015.3	PDF
2	市政工程计价	978-7-301-22117-4	彭以舟等	39.00	2013.3	PPT
3	市政桥梁工程	978-7-301-16688-8	刘　江等	42.00	2010.8	PPT/素材
4	市政工程材料	978-7-301-22452-6	郑晓国	37.00	2013.5	PPT
5	道桥工程材料	978-7-301-21170-0	刘水林等	43.00	2012.9	PPT
6	路基路面工程	978-7-301-19299-3	偶昌宝等	34.00	2011.8	PPT/素材
7	道路工程技术	978-7-301-19363-1	刘　雨等	33.00	2011.12	PPT
8	城市道路设计与施工	978-7-301-21947-8	吴颖峰	39.00	2013.1	PPT
9	建筑给排水工程技术	978-7-301-25224-6	刘　芳等	46.00	2014.12	PPT
10	建筑给水排水工程	978-7-301-20047-6	叶巧云	38.00	2012.2	PPT
11	数字测图技术	978-7-301-22656-8	赵　红	36.00	2013.6	PPT
12	数字测图技术实训指导	978-7-301-22679-7	赵　红	27.00	2013.6	PPT
13	道路工程测量(含技能训练手册)	978-7-301-21967-6	田树涛等	45.00	2013.2	PPT
14	道路工程识图与AutoCAD	978-7-301-26210-8	王容玲等	35.00	2016.1	PPT
	交　通　运　输　类					
1	桥梁施工与维护	978-7-301-23834-9	梁　斌	50.00	2014.2	PPT
2	铁路轨道施工与维护	978-7-301-23524-9	梁　斌	36.00	2014.1	PPT
3	铁路轨道构造	978-7-301-23153-1	梁　斌	32.00	2013.10	PPT
4	城市公共交通运营管理	978-7-301-24108-0	张洪满	40.00	2014.5	PPT
5	城市轨道交通车站行车工作	978-7-301-24210-0	操　杰	31.00	2014.7	PPT
6	公路运输计划与调度实训教程	978-7-301-24503-3	高福军	31.00	2014.7	PPT/答案
	建　筑　设　备　类					
1	建筑设备识图与施工工艺(第2版)(新规范)	978-7-301-25254-3	周业梅	44.00	2015.12	PPT
2	水泵与水泵站技术	978-7-301-22510-3	刘振华	40.00	2013.5	PPT
3	智能建筑环境设备自动化	978-7-301-21090-1	余志强	40.00	2012.8	PPT
4	流体力学及泵与风机	978-7-301-25279-6	王　宁等	35.00	2015.1	PPT/答案

注：📖为"互联网+"创新规划教材；★为"十二五"职业教育国家规划教材；◎为国家级、省级精品课程配套教材，省重点教材。相关教学资源如电子课件、习题答案、样书等可通过以下方式联系我们。

联系方式：010-62756290，010-62750667，yxlu@pup.cn，pup_6@163.com，欢迎来电咨询。